T0243984

La inmunoterapia y la carrera para curar el cáncer

Charles Graeber

La inmunoterapia y la carrera para curar el cáncer

EDICIONES OBELISCO

Si este libro le ha interesado y desea que le mantengamos informado
de nuestras publicaciones, escríbanos indicándonos qué temas son de su interés
(Astrología, Autoayuda, Ciencias Ocultas, Artes Marciales, Naturismo,
Espiritualidad, Tradición...) y gustosamente le complaceremos.

Puede consultar nuestro catálogo en www.edicionesobelisco.com

Los editores no han comprobado la eficacia ni el resultado de las recetas, productos, fórmulas técnicas, ejercicios o similares contenidos en este libro. Instan a los lectores a consultar al médico o especialista de la salud ante cualquier duda que surja. No asumen, por lo tanto, responsabilidad alguna en cuanto a su utilización ni realizan asesoramiento al respecto.

Colección Salud y Vida natural
La inmunoterapia y la carrera para curar el cáncer
Charles Graeber

1.ª edición: noviembre de 2022

Título original: *The Breakthrough: Immunotherapy and the Race to Cure Cancer*

Traducción: *Manuel Manzano*
Corrección: *Sara Moreno*
Diseño de cubierta: *Enrique Iborra*

Edita: Ediciones Obelisco, S. L.
Collita, 23-25. Pol. Ind. Molí de la Bastida
08191 Rubí - Barcelona - E-mail: info@edicionesobelisco.com

ISBN: 978-84-9111- 925-8
Depósito Legal: B- 18.537-2022

Impreso en los talleres gráficos de Romanyà/Valls S. A.
Verdaguer, 1 - 08786 Capellades - Barcelona

Printed in Spain

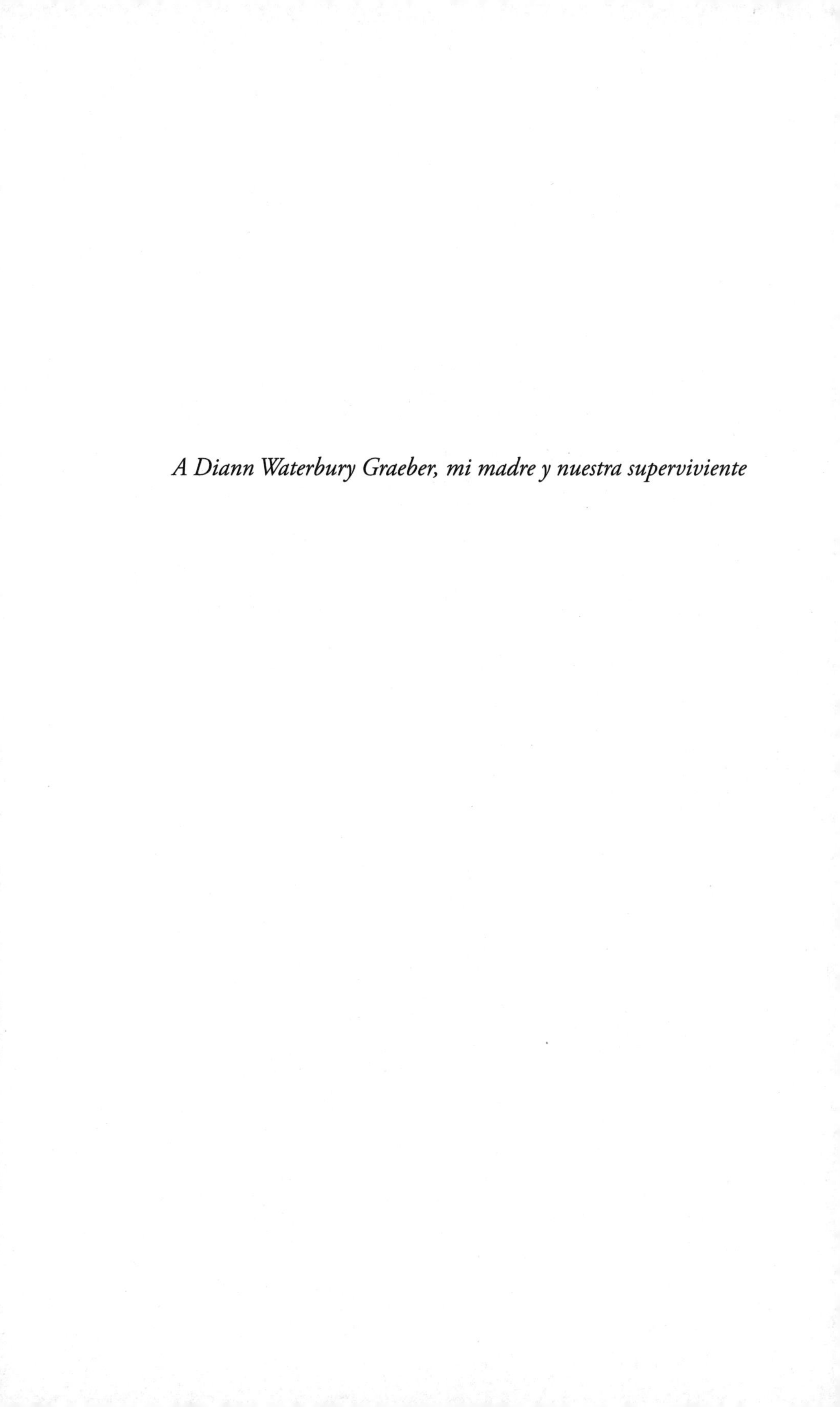

A Diann Waterbury Graeber, mi madre y nuestra superviviente

Prólogo

En aquel momento me pareció, y todavía me parece, que debería existir algún mecanismo inmunitario incorporado en los seres humanos para la defensa natural contra el cáncer.

—Lewis Thomas, 1982

El cáncer está vivo. Es una célula normal, mutada y cambiada, que continúa cambiando en el cuerpo. Desafortunadamente, un medicamento contra el cáncer no muta ni cambia.

Un fármaco puede envenenar o matar de hambre al cáncer durante un tiempo, pero las células cancerosas que queden seguirán mutando. Sólo se necesita una. El medicamento baila con el cáncer, pero el cáncer se aleja bailando.

Como resultado, es poco probable que ese tipo de medicamentos cure realmente el cáncer. Pero tenemos asesinos en nuestros cuerpos, exploradores y soldados, una red dinámica de células más ágiles que cualquier cáncer. Se trata de nuestro sistema inmunitario, una defensa viva tan antigua como la vida misma.

Ese sistema muta. Se adapta. Aprende, recuerda y se empareja a una enfermedad innovadora paso a paso.

Es nuestra mejor herramienta para curar el cáncer.

Y finalmente hemos descubierto cómo utilizarla. Ése es el avance.

Introducción

El buen médico trata la enfermedad; el gran médico trata al paciente que tiene la enfermedad.

—SIR WILLIAM OSLER, 1849-1919

Hasta hace muy poco, teníamos tres métodos principales para tratar el cáncer. Hemos tenido la cirugía durante al menos tres mil años. Agregamos la radioterapia en 1896.[1] Luego, en 1946, la investigación de la guerra química condujo al uso de un derivado del gas mostaza para matar las células cancerosas. Esos venenos fueron la base de la quimioterapia.

Actualmente se estima que estas técnicas de «cortar, quemar y envenenar» pueden curar el cáncer en aproximadamente la mitad de las

1. Sorprendentemente, fue menos de un año después del descubrimiento en 1895 de los misteriosos rayos X por parte del físico alemán Wilhem Röntgen cuando las máquinas de radiación electromagnética de alta energía se convirtieron en una tecnología médica. El médico homeópata Emil Grubbe tenía una en el Hahnemann Medical College de Chicago para tratar el carcinoma, pero esas primeras máquinas pueden haber hecho más daño que bien. El propio Grubbe soportó más de noventa operaciones por cánceres múltiples. Y Grubbe fue uno de los primeros en utilizarla. Fue el descubrimiento de Marie Curie de los elementos radiactivos lo que amplió en gran medida el uso de la radiación como terapia contra el cáncer. Tanto Röntgen como Curie recibieron Premios Nobel por sus trabajos. Titus C. Evans, «Review of X-Ray Treatment—Its Origin, Birth, and Early History by Emil H. Grubbe», *Quarterly Review of Biology*, 1951, 26:223.

personas que desarrollan la enfermedad. Y eso es notable, un verdadero logro médico. Pero queda la otra mitad de los pacientes con cáncer. El año pasado, sólo en Estados Unidos, eso se tradujo en casi seiscientas mil personas fallecidas a causa de la enfermedad.

La lucha nunca ha sido justa. Hemos estado enfrentando medicamentos simples contra versiones mutantes muy creativas de nuestras propias células, tratando de matar las malas mientras evitamos las buenas y enfermándonos en el proceso. Y lo hemos estado haciendo durante mucho tiempo. Pero ahora hemos agregado un enfoque nuevo y muy diferente, uno que no actúa directamente sobre el cáncer, sino sobre el sistema inmunitario.

Nuestro sistema inmunitario ha evolucionado durante 500 millones de años hasta convertirse en una defensa natural personalizada y eficaz contra las enfermedades. Es una biología compleja con una misión aparentemente simple: encontrar y destruir todo lo que se supone que no debe estar en nuestros cuerpos. Las células del sistema inmunitario patrullan constantemente, cientos de millones circulan por todo el cuerpo, entran y salen de los órganos, buscan y destruyen a los invasores que nos enferman y a las células del cuerpo que se han infectado, han mutado o son defectuosas: células como el cáncer.

Lo que plantea la siguiente pregunta: ¿por qué el sistema inmunitario no combate ya el cáncer?

La respuesta es que sí lo hace, o al menos lo intenta. Pero el cáncer utiliza trucos para esconderse del sistema inmunitario, desconectar nuestras defensas y evitar la pelea. No tenemos ninguna posibilidad, a menos que cambiemos las reglas.

La inmunoterapia contra el cáncer es el enfoque que funciona para vencer los trucos, desenmascarar al cáncer, liberar el sistema inmunitario y reiniciar la batalla. Difiere fundamentalmente de los otros enfoques que tenemos para el cáncer porque no actúa sobre el cáncer en absoluto, no directamente. En cambio, desbloquea las células asesinas de nuestro propio sistema inmunitario natural y les permite hacer el trabajo para el que fueron creadas.

El cáncer somos nosotros. Es el error que funciona. Las células del cuerpo se vuelven regularmente rebeldes, sus cromosomas son eliminados por partículas de luz solar o por toxinas, mutados por virus o por la genética, la edad o por pura aleatoriedad. La mayoría de estas mutaciones son fatales para la célula, pero algunas sobreviven y se dividen.

El 99,9999 % de las veces, el sistema inmunitario reconoce con éxito estas células mutantes y las elimina. El problema es esa célula rebelde del 0,0001 %, la que el sistema inmunitario no reconoce como invasora y a la que no mata. En cambio, finalmente, esa célula del 0,0001 % nos mata a nosotros.[2]

El cáncer es diferente. No se anuncia como la gripe o cualquier otra enfermedad. No parece hacer sonar una alarma en el cuerpo, ni provocar una respuesta inmunitaria, ni mostrar síntomas de batalla inmunitaria: ni fiebre, ni inflamación, ni ganglios linfáticos inflamados, ni siquiera un resfriado. En cambio, el tumor se descubre repentinamente, un huésped no deseado que ha estado creciendo y extendiéndose, a veces durante años. A menudo, para entonces ya es demasiado tarde.

Para muchos investigadores del cáncer, esta aparente falta de respuesta inmunitaria al cáncer significaba que el objetivo de ayudar a una respuesta inmunitaria al cáncer era inútil, porque no había nada con qué ayudar. Se asumía que el cáncer era demasiado parte de nosotros mismos para ser visto como «no propio». El concepto mismo de inmu-

2. Estos números pretenden ser una ilustración muy amplia del concepto y de ninguna manera deben confundirse con una probabilidad estadística o certeza científica de que el sistema inmunitario no reconozca una célula rebelde o que crezca para convertirse en algo que reconoceríamos como cáncer. La cuestión más importante es que el sistema inmunitario por lo general es extremadamente exitoso en el reconocimiento de lo ajeno y que las tiradas infinitas y aleatorias de los dados hacen que incluso los resultados más excepcionalmente improbables sean inevitables. Factores como la infección viral o ciertos defectos cromosómicos hacen que esos resultados improbables lo sean menos.

noterapia contra el cáncer parecía fundamentalmente defectuoso. Pero a lo largo de la historia, los médicos han registrado casos raros de pacientes cuyos cánceres aparentemente se curaron solos. En una era precientífica, estas «remisiones espontáneas» eran vistas como obra de magia o milagro; sin embargo, son el trabajo de un sistema inmunitario despierto. Durante más de cien años, los investigadores intentaron y fracasaron en replicar esos milagros a través de la medicina, para vacunar o provocar una respuesta inmune al cáncer similar a la de otras enfermedades devastadoras como la poliomielitis, la viruela o la gripe. Hubo destellos de esperanza, pero no tratamientos fiables. Para el año 2000, los inmunólogos del cáncer habían curado el cáncer en ratones cientos de veces, pero no podían traducir esos resultados de manera sistemática a las personas. La mayoría de los científicos creía que nunca lo conseguirían.

Eso cambió radical y recientemente. Incluso para los médicos, ese cambio fue invisible hasta que se presentó en la puerta. Uno de nuestros mejores escritores modernos sobre el tema del cáncer, el doctor Siddhartha Mukherjee, ni siquiera menciona la inmunoterapia contra el cáncer en su, no obstante, excelente biografía sobre la enfermedad, ganadora del Premio Pulitzer, *El emperador de todas las enfermedades: Una biografía del cáncer*. Este libro se publicó en 2010, sólo cinco meses antes de que el primero de los medicamentos inmunoterapéuticos contra el cáncer de nueva generación recibiera la aprobación de la FDA. Esa primera clase de medicamentos de inmunoterapia contra el cáncer se llamaría «inhibidores de puntos de control». Surgieron del descubrimiento revolucionario de trucos específicos, o «puntos de control», que el cáncer utiliza como un «acuerdo» secreto, con el que le dice al sistema inmunitario: «No ataques». Los nuevos medicamentos inhibieron esos puntos de control y bloquearon el acuerdo secreto del cáncer. También supusieron para sus descubridores el Premio Nobel de Medicina. En diciembre de 2015, el segundo de estos inhibidores de puntos de control[3] se utilizó para liberar el sistema inmunitario del expresidente Jimmy Carter. Un cáncer agresivo se había extendido por su cuerpo

---

3. Llamado *pembrolizumab*, es un anticuerpo monoclonal humanizado que se une y bloquea el receptor PD-1 de las células T. Está fabricado y comercializado por Merck bajo la marca Keytruda.

y no se esperaba que sobreviviera; en cambio, sus células inmunitarias eliminaron el cáncer de su hígado y de su cerebro. La noticia de la milagrosa recuperación[4] del expresidente de noventa y un años sorprendió a todos, incluso al propio expresidente. Para muchas personas, «ese medicamento de Jimmy Carter» fue lo primero y lo único que escucharon sobre la inmunoterapia contra el cáncer.

Pero el avance no es un sólo tratamiento o medicamento: es una serie de descubrimientos científicos que ha ampliado nuestra comprensión de nosotros mismos y de esta enfermedad y ha redefinido lo que es posible. Ha cambiado las opciones y los resultados para los pacientes con cáncer y ha abierto la puerta a un campo rico e inexplorado de investigación médica y científica.

Estos descubrimientos validaron un enfoque para vencer el cáncer que es conceptualmente diferente de las opciones tradicionales de cortar, quemar o envenenar, un enfoque que trata al paciente en lugar de la enfermedad. Por primera vez en nuestra antigua guerra contra el cáncer, comprendimos contra qué estábamos luchando, cómo el cáncer estaba haciendo trampa en esa lucha y cómo podríamos finalmente ganar. Algunos llaman a esto el viaje a la luna de nuestra generación. Incluso los oncólogos, un grupo cauteloso, utilizan la palabra que empieza por C: curar.

La exageración puede ser peligrosa, al igual que las falsas esperanzas pueden ser crueles. Hay una tendencia natural a invertir demasiadas esperanzas en una nueva ciencia, especialmente en una que promete dar la vuelta a una enfermedad que, de alguna manera, ha tocado la vida de todas las personas. Sin embargo, no son teorías exageradas o curas maravillosas anecdóticas, sino tratamientos con medicamentos comprobados basados en datos sólidos. La inmunoterapia ha pasado de ser un sueño a una ciencia.

En este momento, sólo hay un puñado de inmunoterapias disponibles. Se ha demostrado que menos de la mitad de todos los pacientes con cáncer responden a estos medicamentos. Muchos de los que res-

---

4. J. Carter tenía melanoma metastásico, que se había extendido al hígado y al cerebro, por lo que se sometió a una cirugía y recibió radioterapia, además de la inmunoterapia.

ponden lo hacen profundamente, con remisiones medidas no en semanas o meses adicionales de vida, sino en vidas. Tales respuestas transformadoras y duraderas son la promesa única del enfoque inmunoterapéutico del cáncer y parte de lo que lo hace atractivo para los pacientes, pero es importante señalar que esa promesa es distinta a una garantía de cualquier resultado para cualquier paciente individual. Todavía tenemos trabajo por hacer para ampliar el círculo de respuesta y realmente encontrar una cura. Pero ahora la puerta está abierta, y apenas hemos comenzado.

Varios de los inmunoterapeutas que entrevisté compararon el descubrimiento de estos primeros medicamentos de inmunoterapia contra el cáncer con el de la penicilina.[5] Como medicamento, la penicilina redujo inmediatamente las tasas de infección, curó algunas enfermedades bacterianas y salvó millones de vidas. Pero como avance científico, redefinió lo posible y abrió una nueva y fértil frontera para generaciones de investigadores farmacéuticos. Casi cien años después del descubrimiento de ese fármaco simple, los antibióticos son una clase completa de medicamentos con un impacto global tan profundo que lo damos por sentado. Los terrores invisibles que plagaron y envenenaron a la humanidad durante milenios ahora se vencen como si nada en el autoservicio de una farmacia.

Los descubrimientos de cómo engaña el cáncer y se esconde del sistema inmunitario fueron el momento de la penicilina de la inmunoterapia. La aprobación del primer fármaco inhibidor de puntos de control que cambió de manera regular y profunda los resultados de los pacientes con cáncer redefinió la dirección de la investigación científica. Eso inició una fiebre del oro en la investigación y en la inversión y desarrollo de fármacos. Siete años después de la aprobación de ese solitario primer inhibidor de punto de control, se informa que más de medio millón de pacientes con cáncer están probando en clínica 940 medicamentos inmunoterapéuticos contra el cáncer «nuevos» en 3 042 ensayos clínicos, con otros 1 064 medicamentos nuevos en los laboratorios en fase preclínica. Esas cifras se ven eclipsadas por la cantidad de ensayos que prueban la eficacia sinérgica de las combinaciones

5. El primero en sugerirme esta analogía fue el doctor Daniel Chen.

de inmunoterapia. La investigación está avanzando tan rápidamente que varios fabricantes de medicamentos tienen generaciones sucesivas de medicamentos apilados en los tubos de ensayo clínicos como aviones esperando autorización del aeropuerto, lo que requiere nuevas designaciones de «vía rápida» e «innovación» de la FDA para acelerar el proceso de aprobación para pacientes con cáncer que no tienen tiempo que perder.

Los principales avances en el cáncer por lo general vienen en incrementos de aproximadamente cincuenta años. La inmunoterapia contra el cáncer ya ha dado un salto generacional, aparentemente de la noche a la mañana. Al describir lo que viene a continuación, muchos científicos sonríen y utilizan palabras como «tsunami» y «maremoto». Ese ritmo de progreso es raro en la historia de la medicina moderna, y no tiene precedentes en nuestra historia con el cáncer. Tenemos la oportunidad de redefinir fundamentalmente nuestra relación con una enfermedad que nos ha definido durante demasiado tiempo.

Es este «hito en nuestra historia con el cáncer» que el Comité del Nobel ubicó en su decisión de otorgar el Premio Nobel de Medicina en 2018 a los doctores James P. Allison y Tasuku Honjo, dos investigadores de inmunología que descubrieron algunos de los trucos que usa el cáncer para escapar del sistema inmunitario. Estos descubrimientos «revolucionaron el tratamiento del cáncer y cambiaron fundamentalmente la manera en la que vemos cómo se puede controlar el cáncer».

Este libro se basa en sus historias y en muchas otras que ayudaron a hacer posible el avance.

Y todavía estamos comenzando a darnos cuenta del potencial de ese avance. Los conocimientos que hacen posible los nuevos enfoques transformadores basados en la inmunidad para el cáncer también han generado enfoques inmunoterapéuticos para curar la diabetes, el lupus y otras enfermedades. Los descubrimientos sobre las potentes defensas naturales dentro de nuestro cuerpo que describe este libro son los mismos que se están utilizando rápidamente como armas de inmunoterapia para hacernos inmunes al virus SARS CoV-2 y revertir los estragos de la enfermedad COVID-19.

Ésta es la historia de los genios, los escépticos y los verdaderos creyentes, y muy especialmente de los pacientes que dedicaron su vida, y muchos más que la perdieron, a ayudar a refinar y verificar esta nueva ciencia esperanzadora. Es un viaje a través de dónde estamos, cómo llegamos aquí y un vistazo del camino que nos queda por delante, contado a través de algunos de los que lo experimentaron de primera mano y de algunos que lo hicieron posible.

Capítulo uno

Paciente 101006 SJD

Las teorías científicas [...] comienzan como construcciones imaginativas. Empiezan, si se quiere, como relatos, y el episodio crítico o rectificador del razonamiento científico tiene como finalidad precisamente averiguar si estos relatos son o no relatos de la vida real.

—PETER MEDAWAR, *PLUTO'S REPUBLIC*

La historia de Jeff Schwartz comienza en 2011, cuando los investigadores descubrieron algunos de los acuerdos secretos que utiliza el cáncer para engañar a nuestras células inmunitarias defensoras. Los tratamientos recién inventados bloquearon ese acuerdo y desataron las defensas en nuestra sangre. Estos medicamentos estaban disponibles en los ensayos, pero no todos los conocían.

Muchos oncólogos desconocían los nuevos desarrollos que podrían salvar la vida de sus pacientes. Otros se negaban a aceptar que tal avance fuera posible. Esa negativa impidió a sus pacientes la opción de probarlo. A veces todavía ocurre en la actualidad. Por eso Jeff Schwartz estuvo dispuesto a compartir su historia.

Jeff Schwartz sabe que fue uno de los afortunados. Su padre murió de cáncer de pulmón en los años noventa después de intentos cada vez más desagradables de vencerlo: los protocolos habituales de cortar, envenenar y quemar; cirugía, quimioterapia y radiación. Justo antes de la primavera de 2011, a Jeff también le diagnosticaron cáncer de riñón, en fase 4.

Así que Jeff se considera afortunado, o bendecido, o... realmente no le gusta hablar demasiado de ello, ¿sabes? No fue porque tuviera algún tipo de influencia o conocimiento especial o algo por el estilo. Lo que separó a Jeff de los cientos de miles de personas que murieron de la misma enfermedad durante la misma época fue que vivía en California y cruzó la puerta adecuada en el momento oportuno. Eso cambió la manera en la que Jeff piensa sobre la vida y el vivir. Ahora espera que su historia llegue a alguien más para que no tenga deba depender de la suerte.

Me reuní con Jeff en su habitación en el piso cuarenta y tres de un hotel en el centro de Manhattan. Jeff se parece un poco a una versión más motera de Billy Joel después de la bebida y después de Christie Brinkley. Iba vestido con vaqueros y una camisa azul Izod que ocultaba los bordes duros del armazón de titanio que evita que su columna se desmorone. Los cirujanos se lo habían implantado allí, como si fuera Wolverine, después de que los tumores devoraran su arquitectura vertebral. Me habló del armazón. Señaló las cicatrices. Eran hechos, eso era todo, parte de la historia que estaba contando.

Jeff Schwartz pasó la infancia en Rockaway, Queens, asistió a la escuela pública y de joven conducía un taxi mientras se sacaba una licenciatura en Contabilidad y Economía. Su primer trabajo fue en el despacho de hipotecas de Lehman Brothers, el siguiente en un banco japonés dirigido por varios MBA de Harvard. Tampoco encajaba bien. Jeff era un tipo para la música. Tocaba la guitarra «bastante bien», dice; era su identidad secreta, la otra cosa que le dices a la gente en las fiestas cuando te preguntan a qué te dedicas: «Soy contable, pero realmente...». Y tal vez, en buena medida, Jeff podría hablar sobre cualquiera de los más de cien espectáculos de Grateful Dead que había visto, o cómo le habían regalado entradas de los Allman Brothers para su *bar mitzvah*, o mostrarte los dos primeros compases de *A Love Supreme* de John Coltrane tatuados alrededor de su tobillo izquierdo como un mandala musical. Por las noches, después de que cerrar la sesión de operaciones, se dirigía al East Village para mezclar sonido en el CBGB en el Mudd Club para Talking Heads, Blondie y Richard Hell and the Voidoids; está especialmente orgulloso de ayudar en la grabación de *Blank Generation*. Tal vez no era el mejor, dice, pero estaba en la escena.

Su pasión hizo que, debido al béisbol, se diera la transición a su carrera. Le había hecho un favor a un chico, y el chico se lo agradeció con un par de entradas caras. Jeff había sido un fanático acérrimo de los Yankees toda su vida. Aquéllas eran entradas para ver a los Mets, buenos asientos, pero equipo realmente equivocado. Así que Jeff le dio las entradas a un amigo, quien invitó a otro amigo y, para resumir, ese amigo le hizo una oferta de trabajo para entrar a trabajar en su compañía, una firma financiera para clientes en el negocio de la música. Jeff empezó como el chico joven que ayuda con el talento joven. Su primer cliente fue una chica nueva, Joan Jett. Aquello funcionó durante algunos años, una época muy emocionante, y finalmente abrió su propio negocio y se mudó a Malibú.[1] Su esposa era ejecutiva de una compañía discográfica, tenían un hijo, tenían un Lexus. Tenía ojo para el talento y obtenía el 5 % de lo que ganaba con sus clientes,[2] y cuando alguna de aquellas actuaciones era una bomba, como la de Ke$ha o la de los Lumineers o la de Imagine Dragons, Jeff daba la talla de sobra. Pero la ventaja real era su acceso. Pasar por aquellos *shows* en vivo era el mejor contrapeso a las hojas de cálculo cuidadosas y a las matemáticas revisadas hasta el hartazgo.

Admiraba a los músicos, le gustaba la música. Pero su valor residía en el lado práctico. La música es una profesión, aunque muchos músicos no se dan cuenta hasta que es demasiado tarde. «La mayoría de ellos son estrellas de un solo éxito, chicos a los que, mientras fuman marihuana en su dormitorio, se les ocurre una canción que resulta ser bastante buena y luego, eso es todo –dice Jeff–. Yo les digo a mis represen-

1. Ya había hecho lo suficiente para conseguir sus propias entradas de temporada (para los Yankees, a los veintidós años), y no es que acabara gastando todas las entradas después de que él y su esposa, una ejecutiva en ese momento de Interscope Records, se mudaran a California.
2. Hubiera estado bien seguir con la contabilidad de todos modos, pero, sin duda, trabajar en actuaciones de rock and roll era la versión más genial de la contabilidad.

tados: si no quieres ser serio, entonces estás perdiendo el tiempo de todos. Sí, sé una estrella del rock, pero así es como vas a comprar tu casa. Va a ser tu cuenta de jubilación. Así es como probablemente conocerás a tu esposa o a tu esposo. Es más que un estilo de vida, es tu vida». En lo que a él respecta, ¿cuál es la canción que desearía haber escrito? Si no es *Yesterday*, es *Tie a Yellow Ribbon 'round the Ole Oak Tree*. Ambos hablan de recordar, y ambos ganaron mil millones sólo con *covers* en Muzak.[3]

Jeff ayudó con los contratos, asesoró sobre acuerdos de regalías. Había tarifas de escritura y royalties de discos o de reproducciones en medios de transmisión, iTunes, Pandora, Spotify: el mundo de la música estaba cambiando rápidamente a principios de la década de 2000 y tenías al alcance cualquier transmisión. Cuanto más digital se volvía la música, más gratuita se volvía, y más servía como publicidad para la recompensa de una gira internacional. Retransmitir un acto era como bautizar un nuevo barco comercial después de años de construcción. Podía flotar o hundirse, y Jeff quería estar allí.

Y así, en febrero de 2011, estaba en Portland, Oregón, viendo a los técnicos prepararse para la primera noche de la nueva gira de Ke$ha y preguntándose si tal vez se estaba esforzando demasiado. La gira de 2011 *Get $ leazy* (el signo del dólar en lugar de la S es la marca registrada de Ke$ha) tenía espectáculos programados en América, Europa, Australia y Japón. Jeff había aceptado a Ke$ha cuando era una chica que tocaba en clubes. Estaba allí cuando Rihanna la contrató para abrir su gira mundial y ahora, a los veintitrés años, estaba en condiciones de salir del puerto y capitalizar el espíritu de la época, con Jeff en cubierta para ayudar a dirigir las finanzas.

Jeff no necesitaba presentarse, pero su presencia allí fue un recordatorio personal de su talento. Estaba cuidando su inversión, y esa inversión eran ellos mismos. Deberían hacer lo mismo. Realmente no podía perderse la noche del estreno, sin importar cómo se sintiera. Lo cual era una lástima, porque Jeff se encontraba verdaderamente mal.

3. *Yesterday* es la canción con más versiones de todos los tiempos, según el *Libro Guinness de los récords mundiales*.

Siempre se ponía un poco enfermo durante estos días, se sentía un poco débil, más que la rigidez matutina habitual, y el dolor general ahora duraba todo el día. Eso venía con la llegada a los cincuenta, lo sabía, y la manera en que su cabello se había vuelto blanco y ralo en la coronilla se lo conformaba. Se había adaptado, lo llevaba corto con una perilla blanca. Las noches largas y la incomodidad eran parte del intercambio de almas del rock and roll, al igual que el inevitable aumento de peso por las comidas tardías en el coche y la falta de ejercicio. Al menos había una ventaja: entre el dolor y las náuseas, estaba perdiendo peso. Tenía dolor, pero también buen aspecto. Cuando llegó a los 80 kilos se alegró de reconocer su antigua silueta en los espejos del hotel. Pero el peso siguió cayendo y empezó a sentir algo más, un pavor que no podía precisar.

Ke$ha, ataviada con unos leotardos tachonados de pedrería y gafas de sol que disparaban láser, se agachó bajo los reflectores. Jeff sintió frío. Le dolía el costado, el vientre o la espalda, algún punto intermedio. No se sentía mejor cuando Ke$ha volvió con un atuendo estrellado y medias de red para cantar su éxito, *Fuck Him He's a DJ*. Jeff encontró un asiento y observó a los bailarines de respaldo y a la banda, músicos profesionales cuyos disfraces fueron descritos como un cruce entre «Mad Max y pájaros prehistóricos». Era casi medianoche cuando Ke$ha finalmente realizó un baile erótico sobre un miembro de la audiencia sujeto con cinta adhesiva a una silla. Un extra con un disfraz de pene gigante saltó alrededor de la pareja en un número coreografiado.

Jeff consultó el reloj. El bis fue estruendoso. Gracias, Portland, Oregón, y buenas noches. Tal vez, pensó Jeff, sólo necesitaba acostarse. Pero el dolor que sentía era a un nivel diferente, y no desaparecía. Los autobuses de Ke$ha se dirigieron a la siguiente parada de la gira. Jeff se quedó atrás y condujo en silencio hasta el hospital.

Un médico lo examinó. Un flebotomista le sacó sangre. Le hicieron pruebas, lo trajeron de vuelta, le pidieron que se sentara. Recuerda que el médico le dijo que lo primero que destacaba era su recuento de hemoglobina. Era asombrosamente bajo. Con números como ésos, su sangre no tenía los medios para transportar oxígeno a sus músculos o a su cerebro. Eso era probablemente lo que explicaba su agotamiento. Pero, ¿qué explicaba la hemoglobina baja? Podría ser cáncer.

Esa sospecha llevó a Jeff a la Angeles Clinic en el Wilshire Boulevard de Los Ángeles (exploraciones PET, la ronda habitual de pruebas) y el fin de semana del Día del Presidente le dijeron a Jeff: cáncer de riñón, fase 4. No conocía al detalle cada fase, pero sabía que había no había una fase 5. Tampoco sabía, y en el momento de semejante conmoción tampoco le habría importado, que era una de las sesenta y tres mil personas en los Estados Unidos a las que se les diagnosticó cáncer de riñón ese año. De ellos, un porcentaje mucho menor recibiría el diagnóstico del cáncer raro y específico que tenía Jeff. Era, en el lenguaje de los especialistas en cáncer, un tipo de cáncer especialmente «interesante», una variedad particularmente agresiva llamada carcinoma sarcomatoide de células renales.

«Los médicos te dicen que no te conectes a Internet cuando recibas tu diagnóstico», dice Jeff. No puedes extraer nada bueno de confiar en todo lo que se publica en Internet para interpretar tu destino. «Pero, por supuesto, eso es exactamente lo que haces».

Se apresuró a llegar hasta su coche. Sacó el teléfono y buscó en la red. Los números, al principio, no parecían estar mal, en realidad. Las cifras de supervivencia a cinco años, cifras estándar dadas para el cáncer en ese momento, eran casi del 74 %. Es un porcentaje alto, muy alto, recuerda haber pensado Jeff.

Pero luego, tras leer un poco más, vio que el buen número dependía de otros factores. El más importante era el que se refería a lo temprano o tarde que había empezado la enfermedad.

Los riñones se asientan en la parte inferior de la espalda, dos masas filtrantes del tamaño de puños a cada lado de la columna, justo allí por donde podrías agarrar a alguien para bailar lento en un baile de graduación de secundaria. Son filtros complejos, compuestos por millones de diminutos filtros glomerulares en forma de cápsula que separan lo que el cuerpo necesita de lo que debe descartar. Pero como un trabajador de demolición que elimina el amianto de un edificio en ruinas, esos glomérulos están muy expuestos a todas las toxinas concentradas que pasan por el cuerpo. Es más probable que sufran una mutación de ADN como resultado de esa exposición, al igual que la piel expuesta capta más radiación UV y está más sujeta a las mutaciones que facilitan el melanoma.

Las tasas de supervivencia que Jeff estaba observando eran de cuando se detectaba temprano, cuando estaba sólo en el riñón y el tumor no tenía más de siete centímetros.

A Estados Unidos no le gustan las medidas métricas, por lo que tiende a traducirlas a nueces y frutas, y a veces a huevos y vegetales, para describir el tamaño del tumor. Para un tumor en etapa 1 de cinco centímetros, el sitio de la Sociedad Estadounidense del Cáncer usa una lima. La etapa 2 es un limón, o una naranja pequeña, todavía localizada como una masa dentro del riñón. El estadio 3 significa que el tumor ha comenzado a diseminarse dentro del riñón. El cáncer que crece y se propaga (un cacahuete, una nuez o una naranja) si está en la etapa 3, todavía está contenido dentro del área del riñón, por lo que puede ser atacado más fácilmente por las terapias convencionales contra el cáncer, específicamente la cirugía y la radiación.

Dado que la mayoría de nosotros tenemos dos riñones y podemos sobrevivir con uno que funcione saludablemente, extirpar un riñón completo, lo que ellos llaman una cirugía radical, es un enfoque común. Pero el diagnóstico de Jeff fue de etapa 4. Eso significaba que los tumores habían entrado en el torrente sanguíneo y se habían trasladado a otra parte, y posiblemente a todas partes.

No importa a dónde se movieran esas células renales mutadas (podrían llenar el pulmón, alojarse y apoderarse del hígado), siempre lo llamarían «cáncer renal». (Este sistema de nombres, tan anacrónico como describir tumores en términos de frutas, cambió debido a la inmunoterapia contra el cáncer en 2017, en sí mismo un gran avance). Y así, cuando esas células renales mutadas comenzaron a colonizar su columna, el cáncer de Jeff era «cáncer de riñón», etapa 4, y en la diminuta pantalla de su teléfono plegable, el cáncer de riñón en etapa 4 tenía muy mala pinta. La tasa de supervivencia a cinco años se mantenía en un 5,2 %, y había sido de alrededor del 5,2 % desde la década de 1970. El último nuevo avance científico para el tratamiento del cáncer de riñón se había realizado hacía treinta años. No hay forma de darle un giro positivo a eso. Simplemente cierra tu teléfono, siéntate en tu coche y espera hasta que estés lo suficientemente calmado para conducir.

Realmente no hay un buen momento para obtener un diagnóstico como ése, Jeff lo sabía. Jeff estaba ocupado, pero todo el mundo está demasiado ocupado para este tipo de cosas, y una vez que pasó por las reacciones habituales, también se dio cuenta de eso. Pero vamos, que él estaba *muy* ocupado. Su negocio estaba en auge, sus eventos lo necesitaban y entonces tenía dos niños pequeños, uno de tres años y el otro de sólo un año. No iba a dejar de trabajar, no le daría mucha importancia. Sólo se lo dijo a aquellos clientes que realmente lo necesitaban saber, que necesitarían tomar decisiones profesionales. Le dijo a Ke$ha que estaba enfermo, pero no dijo si mucho o poco. Eso parecía ser suficiente. Sobre todo, decidió seguir adelante.

Luego, Jeff fue derivado al hospital afiliado más grande, el buque nodriza, para ver a su especialista en riñón. Tal vez fue el estado de ánimo de Jeff, pero aquel médico, decidió, era «un maldito imbécil».

Llamémosle doctor K. Había mirado los números. El cáncer de riñón en etapa 4 era más o menos una sentencia de muerte, especialmente en esa rara forma tan agresiva, pero siempre había una posibilidad. El doctor K le dio a Jeff un medicamento llamado Sutent. Como prometía la etiqueta, Sutent le dio a Jeff los síntomas habituales de náuseas extremas, falta de apetito y arcadas diarias.

Mientras tanto, se sometió a más exploraciones PET. El cáncer en el riñón derecho entonces estaba ascendiendo por la columna vertebral, los tumores aparecían como champiñones. Programaron una cirugía para revisar el estado, y cuando los cirujanos lo abrieron, encontraron que los tumores se habían comido el hueso. Puños de tejido denso agrietaban la columna de soporte central de su cuerpo y de su sistema nervioso, y se clavaban peligrosamente en el cableado de su médula espinal. La estructura era quebradiza y estaba generada por una enfermedad progresiva; pronto los tumores engullirían y se apoderarían de sus nervios vertebrales, o sus vértebras cada vez más frágiles fallarían bajo su peso como las torres del World Trade Center derrumbándose.

Avanzaba rápido, y cualquier escenario dejaría a Jeff, en el mejor de los casos, tetrapléjico. Necesitaban asegurar inmediatamente la estructura. El cáncer era inescrutable, incurable y complicado, pero era un trabajo físico concreto que un cirujano podía hacer con un bisturí. Había que cortar trozos de su columna vertebral y atornillar varillas de titanio en su lugar. Le daría a Jeff una postura de Frankenstein, y tendría que vivir con un zumbido constante de dolor de fondo por los nervios en carne viva, comprimidos por el colapso de sus vértebras, clavados permanentemente a la infraestructura de titanio como duras cuerdas contra el mástil de una guitarra, pero al menos todo ello evitaría que quedara paralizado. Era lo que había que hacer. Un mes después volvieron a operarle y finalmente le extirparon el riñón enfermo.

Fue difícil, las cirugías y el dolor fueron extremos, pero «nunca dejé de trabajar», dice Jeff. «Traté de ocultárselo a todos». Todavía se levantaba por la mañana, se duchaba, se afeitaba y se vestía, se ajustaba bien el cinturón para evitar que los pantalones se le cayeran de los huesos de la cadera, se subía a su Lexus y se dirigía hacia la autopista como siempre había hecho. Y a trabajar.

«Pero nunca iba a la oficina». En su lugar, se detenía en algún lugar al sur de Malibú, pasaba por el autoservicio de McDonald's para comprar un Egg McMuffin y lo forzaba a bajar antes incluso de regresar a la carretera. Luego conducía de un lado a otro por la Pacific Highway recibiendo llamadas en el teléfono de su automóvil. «De vez en cuando me detenía, ponía el teléfono en silencio, vomitaba por la ventana y retomaba la llamada», dice. Los McMuffins ayudaban; eran suaves y mucho mejores que las arcadas en seco.

Tenía dos médicos: el doctor K, su especialista en riñones; y el cirujano, el doctor Z. Jeff veía al doctor K para el Sutent y se reunía con su cirujano unas semanas más tarde para el seguimiento. Ambos médicos habían visto los mismos escáneres, pero le dieron mensajes diferentes. «El cirujano me dijo que no me molestara más con la quimioterapia –dice Jeff–. Pensaba que debía dejar de intentar superarlo y tratar de disfrutar el poco tiempo que me quedaba sin los efectos secundarios». El doctor K estaba molesto porque el cirujano le decía a su paciente que ignorara el tratamiento prescrito.

En lo que respecta a Jeff, no era que el doctor K no estuviera de acuerdo con el pronóstico del cirujano: él también pensaba que Jeff iba a morir. Era que al médico le pagaban por cada tratamiento de quimioterapia al que se sometía Jeff, y el doctor K quería seguir cobrando la tarifa de los tratamientos, siempre que Jeff estuviera lo suficientemente vivo como para tomarlos.

Finalmente, en septiembre, el doctor K le dio un pronóstico final. «Me dijo que me quedaban seis meses, como máximo», dice Jeff. En retrospectiva, es sorprendente que le dieran tanto tiempo. El peso de Jeff se había reducido a 67 kilos, y cada vez más, una parte de ese peso correspondía a los tumores.

«El tipo me dijo que me ocupara de poner mis asuntos financieros en orden –dice Jeff–. Era horrible: no tuvo ningún tacto, ninguna compasión». La manera en que Jeff lo leyó: «Habían terminado conmigo. Se habían dado por vencidos».

Jeff cree que era una cuestión de que los médicos del hospital no tenían nada más que facturar, o así lo vio él. Tal vez así es como piensa un gerente y contable; pero quizá sea más que eso. Los médicos son sólo personas. Si bien los mejores son muy buenos en aspectos de su trabajo, y algunos son buenos en varios aspectos, es raro encontrar a uno que pueda actuar como un médico experto para el cuerpo físico de un paciente y como un filósofo o un sacerdote para el ser humano que en ese momento está contemplando su propia muerte. Son también los pensamientos descorazonados de un hombre desesperadamente enfermo que lucha contra la tiranía de la mortalidad, presentados por una serie de tipos con batas blancas. Es un camino difícil, se mire como se mire. Las malas noticias no son fáciles para nadie.

De cualquier manera, los profesionales médicos, los que sabían más sobre lo que estaba arrasando su cuerpo de lo que el propio Jeff podía comprender, no tenían nada más que ofrecer. No veían otra opción que rendirse. Y así, lo lógico para Jeff era seguir el ejemplo de los expertos y darse también por vencido.[4]

Su médico de referencia en la Angeles Clinic, el doctor Peter Boasberg, tuvo otra idea. Había un estudio clínico. Tal vez, posiblemente, podría conseguir que Jeff participara en este estudio. «Tal vez» sonaba bastante bien en ese momento. El fármaco que se estaba probando no

---

4. El diagnóstico de Jeff se produjo en 2011. Si bien es posible que hubiera respondido a la interacción de ligandos de las células T, el futuro del PD-1 estaba en ese momento en una especie de limbo en términos de disponibilidad para pacientes, como veremos en capítulos posteriores, y no sería aprobado por la FDA hasta 2014, años después de que Jeff Schwartz comenzara los ensayos con PD-L1 y significativamente más tarde de lo que se esperaba que sobreviviera. Además, esa aprobación inicial del PD-1 fue sólo para el melanoma metastásico. Las aprobaciones para otras indicaciones han seguido y continúan.

atacaba los tumores; más bien, atacaba la capacidad de los tumores para cerrar la respuesta inmune natural contra ellos. Había sido bautizado como «inhibidor de puntos de control». Ya había una teoría entre los investigadores que trabajaban con este fármaco de que era más eficaz para generar una fuerte respuesta inmunitaria contra los tumores que tenían un alto grado de mutación. Eso podría incluir el cáncer de riñón, el cáncer como el de Jeff.

Todas las decisiones sobre los parámetros del estudio recayeron en el doctor Dan Chen, MD, PhD, un inmunólogo oncólogo que también era el líder del equipo de desarrollo de inmunoterapia contra el cáncer en Genentech, la compañía que fabricaba el fármaco experimental. Se le derivaban pacientes que cumplían los requisitos para el estudio en solicitudes ciegas, cada una reducida a un nombre en clave de letras y números y los detalles de su historial médico. Jeff Schwartz era ahora el paciente solicitante 101006 JDS.

Originalmente, el estudio del fármaco había sido diseñado para observar su eficacia contra los tumores sólidos. Se había ampliado para incluir melanoma, vejiga, riñón y varios otros. ¿Jeff era apto para tal estudio? Sobre el papel, la respuesta no era obvia.

Si Chen hubiera buscado razones para excluir a alguien, definitivamente podría encontrar una justificación para descartar al paciente 101006 JDS, pero eso no hacía que fuera la decisión correcta. Los requisitos del estudio se anunciaban en términos de qué tipos de cáncer clasificaban. Esa descripción no mencionaba específicamente la forma rara de cáncer de riñón en el papeleo del paciente 101006 JDS, pero *era* cáncer de riñón, y Chen sospechaba firmemente que el cáncer raro de 101006 JDS tenía muchas similitudes con los cánceres que creían que responderían a su candidato a inmunoterapia, el nuevo inhibidor de puntos de control. En el lado negativo, ese cáncer raro y agresivo ahora estaba profundamente arraigado en el hueso, en el que el sistema inmunitario tiene dificultades para infiltrarse, pero ese paciente encajaba en el perfil y, sospechaba Chen, podría beneficiarse del fármaco experimental. Si ya hubiera sido aprobado y estuviera fácilmente disponible, el doctor Chen lo habría indicado y esperaría que ayudara, ya nada más lo había hecho. Pero en 2011 esta inmunoterapia aún no era una opción en la caja de herramientas de un oncólogo. La única manera de que un paciente con cáncer tuviera acceso a este fármaco era a través del ensayo experimental. Lo que convirtió al paciente 101006 JDS en una decisión especialmente difícil.

Chen conocía el curso habitual de un pronóstico de cáncer de riñón en etapa 4. Como médico y ser humano compasivo, si la enfermedad de 101006 JDS cumplía con los requisitos, lo incluiría en el ensayo. Pero como científico y jefe de departamento a cargo de un estudio de fase masivo, había un problema. Según el papeleo, el paciente 101006 JDS probablemente estaba demasiado enfermo para un ensayo físicamente riguroso; podría poner en peligro todo el estudio. No había ningún algoritmo informático, ningún gráfico o regla de cálculo para tomar esa decisión. Chen tuvo que equilibrar los factores y sopesarlos con la cabeza y las tripas.

Jeff no sabía cómo jugar con las probabilidades en este caso, cuánto debería esperar o cómo debería proceder con la siguiente fase de su vida. Por un lado, no había ninguna garantía de que pudiera comenzar el nuevo ensayo experimental del fármaco para la inmunoterapia, y debería prepararse para eso. Pero, por otro lado, si vencía a las probabilidades y obtenía luz verde, tendría que estar disponible para aceptar en el acto.

Para hacerlo, no podía formar parte de ningún otro tratamiento contra el cáncer. Eso significaba que tendría que suspender la quimioterapia y esperar. La quimioterapia lo había hecho sentir muy mal y no había impedido que sus tumores crecieran, pero era el único tratamiento ofrecido. No se sabía lo rápido o lento que progresaría su cáncer si no lo envenenaba activamente con los químicos. Era posible que la quimioterapia estuviera frenando su declive y regalándole unos preciosos días o semanas adicionales con su familia. Renunciar a esa oportunidad ante la remota posibilidad de que él *pudiera* comenzar algo más, algo experimental, que *podría* funcionar o quizá no, era una compensación peligrosa. Parecía algo así como contener la respiración para evitar respirar un veneno.

Años más tarde, Dan Chen todavía recuerda todo sobre el paciente 101006 JDS: su perfil como posible participante del estudio, su respuesta, incluso su número de identidad codificado de paciente; de hecho, lo tiene muy presente. Como científico que testaba su primer fármaco de inmunoterapia, es muy probable que Chen no lo olvide nunca. 101006 JDS resultó ser, como dice Chen, «un caso muy especial». Parte de lo que lo hizo especial fue el hecho de que, *incluso* sabiendo cuál fue el resultado, uno podría argumentar que, desde la perspectiva de la recopilación de datos, al paciente 101006 JDS no se le debería haber permitido participar en ningún tipo de estudio médico.

«Mi reacción inicial al verlo, cuando todo estaba sólo en el papel en ese momento, fue: "¿Estáis bromeando? ¿Por qué me enviáis pacientes así?"». El estudio que Dan estaba ejecutando estaba en fase 1, es decir, el primero que se realizaba en humanos, y su equipo tenía muchas prisas por conseguir que aquello funcionara. Comenzaron tarde en el juego de la inmunoterapia, a pesar de la cantidad de inmunólogos del cáncer que entonces eran como células durmientes secretas dentro de Genentech, y cuando convencieron a la compañía más grande de cambiar el curso de su investigación y permitirles tomar aquella dirección aún no testada para el desarrollo de sus medicamentos se vieron obligados a construir un nuevo programa de fármacos desde cero.

Antes de unirse a Genentech, Chen había trabajado en inmunoterapia contra el cáncer tanto en su laboratorio en Stanford como con sus pacientes en el Centro Oncológico de la Universidad de Stanford. Esos primeros enfoques no habían funcionado contra el cáncer. Pero a pesar de los fracasos de las diversas vacunas que habían probado, y los efectos desiguales y, a veces, perturbadores tras administrar a los pacientes dosis de fuertes estimulantes inmunológicos como la interleucina-2 y el interferón, los investigadores habían visto destellos de esperanza. Chen y otros creyentes en la inmunología del cáncer los habían visto en sus raros pero reales respondedores positivos, y en los informes de unos pocos laboratorios de todo el mundo. La mayoría de los oncólogos, la mayoría de los científicos, habían descartado la inmunología del cáncer como un callejón sin salida, poblado por charlatanes y verdaderos creyentes que confundían la esperanza con la buena ciencia. Pero Chen creía, como creía el puñado de personas que todavía estaban en el campo de la inmunoterapia, que había algo más en esas respuestas positivas que anécdotas mal interpretadas.[5] Este estudio sobre medicamentos podría ayudar a demostrarlo.

¿El paciente 101006 JDS iba a ayudar en el estudio? Chen no estaba tan seguro. «Tenía la enfermedad muy extendida. Estaba en lugares malos, incluidos los huesos, que son más difíciles de tratar por las inmunoterapias contra el cáncer», recuerda Chen. Peor aún, su «estado de rendimiento» era horrible.

«Estado de rendimiento» significa: «¿Cómo es tu día a día? ¿Estás despierto? ¿O no puedes levantarte de la cama porque estás vomitando todo el día y no puedes comer?». Chen y otros oncólogos utilizaban el estado de rendimiento para predecir cómo le iría a un paciente, ya fuera en un ensayo clínico o con una terapia tradicional contra el cáncer. Es una variación más rigurosa de: ¿Cómo estás? Y 101006 JDS no estaba nada bien.

«Si no puede levantarse de la cama, si no puede moverse, sus resultados son generalmente horribles –dice Chen–. A veces tienes pacientes que caen así», dice extendiendo la mano, inclinada como un gráfico que desciende en picado. «Por lo general, no se puede revertir a esos pacientes. Por lo tanto, meter a personas que están en un curso descendente en el ensayo no es una buena manera de determinar si tu medicamento es seguro».

Y ése era el objetivo de este ensayo en fase 1: evaluar la seguridad de un posible nuevo fármaco probándolo en dosis bajas. Si fallaba en eso, fallaba. Si esa prueba iba a significar algo, tenía que ser el reflejo más fiel posible de la seguridad del fármaco. Desde esta perspectiva, el paciente 101006 JDS no era exactamente con quien estabas soñando. Los pacientes que estaban demasiado débiles y enfermos fallarían en la prueba sin importar lo que se les diera, y ese fracaso se atribuiría al

5. Consulta el apéndice B para obtener más información.

medicamento, no al paciente. No era sólo Jeff quien sufriría, era todo el estudio y, por extensión, toda una generación de pacientes.

Si la prueba de «¿Cómo estás?» era algo subjetivo, los principales criterios de ingreso al estudio eran empíricos y estaban estandarizados. «Teníamos un valor de laboratorio que había que cumplir», explica Chen. Estos valores se proporcionaron a todos los investigadores principales que realizarían el estudio, y sus pacientes necesitaban alcanzar o superar esos valores para siquiera ser considerados.

Los valores de laboratorio de 101006 JDS eran *malos.* Su albúmina, su recuento de glóbulos blancos, «no era bueno». Esos valores eran indicadores particularmente negativos para un posible candidato a estudio de fármacos de inmunoterapia. «En primer lugar, necesitas tener glóbulos blancos –dice Chen–. Necesitas tener células T. No sabíamos mucho sobre el medicamento en ese momento, pero si en primer lugar no tenía células T, entonces ¿por qué íbamos a tratar de darle un medicamento que debía reaccionar con las células T?». Ése era el número más importante en la prueba, y Jeff estaba por debajo de ese valor numérico. «No había manera».

Tras dos meses sin quimioterapia, Jeff estaba más enfermo que nunca, demasiado para cumplir con los requisitos de elegibilidad para el estudio de la Angeles Clinic.[6] Así comenzó un tira y afloja, entre los médicos de Jeff y los investigadores principales de Chen en el estudio.

«Tenían protocolos –dice Jeff–. Mi hemoglobina debía estar a un cierto nivel. Me sacaron sangre; les dije: "Probad de nuevo"». Tal vez los niveles de Jeff estaban fluctuando, «Así que lo intentaron en diferentes momentos del día –dice–. Comía brócoli como un loco, todos los días, tratando de aumentar los números».

«Sé que realmente estaban haciendo todo lo que podían –dice Chen–. También había una antigua observación que mostraba que frotar los lóbulos de las orejas generaba glóbulos blancos, un fenómeno

6. El Sutent, que se enfoca en la capacidad de un tumor para devorar y crecer, no es, técnicamente, «quimioterapia». Aunque Schwartz no estaba al tanto de la identidad del fármaco que probaría, se trataba del inhibidor del punto de control anti-PD-L1 atezolizumab, que se comercializaría con el nombre de Tecentriq. Consulta el apéndice A.

real, estudiado en la Universidad Johns Hopkins, llamado algo así como "linfocitosis del lóbulo de la oreja". Así que se puso a frotarse los lóbulos de las orejas. Jeff se los frotaba por la noche o en el coche, se los frotaba justo antes de que le sacaran sangre. Eso tampoco elevó su número lo suficiente».

En noviembre, el oncólogo de Jeff en Los Ángeles, el doctor Boasberg, le dio la noticia. No era apto para el estudio. «Y sabía que era una sentencia de muerte», dice Jeff. No estaba listo para darse por vencido, pero no podía simplemente hacer que su sistema inmunitario se recuperara. «Me ofrecieron ponerme en un ensayo de fármacos diferente», dice. No era inmunoterapia, y Jeff ya había seguido la ruta de la quimioterapia. No había funcionado, y lo hacía sentir fatal, y tal vez sólo le quedaban unos meses, de todos modos. ¿Estaba realmente dispuesto a sentirse así otra vez?

Por supuesto, si había una posibilidad de que lo ayudara, ésa era su actitud. No había probado ese medicamento en particular, así que al menos podía pensar en aquello como en un plan B. Pero tal vez, Jeff se preocupó, no era realmente un plan en absoluto, era simplemente algo que hacer, el equivalente médico de los trabajos forzados para los condenados.

Uno trata de poner buena cara, de estar de acuerdo, de ser un buen paciente, de no pensar en los «¿y sí?» o en los «debería». El cáncer está lleno de eso –clínicas de cáncer de pulmón llenas de fumadores que dejaron de fumar– y lo importante para Jeff era seguir adelante. Pero era difícil no ver que ahí divergían dos caminos, no reconocer que el plan B era la bifurcación equivocada. Jeff no podía entender lo que su médico quería para él, lo que pensaba que podría ayudarle. Ese otro estudio era claramente una ocurrencia tardía, pero tal vez sentirse ocupado era lo que necesitaba. Quizá fuera de ayuda. Definitivamente, sin embargo, Jeff no veía otra opción que no fuera rendirse y hacer las paces con su destino.

El único problema era que Jeff no se sentía en paz. No dejaba de mirar por encima del hombro la otra bifurcación. Y tomó la difícil decisión: comenzar el estudio que se le ofrecía significaba renunciar a alguna posibilidad milagrosa de ingresar en el estudio de inhibidores de puntos de control, pero aquel autobús también se iba. Si esperaba, se quedaría en la encrucijada, sin nada. Y nada, ya le habían dicho, significaba ingresar en el hospital de cuidados paliativos.

Mientras tanto, en el campus de Genentech de San Francisco, Dan Chen tenía un problema. Varios, en realidad. Uno era un problema que tenían todos los oncólogos, la carga de trabajo. Por lo general, el tratamiento del cáncer no es un campo lleno de buenas noticias. Para ser un buen médico e investigador, debes aceptar el hecho de la mortalidad y los terribles resultados de la enfermedad, incluso mientras trabajabas muy activamente y a diario, y a menudo sin éxito, contra ellos.

Parte de lo que tenía que aceptar se refería al destino del paciente potencial 101006 JDS. En el papel tenía muy mala pinta, pero estaba lo suficientemente cerca de la línea como para que, incluso detrás de la identidad codificada, su caso se hubiera vuelto personal. Dan esperaba un buen resultado para ese tipo (en ese momento ya sabía que era un hombre), pero también esperaba buenos resultados para su medicamento y para los pacientes con cáncer en general.

«Y ahora nos acercamos a las vacaciones de Navidad y todo cierra», dice Chen. Habría un descanso en la empresa, quizá breves descansos para algunos médicos, y los propios pacientes podrían optar por ir a ver a familiares y amigos lejanos, a algunos de ellos por última vez. Es lo que sucede.

Eso significaba que la carrera para lograr que este fármaco se desarrollara, se probara y llegara a los pacientes y al mercado estaba a punto de sufrir un gran retraso. «Así que tuve que enfrentarme al hecho de que si no completábamos esa población base antes de las vacaciones, retrasaríamos todo el ensayo», dice Chen. Y eso tendría un efecto dominó y consecuencias potencialmente graves. Los otros pacientes no podían empezar hasta que se completara la población base del estudio. Y ningún paciente podía obtener el medicamento, o tener motivos para creer que valía la pena obtenerlo, hasta que el medicamento pasara por ensayos clínicos y, en el mejor de los casos, se acelerara la aprobación de la FDA. Ese lugar vacío en su población base se había convertido en una señal de stop.

Si alguna vez se iba a considerar al paciente 1001006 JDS, era ahora o nunca.

Jeff Schwartz había programado comenzar el plan B del estudio clínico sobre el medicamento el 17 de diciembre. Recuerda la mañana, el coche, la carretera. El viaje a la clínica de Wilshire Boulevard fue como una marcha hacia la horca, con un hombre muerto conduciendo. Las ventanillas de su Lexus estaban bien cerradas contra el aire de Los Ángeles; la calefacción estaba puesta a treinta grados, sólo para evitar que temblara demasiado al conducir.

«No se lo dije a nadie, pero aquello fue horrible –dice Jeff–. Me resignaría. Seguiría luchando, pero...», Jeff se detiene. Tampoco había pensado más ese día, al menos no en sí mismo, porque, en lo que a él respectaba, estaba acabado. El resto era sobre responsabilidad fiduciaria. «Cada centavo que había ganado, me aseguré de que mis hijos tuvieran ahorros –dice–. «Pagué mis alquileres por adelantado, sin saber si estaría allí para hacer el próximo pago. No caí en lo espiritual, no había cambiado nada al respecto, pero la muerte, la perspectiva de conocer el final... –Jeff se detiene de nuevo y mira a su alrededor por un momento–. Bueno, cambia la manera en la que piensas sobre las cosas».

Jeff atravesó la puerta. Aparcó, salió del coche y se registró en el mostrador. Allí estaba el portapapeles con el bolígrafo barato. Salió una enfermera, lo llamó por su nombre. Esperó, sonrió. La siguió a través de las puertas, entró en una habitación, y se sentó en una silla cómoda. La iluminación del techo era brillante. Su nombre había sido transcrito a una identificación, luego cotejado con una vía intravenosa. Los estudios deben ser de doble ciego para evitar cualquier sesgo o sentimiento. Por el bien de la ciencia, el paciente es despojado de su identidad. Bueno para la ciencia, pero difícil para nosotros, los humanos. El procedimiento sería el siguiente: sacar el gotero, verificar los números del gotero con el brazalete del paciente, introducir los números en el formulario, colgar la vía intravenosa, abrir la llave de paso. El paciente 101006 JDS, anteriormente conocido como Jeff, estaba listo. Se arremangó, le insertaron la aguja de catéter y lo vendaron. El fármaco sería útil, lo descubrirían más tarde,[7] para dar varios meses de vida extra a algunos pacientes con cáncer de riñón, pero casi con certeza no sería útil para pacientes como Jeff.

A quinientas millas al norte de San Francisco, Dan Chen estaba en su despacho cuando salió el sol. A las 7:30 sonó el teléfono. El repentino ruido lo sobresaltó. La llamada era para comunicarle los últimos números del paciente 101006 JDS. Quizá fue el frotamiento de los lóbulos de las orejas, Dan no lo sabe, o tal vez existe un valor para la pura voluntad. Fuera lo que fuese, el tipo había saltado la línea.

Tal vez los números no se quedarían ahí, pero le harían las pruebas y él las aprobaría. Era una línea fría y él la había cruzado. Esa parte ahora no era un juicio, era empírica. La siguiente llamada, si Dan lo lograba, sería a la clínica: ¿pueden incluir a este tipo en el ensayo?

Dan recuerda la luz. Se reflejaba en la fría superficie gris de la bahía de San Francisco y le hacía algo a la habitación. Se puso a mirar a través de la ventana.

«No se trataba sólo de ese hombre –dice Chen–. El ensayo afectaría a muchas más personas. ¿Ese hombre simplemente significaría un enorme problema? ¿Dañaría el ensayo y eso iría en detrimento de esas personas?». Si Chen lo dejaba entrar en el ensayo, ¿estaba haciendo lo correcto o se equivocaba?

Todo sucedía en cuestión de minutos, la llamada con los números, su decisión..., pero algo en aquella la luz... Tal vez había visto demasiadas películas, pero en aquel resplandor había algo de milagro navideño, esa sensación que tienes en esa época del año de que debes ser amable con todo el mundo, incluso cuando esa amabilidad puede estar equivocada. Dan levantó el teléfono, llamó a la clínica. La línea estaba ocupada. Colgó, comprobó el número y volvió a intentarlo, con el

7. Desde entonces, el Avastin (bevacizumab) ha sido aprobado como parte de una terapia combinada para varios tipos diferentes de cáncer, incluido el cáncer renal metastásico, cuando se utiliza con interferón alfa.

mismo resultado. ¿Quizá era una señal? O tal vez sólo era un teléfono ocupado. Lo intentó una vez más y lo consiguió. Dio el número del paciente y dijo: «Incluyámoslo». Hubo una pausa y un ruido, y una especie de caos. Parecía que alguien había echado a correr.

«Así que estoy allí sentado –dice Jeff–, con todo conectado, y eso era todo. El gotero estaba colgado y sólo faltaba que se vaciase. Y entonces una enfermera entró corriendo y dijo: "Espere". Como si hubiera algo mal con mi sangre o algo así».

Luego entró el médico. «Han llamado», dijo. Aparentemente, los linfocitos de Jeff estaban lo suficientemente altos como para encajar en el protocolo del estudio.

«Dijeron que el recuento era de 1100 o algo así –dice Jeff–. Tenía el mismo cáncer que antes, no mejoraba, pero mis números eran mejores». Según el análisis de sangre, sus linfocitos finalmente habían aparecido. «Quizá hubo algún milagro, no sé lo que sucedió». Lo que sí sabe es que le quitaron el gotero y le sacaron la línea de la vena. Su médico tenía un mensaje para él del doctor Chen. «Dijo que el mensaje era: "Dígale al paciente que Feliz Navidad"».

Tres días después, el 20 de diciembre, Jeff se convirtió en el paciente número doce del estudio de doce personas. Condujo hasta el centro. Era la primera vez que los médicos que administraban el estudio conocían en persona a su paciente del ensayo. Estaba más enfermo de lo que habían imaginado. Tan enfermo que llamaron para asegurarse de que aquel tipo realmente debía estar allí.

Jeff pasó por las mismas diligencias que antes: el portapapeles y los formularios, las pegatinas y el brazalete y la manga arremangada y la aguja. Excepto que esta vez, se le inyectó el fármaco experimental de inmunoterapia, el inhibidor del punto de control.

Ése fue el primer medicamento experimental de Jeff. Lo llamaron MPDL3280A. La idea de científico loco, el fármaco experimental..., eso era emocionante, pero también un poco aterrador. MPDL3280A había funcionado en modelos de ratones, pero el 90 % de todos los medicamentos contra el cáncer que funcionan en ratones fallan en los ensayos con humanos. «Les pregunté: "Oigan, esto que me están dando, ¿me va a volar la cabeza?" Y me respondieron: "Ni puñetera idea". ¡Porque yo era el primero!».

No le voló la cabeza. Pero sucedió algo. «Inmediatamente volví a la vida –dice Jeff–. Fue algo muy raro». ¿Estaba realmente funcionando? ¿O sólo estaba en su cabeza? Sólo había recibido una dosis, y una dosis baja: ése era uno de los objetivos de un ensayo de fase 1, encontrar la «dosis efectiva más baja» de un nuevo medicamento. Y aquél parecía un escenario poco probable para un efecto instantáneo.

Jeff conocía el efecto placebo, y conocía el efecto que la fe y la esperanza pueden tener en la salud de una persona e incluso en su resultado. Había mucho de eso en su relación con sus clientes, cuando hablaba con ellos; el poder de la creencia era importante y real, pero no curaba el cáncer. También se dio cuenta de que llevaba fuera de la quimioterapia el tiempo suficiente como para que, pasara lo que pasara, sintiera menos náuseas.

En la siguiente visita, dos semanas después, le inyectaron el fármaco de nuevo. Y otra vez, de inmediato, estuvo bastante seguro de que se sentía mejor. Había seguido trabajando, incluso mientras se estaba muriendo. Entonces se sentía lo suficientemente bien como para hacer otras cosas además del trabajo. Lo bastante bien como para llevar a su hijo de cinco años a SeaWorld ese mismo mes.

«Sentí un chasquido en la cintura, era el hueso de mi cadera. El cáncer lo había atravesado, simplemente apareció a través de la cavidad de la cadera». Eso no ayudó en nada a su estado de rendimiento, por lo que fue un revés importante. Se sometió a otra cirugía, pero era sólo una cirugía, no era más metástasis, era uno de sus antiguos problemas que regresaba a casa. No te preocupas por los antiguos problemas, esperas detener los nuevos. Y llega su siguiente cita. Jeff recibe otra inyección del medicamento experimental. Y esta vez, no sólo lo piensa, sino que está *seguro* de que entonces está mejor.

En casa, unas semanas después, su hijo le preguntó: «Papá, ¿qué ha pasado?». Jeff no sabía a qué se refería, pero su hijo se lo dijo: no creía que su padre pudiera cogerlo en brazos nunca más. Pero ahí estaba él, lanzando al niño por los aires, observándolo chillar de alegría. Jeff realmente no había pensado en eso, pero su hijo se había dado cuenta. *Algo* estaba mejorando. Luego, las tomografías PET lo confirmaron.

El 15 de marzo de 2012, Dan recibió una actualización por correo electrónico del médico de la clínica del ensayo. El paciente dudoso que habían enviado, el que tenía una fatiga significativa, el dolor de un nódulo retroperitoneal, el que no podía trabajar o levantar a sus hijos pequeños... Querían que Chen lo supiera. El paciente 101006 JDS había sido «llamado a la vida».

Jeff entendió lo afortunado que era y quería conocer a las personas responsables de lo que había recibido. Sabía que el líder mundial en el estudio era un tal doctor Chen, con base en algún lugar de las empresas de biotecnología de San Francisco. Esperaba llamar, tal vez hacer una conferencia con todo el equipo, sólo para darles las gracias.

«En julio me dijeron que se celebraría una conferencia en Los Ángeles a la que asistiría el doctor Chen. Siempre me había imaginado a ese misterioso doctor Chen, ya sabes, como a un *geek* con gafas de montura metálica. Me reuní con él y allí estaba el Sr. GQ».

Jeff encontró a Chen sorprendentemente encantador y complaciente. Más tarde, Chen llevó a Jeff a las oficinas de San Francisco y luego a los laboratorios. Todo aquello le daba una especie de sensación de estar frente a Willy Wonka y su entorno. «En el lugar hay un letrero que dice E. COLI por un lado y CHO por el otro», dice Jeff. «Le pregunto, "¿Qué significa 'CHO'?" ¡Dice que son "ovarios de hámster chino"![8] Luego me llevan a ver una gran tina de acero. Me pregunta: "¿Sabes qué es esto?". Le digo: "Parece una cervecería". Dan dice: "Sí, bueno, ahí dentro se elaboran proteínas"».

Finalmente, presentaron a Jeff a cuatro investigadores que habían ayudado a desarrollar el fármaco y a crear la proteína.[9] «Los saludo, se

8. Las siglas en inglés de *Chinese Hamster Ovaries. (N. del T.)*
9. Brian Irving, Yan Wu, Ira Mellman y Julia Kim.

enteran de quién soy y todos se echan a llorar –dice Jeff–. Porque estos tipos son genios, pero son como sabios locos, nunca salen del laboratorio». Después de todo el trabajo que se había invertido en preparar su medicamento de inmunoterapia, y después de décadas durante las cuales los medicamentos de inmunoterapia no habían podido salvar a los pacientes, la vista de un hombre sano, que había regresado del borde de la muerte en virtud de sus esfuerzos, era algo que veían por primera vez.

«Todas estas personas... En realidad, no sé cómo lo hacen. Son rechazadas todo el día, todo lo que hacen falla, la gente muere. ¿Te imaginas ser ellas? Chen es oncólogo, se ocupa del melanoma... Todos sus pacientes, todos estos tipos... ¿Te lo puedes imaginar?».

Dan Chen había hecho algo por él, algo muy grande. Así que Jeff quería hacer algo por Dan. «Chen no me conoce, no personalmente, me conoce por mis iniciales del estudio. Así que no sabe que estoy en el mundo de la música». Jeff le pregunta a Dan, que tiene una hija adolescente,[10] «Entonces, ¿cuál es su banda favorita?». Chen le dice que es un grupo llamado Imagine Dragons. Jeff sonríe: «Bueno, entonces, la próxima vez que la banda venga a San Francisco, le conseguiré entradas y verá el concierto entre bastidores. El día señalado, la hija de Chen incluso entra en el escenario para lanzar globos, ¡es genial! Es uno de los mejores momentos de su vida. Dan dice: "Gracias". Yo le digo: "¡Oye, gracias a ti por mantenerme con vida!"».

Jeff se sentía lo suficientemente bien ahora que la vida era casi como había sido siempre. Eso incluía ir a los partidos de baloncesto de su hijo los fines de semana en el gimnasio de la escuela primaria. «Mi esposa está a mi lado y dice: "Mira, ¿sabes quién es ese que está al otro lado del gimnasio?" Miro y no puedo creerlo, es K..., el doctor Capullo K».

«Así que me acerco y le pregunto: "¿Me recuerdas?" Me dice que no. Yo le digo: "¡Bueno, eres el maldito imbécil que me dio cinco meses de vida!".

10. Los Chen tienen tres hijos: una hija, Isabelle, y dos hijos, Cameron y Noah.

»Volví a verlo seis meses después: nuestros hijos tienen la misma edad y van a la misma escuela. Estábamos a punto de cruzarnos y me acerqué a él de nuevo. Le dije, porque necesitaba decírselo: "Mira. Un paciente se queda con cada palabra. Con *cada palabra.* Me dijiste que no ya no podías hacer nada más por mí, me dijiste que me quedaban cinco meses de vida y mi mundo se hizo añicos"».

Jeff también recordó lo que le había dicho su otro médico cuando estaba empeorando y no había encontrado un ensayo clínico. El doctor Boasberg había visto los nuevos ensayos de medicamentos de inmunoterapia, había visto los efectos transformadores, cosas que nunca imaginaron. Y sabía lo rápido que llegarían los nuevos medicamentos. «Era posible que no entrara en el estudio –dice Jeff–. Pero él me dijo, "Espera, porque hay nuevos medicamentos a la vuelta de la esquina"».

En 2011, ésa era una perspectiva rara y radical. No todos los oncólogos estaban al tanto de lo que estaba sucediendo en la inmunoterapia contra el cáncer.

En ese momento, la gran mayoría todavía pensaba que el enfoque basado en el sistema inmunitario para tratar el cáncer provenía de los malos tiempos de las falsas promesas y de las vacunas ineficaces. Jeff tuvo la suerte de tener un médico conectado a un lugar como la Angeles Clinic, con oncólogos abiertos al potencial de la inmunoterapia contra el cáncer y orientados a los ensayos clínicos. Por supuesto, sólo había llegado allí porque su cáncer no respondía a nada más. En este sentido, no tuvo tanta suerte.

Cuando Jeff tenía veinte años, el cáncer era una enfermedad de ancianos y no pensaba mucho en ella. Era el chico que salía de algún espectáculo en vivo en el centro de la ciudad con los oídos zumbando mientras los copos de nieve caían iluminados por las farolas. No es cuestión de ponerse sentimental, pero ese tiempo libre de problemas realmente le parecía como si fuera ayer, como en la canción. Jeff todavía puede recordar la nieve cayendo como harina sobre su chaqueta de cuero negro, quedarse unos segundos allí y desaparecer. Tenía todo el tiempo del mundo.

«Simplemente piensa en todas las personas que murieron esperando–dice Jeff–. Quizá sólo por unas pocas semanas, o los que sencillamente se dieron por vencidos porque un médico les dijo que ya no tenían ninguna posibilidad, que eso era todo». Ése podría haber sido él. No lo fue, pero ¿por qué?

Jeff no lo sabe. Pero una parte tiene que ver con la suerte, otra con la pura voluntad y otra con la fe, o con algo parecido. Y parte de la respuesta tuvo lugar más de cien años antes, en las mismas calles del centro de la ciudad done Jeff pasó su juventud, donde un cirujano de Nueva York persiguió un misterio médico en los barrios marginales de inmigrantes y regresó con una receta para curar el cáncer.

Capítulo dos

Una idea sencilla

El verdadero viaje de descubrimiento no consiste en buscar nuevos paisajes, sino en tener nuevos ojos.

—MARCEL PROUST, 1923

En términos de la medicina occidental moderna, la idea de utilizar el propio sistema inmunitario del cuerpo para matar el cáncer se remonta a finales del siglo XIX y a una chica de diecisiete años llamada Elizabeth Dashiell. «Bessie» era la hija hermosa y dueña de sí misma de la viuda de un pastor del Medio Oeste. También era amiga muy cercana del único hijo y homónimo del fundador de Standard Oil, John D. Rockefeller Jr. Nunca se menciona el romance en su relación, y Rockefeller se refirió a ella como una especie de hermana o alma gemela, pero su constante flujo de cartas y su hábito de dar largos paseos en carruaje por las orillas del río Hudson sugiere la aplastante intensidad de la juventud, que sólo se intensificó con su separación durante el verano de 1890, cuando Dashiell salió de Nueva York para realizar un viaje en tren a través del país.[1]

---

1. Una monografía impresa de forma privada, *Creating Two Preeminent Institutions: The Legacy of Bessie Dashiell* (Creación de dos instituciones preeminentes: el legado de Bessie Dashiell), detalla aspectos de la relación entre Dashiell y John D. Rockefeller Jr., y la vincula con el apoyo fundacional posterior de Rockefeller a las instituciones de investigación sobre el cáncer, la Universidad

Regresó a finales de agosto quejándose de una sola herida pequeña. Se había pillado la mano derecha con la palanca del asiento de su vagón de primera clase y ahora estaba hinchada y pálida.[2] No podía dormir por el dolor. Finalmente, la familia de Johnny Rock sugirió que visitara el Hospital de Nueva York,[3] donde Bessie sería examinada por un ci-

---

Rockefeller y el Memorial Sloan Kettering Cancer Center. El delgado volumen tuvo una tirada muy limitada en 1978 por la Fundación Woodstock con sede en Vermont (también subvencionada por Rockefeller), con una copia para la colección del Instituto de Investigación del Cáncer y otra para el archivo Coley. Matt Tontonoz, excelente escritor científico del CRI (ahora en el Memorial Sloan Kettering Cancer Center), me guio generosamente hasta esta y otras fuentes utilizadas a lo largo del capítulo.

La información adicional proviene del recurso indispensable de los documentos personales de William B. Coley, recopilados y ampliados significativamente por su hija, Helen Coley Nauts. Originalmente guardados en el CRI, fueron donados por Nauts en 2001 a la Biblioteca de la Universidad de Yale («Helen Coley Nauts papers MS 1785»), donde ahora están siendo catalogados. Esa colección consta de archivos sobre pacientes, correspondencia, escritos, archivos sobre materias y otros materiales que documentan las carreras de Helen y de su padre, así como material extenso sobre sus toxinas. Esta colección llena 119 cajas, 36 metros lineales de material.

2. Este detalle del vagón de primera clase, que se encuentra en varios artículos de revistas (por ejemplo, David B. Levine: «Gibney as Surgeon-in-Chief: The Early Years, 1887-1900»; *HSS Journal*: «The Musculoskeletal Journal of Hospital for Special Surgery», 2006, 2:95-101), seguramente proviene de una entrevista personal con la hija de Coley, Helen Coley Nauts, realizada por el autor Stephen S. Hall, cuyo volumen de 1997 sobre la historia de la inmunología (*A Commotion in the Blood: Life, Death, and the Immune System*, Henry Holt, Nueva York) merece un reconocimiento particular como recurso inestimable y una lectura muy recomendada. Hall también tuvo la generosidad de cambiar (brevemente) los roles y someterse a una entrevista, por lo que este autor le está enormemente agradecido.
3. El Hospital de Nueva York era el tercero más antiguo del país, establecido por una carta real de 1771 del rey Jorge III de Inglaterra, para la «recepción de pacientes que requieren tratamiento médico, manejo quirúrgico y maníacos». Cuando Coley hizo allí unas prácticas, el edificio original en Broadway, entre lo que ahora son las calles Worth y Duane, se había quedado pequeño y la institución se había trasladado a un nuevo edificio entre la Quinta y la Sexta avenidas y las calles Quince y Dieciséis Oeste.

   Se pueden encontrar muchos detalles fascinantes en el relato del discurso de un médico ante la junta de exalumnos del Hospital de Nueva York: «Old New

rujano y especialista en huesos de veintiocho años recién licenciado por la Escuela de Medicina de Harvard, el doctor William Coley.[4]

Coley era una estrella en ascenso en el departamento de cirugía, un médico hábil y cariñoso con un entusiasmo juvenil por las nuevas ideas, como la teoría de los gérmenes y los últimos avances de Joseph Lister para controlar infecciones a través de técnicas de esterilización y lavado vigoroso de las manos.[5] Estas nociones modernas hicieron que la cirugía consiguiera muchos más supervivientes entre los pacientes; también podrían haber puesto al joven cirujano en un estado de mayor conciencia tanto del asombroso mundo microbiano invisible que lo rodeaba como de la promesa de nuevos avances científicos en el horizonte. Coley consideró que había entrado en la medicina «en el momento más oportuno en mil años».

El joven interno de cirugía examinó la mano de Bessie Dashiell.[6] Observó una ligera hinchazón «del tamaño de la mitad de una aceituna», como un nudillo extra donde el metacarpiano se unía con el dedo meñique. Presionó la masa: no se movió, pero era blanda, y la joven se

York Hospital; Its Interesting History Retraced by Dr. D. B. St. John Roosa. Episode of the Doctors Mob. The Aftermath of a Fourth of July Celebration. Forty Years Ago—Surgery Then and Now», *New York Times*, 11 de febrero de 1900.

4. La educación médica de Coley había sido una decisión tardía, tomada sólo después de que decidiera no estudiar Derecho y pasara dos años como maestro de escuela enseñando los clásicos en Oregón. Había ingresado en el programa de tres años de la Escuela de Medicina de Harvard en segundo año, debido a la experiencia de hacer visitas a domicilio a caballo con su tío médico en la zona rural del sur de Connecticut. En su primer año de residencia tuvo la suerte de que le dieran un puesto de verano en sustitución de un médico ausente en el Hospital de Nueva York. La observación directa de la enfermedad humana puso al joven de 1,75 por encima de sus compañeros en la solicitud de puestos, y cuando aterrizó de nuevo en el Hospital de Nueva York como interno, se encontró bajo las órdenes de dos de los más famosos e influyentes cirujanos del país, Robert F. Weir y William T. Bull. Sus citas posteriores incluirían el Hospital para Fracturas y Lisiados, ahora Hospital de Cirugía Especial.
5. Como resultado de las mejoras de Lister y otros, el arte de un cirujano se podía practicar con una menor probabilidad de infección, que había plagado tales procedimientos durante miles de años.
6. La fecha del examen fue el 1 de octubre de 1890.

estremeció. Coley palpó con cuidado la mandíbula y las axilas de Bessie y las encontró normales. Sus glándulas linfáticas no estaban inflamadas. Eso sugería que el problema no era una infección; no había respuesta inmune.

Como especialista en huesos y cirujano, la mejor conjetura de Coley fue que su dolor e hinchazón se debían a la inflamación del saco similar a una vaina que cubría el hueso de su dedo meñique. Para estar seguro, necesitaba abrir. Coley tomó su bisturí y dibujó una línea a lo largo del dedo de la joven, separando la carne y la membrana hasta el hueso. Observó que no encontró el gran reservorio de pus que esperaría de una infección y que la membrana estaba dura y era de color gris. Su diagnóstico fue periostitis, una dolencia ósea subaguda. El doctor William T. Bull, su mentor y un cirujano legendario conocido como el Dapper Dan del quirófano, estuvo de acuerdo y la joven fue enviada a casa para dejar que el tiempo curara la herida. Pero durante las siguientes semanas, la herida de Bessie Dashiell siguió empeorando. Y eso no tenía sentido. Si todos los síntomas se debían a la herida inicial en el hueso, no debería haber empeorado.

Coley realizó una segunda cirugía exploratoria en Dashiell, raspando más materia gris dura del hueso. Pero la hinchazón y el dolor continuaron aumentando, y Dashiell comenzó a perder la sensibilidad en un dedo y luego en otros.

Ahora el joven cirujano tenía que considerar un diagnóstico más grave y otra cirugía. Esta vez, Coley cortó un trozo de materia gris arenosa del dedo de Bessie para analizarlo. Unos días después, un informe enviado por un patólogo del New York Cancer Hospital confirmó sus sospechas: bajo el microscopio, la sustancia gris «granular» que Coley había estado raspando del hueso de Bessie Dashiell resultó ser cáncer. Específicamente era un sarcoma, y se estaba extendiendo. La poca sensibilidad que Bessie tenía en sus dedos ahora empezó a irradiar dolor. Coley le recetó morfina.

El sarcoma era una forma relativamente rara de cáncer, una enfermedad que afecta los tejidos de conexión del cuerpo, como los tendones, las articulaciones y los ligamentos. (Es distinto de lo que comúnmente se llama carcinoma, que afecta esencialmente a todo lo demás). Las opciones de tratamiento para el cáncer, especialmente las del hueso, eran extremadamente limitadas en 1890.[7] El único medio que conocía el cirujano para deshacerse de aquel cáncer era cortarle la mano a la joven.

Coley esperaba cortar más allá de los márgenes limpios de la enfermedad, mientras dejaba a la joven una longitud útil de brazo. Pero el cáncer ya se había extendido. Lo que había comenzado en su dedo meñique entonces proliferaba grotescamente a través del paisaje de su joven cuerpo. Pequeños nódulos parecidos a perdigones comenzaron a aparecer en un seno, luego en el otro. Pronto llegaron al hígado, y Coley pudo sentir una gran masa sólida que crecía sobre el útero de la joven; perversamente, lo describió como del tamaño de «la cabeza de un niño».[8]

El declive de Bessie Dashiell fue sorprendentemente rápido. Para diciembre, la piel de porcelana de la joven sobresalía por todas partes en duros bultos. Su hígado estaba agrandado, su corazón fallaba, estaba esquelética, y sobrevivía sólo a base de brandy y opio. La criatura frágil y adicta a las drogas era casi irreconocible como la joven bonita y valiente que había entrado en el hospital sólo dos meses antes, recién salida de una aventura en tren. El joven cirujano no podía hacer nada más que dar testimonio y proporcionarle el consuelo de los opiáceos. Dashiell murió en su casa la mañana del 23 de enero de 1891; Coley estaba junto a su cama.

Coley admitiría más tarde que su muerte significó para él «un gran *shock*». En parte fue debido a la juventud de la chica, y a la de él: era nuevo en el trabajo y sólo diez años mayor que Dashiell. Y en parte fue la rapidez de la enfermedad y su desamparo ante ella. Tal vez sus cirugías incluso habían acelerado la enfermedad al arrastrarla al torrente sanguíneo. Tal vez él había hecho que su sufrimiento fuera mayor al tratar de salvarla.

---

7. Rudolf Virchow había avanzado especialmente en la patología del cáncer cuando se examina bajo el microscopio, lo que permite que se diagnostique de manera más sistemática.
8. Los detalles del caso de Dashiell se pueden encontrar en William B. Coley: «Contribution to the Knowledge of Sarcoma», *Annals of Surgery*, 1891, 14:199-220.

A pesar de sus modernos refinamientos y títulos quirúrgicos, Coley había ofrecido a Bessie Dashiell poco que no estuviera disponible en las sillas manchadas de sangre de los barberos sacamuelas de la calle o en las comodidades adormecedoras del bar. Pero estaba decidido a encontrar un procedimiento mejor. Los avances tecnológicos marcaban rápidamente el comienzo del nuevo siglo; cada periódico de la mañana parecía anunciar un nuevo avance científico asombroso. En los diez años anteriores, Karl Benz había inventado un carruaje motorizado a gasolina, Charles Parsons había inventado una turbina de vapor y George Eastman había desarrollado una película fotográfica en plástico. A menos de una milla de las oficinas médicas de Coley, Nikola Tesla y Thomas Edison competían furiosamente para construir centrales eléctricas capaces de iluminar manzanas enteras de la ciudad. Parecía como si el mundo entero fuera a iluminarse en breve y las sombras de la ignorancia fueran a desaparecer.

Los registros de todos los que alguna vez habían caminado o cojeado o habían entrado en camilla por las puertas del hospital estaban grabados a mano en láminas de cobre que formaban libros de registro de gran tamaño. Coley pasó las pesadas páginas, escaneando las notas de progreso de cada paciente que había presentado una enfermedad parecida a la de Bessie Dashiell. Era un trabajo tedioso, los registros discurrían cronológicamente, página tras página, libro tras libro. Al sumergirse en la información procedente de la experiencia colectiva de los pacientes con cáncer, pensó Coley, podría comprender mejor el curso fatal del cáncer de Bessie. Y si tenía suerte, podría encontrar una excepción.

Después de haber revisado siete años en los registros de los pacientes, la atención de Coley se centró en un caso inusual. Pertenecía a un paciente de treinta y un años llamado Fred Stein, inmigrante alemán y pintor de casas. Había llegado al Hospital de Nueva York en el invierno de 1885 con una masa desfigurante del tamaño de un huevo que sobresalía de su mejilla izquierda cerca de la línea del cuello.[9] Era mucho más

9. W. B. Coley: «The Treatment of Malignant Tumors by Repeated Inoculations of Erysipelas: With a Report of Ten Original Cases», *American Journal of the Medical Sciences*, 1893, 105: 487-511.

grande que la que tenía Bessie Dashiell en la mano, pero era el mismo sarcoma.

El doctor William T. Bull, el cirujano jefe del New York Cancer Hospital, había operado a Stein para extirpar la masa.[10] Cuando volvió con fuerza, Bull lo operó de nuevo. Una vez más reapareció y creció hasta llegar al tamaño del puño de un hombre. Bull le realizó un total de cinco operaciones en el transcurso de tres años. Fue imposible extirpar todo el tumor, y el caso se consideró «desahuciado». Se realizaron injertos de piel, pero no tuvieron éxito, dejando una herida abierta que pronto se infectó con erisipela.

«Erisipela» era el nombre que se le daba a una infección causada por una bacteria conocida como *Streptococcus pyogenes,* la pesadilla de los hospitales del siglo XIX. Bajo el microscopio, la bacteria aparecía como pequeñas cadenas, como un collar de cuentas cortado en pequeños trozos.[11] En las salas de los hospitales, transportadas por el viento o en la ropa de cama, estas semillas de infección infestaban las heridas abiertas y florecían en el torrente sanguíneo. Los pacientes infectados presentaban erupciones de color rojo intenso que comenzaban en la cara y

10. De los escritos de Coley recopilados sabemos que el sarcoma de Stein se presentó por primera vez en 1880 como una pequeña mancha en la mejilla, que al año siguiente se convirtió en una masa que requirió cirugía. Regresó rápidamente y fue de nuevo extirpada quirúrgicamente al año siguiente. Cuando Stein llegó al Hospital de Nueva York dos años después, la masa había regresado y, según los informes, se parecía a un pequeño racimo de uvas. Ésta fue la masa que operó Bull, y de nuevo en 1884, creando finalmente la herida con absceso, que no se cerraría con injertos de piel y que al final se infectó. William B. Coley: «The Treatment of Malignant Tumors by Repeated Inoculations of Erysipelas»; William B. Coley: «A Preliminary Note on the Treatment of Inoperable Sarcoma by the Toxic Products of Erysipelas», *Post-Graduate,* 1893, 8:278-286; William B. Coley, «The Treatment of Inoperable Sarcoma by Bacterial Toxins (The Mixed Toxins of the Streptococcus of Erysipelas and the Bacillus Prodigiosus)», *Practitioner,* 1909, 83:589-613; archivos del Instituto de Investigación del Cáncer.
11. El cirujano alemán Friedrich Fehleisen estableció la asociación entre la bacteria y la infección, así como la primera descripción de su aparición, a través de un microscopio. Friedrich Fehleisen: *Die Aetiologie des Erysipels,* Theodor Fischer, Berlín, 1883.

el cuello y se extendían rápidamente, seguidas de fiebre intensa, escalofríos, inflamación y, por lo general, la muerte.[12]

La erisipela era la causa de muerte posoperatoria más letal en los hospitales del siglo XIX y todavía se la conoce como el «fuego de san Antonio», como se la llamaba desde la Edad Media.[13] El nombre se refería a la velocidad de propagación de la infección, sus síntomas parecidos a quemaduras y la desesperación de los infectados, que rezaban por un milagro.

Se suponía que Fred Stein, mortalmente enfermo por un tumor inoperable, una herida quirúrgica abierta en el cuello e infectado por erisipela, estaba condenado. En cambio, cuando el fuego se propagó y la fiebre de Stein aumentó, sus cirujanos notaron algo inusual. Su masa tumoral parecía estar derritiéndose.

Según su registro hospitalario, Stein sobrevivió a la fiebre sólo para recaer unos días después. Siguió recuperándose y recayendo. Cada vez que volvía a tener fiebre, las masas tumorales restantes parecían marchitarse y encogerse. Cuatro meses y medio después, tanto la infección como el cáncer desaparecieron y Stein salió del hospital. Se supuso que había regresado a su hogar en los barrios marginales de inmigrantes del Lower East Side de Nueva York, pero su dirección nunca se plasmó en los registros del hospital, siete años antes. Nadie se molestó en averiguar qué había sido de Stein o de su cáncer desde entonces. La única evidencia de su existencia y cura «milagrosa» eran las anotaciones en el libro de registro. Coley estaba intrigado. Allí tenía a dos pacientes que habían presentado la misma enfermedad y habían sido tratados con las mismas metodologías en el mismo hospital, bajo la supervisión de los mismos médicos. Y, sin embargo, dichos pacientes habían experimentado resultados muy diferentes. A Dashiell le había ido bien en la cirugía, pero murió de todos modos. A Stein le había ido mal en la ci-

12. Hasta el descubrimiento de los antibióticos varias décadas después, no existía tratamiento para esta infección.

13. No sólo la erisipela, sino varias otras enfermedades, incluido el ergotismo y el herpes zoster, se conocían como el «fuego de san Antonio», en honor al santo cristiano a quien los afligidos acudían para curarse. Alrededor del año 1100, se formó en Francia la Orden Católica Romana de San Antonio para atender a las personas con la dolencia.

rugía, se infectó y sobrevivió. Era tan contrario a la intuición que resultaba tentador buscar la causalidad. ¿Stein había sobrevivido *porque* se había infectado?

O la observación sobre Stein era incorrecta, o esa incongruencia ofrecía un atisbo de algo que aún no se entendía. La única manera de saber más al respecto era examinar al propio Fred Stein. Y Fred Stein había sido visto por última vez saliendo por el arco de piedra de la puerta del Hospital de Nueva York siete años antes. Ahora podría estar en cualquier lugar, incluso bajo tierra. William Coley se había embarcado en una aventura médica. Y eso se convertiría en su punto fuerte.

Como muchos de sus contemporáneos de finales del siglo XIX, Coley creía que la respuesta a las grandes preguntas de la ciencia estaba ahí fuera, en algún lugar, esperando a ser descubierta. El pensamiento no era tan diferente al de los científicos contemporáneos que utilizan superordenadores para extraer nuevos conocimientos de volcados de datos antiguos, excepto que a finales del siglo XIX, era más probable que las respuestas se descubrieran con un machete o un microscopio. Ese mismo año, se descubrieron la radiación y los rayos X, y se agregaron varios elementos nuevos a la tabla periódica.[14] Fridtjof Nansen intentaba llegar al Polo Norte. *Sir* Richard Burton traía historias de lagos del tamaño de un mar en el centro de África. Y ahora aquí estaba Coley, joven, formado y listo. Coley no era de los que se sientan y realizan tranquilamente una investigación académica: tenía una misión que emprender.

Coley era un yanqui de Connecticut de una antigua familia de Nueva Inglaterra, pero no era un completo extraño para las caras más nuevas de los inmigrantes estadounidenses de la década de 1890. Cuando aún era estudiante, había trabajado a bordo de un bergantín en el accidentado paso del Atlántico entre las Azores y las fábricas de lana de la costa de Rhode Island y Massachusetts, y sus pupilos en el Hospital de Nueva York trataban a las masas apiñadas que llegaban de todos los rincones del mundo. Muchos se establecían en las viviendas del Lower

14. También ese año, dos científicos distintos, uno sueco y otro un geólogo estadounidense, sugirieron de forma independiente que el aumento de la producción humana de CO2 podría provocar el calentamiento global.

East Side de Manhattan, un gueto segregado de la sociedad de la zona alta por la línea dura de la calle Catorce, pero justo al sur del hospital.

Después de hacer un turno, Coley (ahora el cirujano personal de Rockefeller) se subía a un cabriolé hasta el centro de la ciudad, se bajaba con su traje inglés hecho a medida y comenzaba a caminar por las calles que se habían hecho famosas entre los turistas de los barrios marginales de la zona alta por el libro de 1890 del fotógrafo Jacob Riis *How the Other Half Lives*. El propio Coley escribió poco sobre sus incursiones en busca de Fred Stein, por lo que es difícil imaginar si transcurrieron como comedia o como drama. Probablemente fueron ambas. Pasó semanas peinando las viviendas, subiendo y bajando escaleras, llamando a las puertas, describiendo y gesticulando. Pero finalmente, de manera improbable, en el rellano de un segundo piso, una puerta se abrió a su llamada y William Coley se encontró cara a cara con el hombre mismo.

Una fotografía de Fred Stein, proporcionada en el informe publicado por Coley en la literatura médica, muestra a un hombre alto y demacrado con la severidad glandular de un ermitaño del Antiguo Testamento. Su cabello era muy negro, llevaba un flequillo corto y se lo había recortado como lo haría un crío con unas tijeras infantiles. Los pómulos altos y pulidos enmarcaban una barba de chivo que se extendía como una cortina negra desde la nariz hasta el cuello, años de crecimiento estirado y cortado en ángulo recto. Debías suponer que la boca estaba allí. Sólo la parte posterior de su cabello era larga, un *mullet* en cascada que sólo cubría parcialmente las cicatrices arrugadas de la enfermedad, la cirugía y la infección.

Si Coley se sorprendió, no lo dijo. La verdadera sorpresa fue que Stein no sólo estaba vivo, sino que aparentemente disfrutaba de una salud excelente. Después de cierta incomodidad inicial y un alemán cómicamente grosero, el joven médico pudo persuadir a Stein para que regresara con él al Hospital de Nueva York para ser examinado por su médico original, William T. Bull. Bull confirmó que se trataba del mismo Fred Stein en cuyas notas había escrito el pronóstico terminal y el alta, con fecha de 1885.

Algo había cambiado el cáncer de Stein y con él su destino. Lo único observable *entre* la cirugía de cáncer fallida de Stein y la increíble remisión del cáncer era la infección bacteriana. Si esa infección hubiera curado de alguna manera un caso de «indudable sarcoma», escribió Coley más tarde, *«[...] parecía justo suponer que la misma acción benigna se ejercería en un caso similar si la erisipela pudiera producirse artificialmente».*[15]

Y Coley no veía la hora de ser quien la produjera artificialmente.

La observación de Coley fue sagaz e importante, pero difícilmente única. Los médicos habían estado describiendo regresiones espontáneas de enfermedades, incluido el cáncer, durante miles de años. Se había observado que muchos coincidían con la introducción de una enfermedad nueva y diferente en el sistema del paciente, o tal vez incluso en reacción a ella, incluida la erisipela. Cuando Coley estaba haciendo sus observaciones sobre la infección de Stein, tales nociones se habían convertido en una característica habitual de las hipótesis médicas anecdóticas. Sólo dos años antes, Anton Chéjov, el médico y dramaturgo ruso, había escrito sobre el fenómeno aparentemente bien conocido a un amigo.

«El cáncer no es un microbio –comenzaba Chéjov en una carta de 1890 desde Moscú a su colega Alexei Suvorin–. Es un tejido que crece en el lugar equivocado y como una mala hierba asfixia a todos los tejidos vecinos [...]. Hace mucho tiempo se observó que con el desarrollo de la erisipela, se frena temporalmente el crecimiento de tumores malignos».[16]

Más de doscientos años antes, Friedrich Hoffmann, en su tratado médico *Opera Omnia* de 1675, una obra de seis volúmenes sobre literalmente «todo», señaló que un brote de fuego de san Antonio había

15. La cursiva enfática es mía. Esta referencia de 1909 y varias otras provienen de los artículos de Coley que se guardan en la Biblioteca de la Universidad de Yale («Helen Coley Nauts papers MS 1785»). Esta referencia también fue contada en *A Commotion in the Blood* de Stephen Hall.

16. Anton Pavlovich Chekhov: *Letters of Anton Chekhov to His Family and Friends, with Biographical Sketch*, traducción al inglés de Constance Garnett, Macmillan, Nueva York, 1920.

expulsado de sus pacientes las otras enfermedades que ya estaban *in situ,* tanto como el fuego limpia un bosque enfermo. Los médicos franceses Arsène-Hippolyte Vautier y S. L. Tanchou afirmaron haber logrado cientos de éxitos contra el cáncer de mama por medio de la infección inducida al vendar las heridas de sus pacientes con vendas sucias usadas previamente por otros pacientes infectados. La señal de que la ansiada infección se había apoderado del organismo era un «pus loable» que manaba como savia humana de la herida.

Historias excepcionales como éstas se encuentran a lo largo de toda la historia médica.[17] Y durante cientos de años siguieron siendo sólo eso: historias, anecdóticamente convincentes y científicamente inexplicables. Sin embargo, fueron suficientes para provocar especulaciones y experimentos ocasionales. El resultado fue una versión a menudo éticamente peligrosa de la inmunoterapia del científico loco: experimentos humanos sin métodos sistemáticos, responsabilidad o seguimiento. La mayoría se realizaban en mujeres pobres: infectaban a pacientes con cáncer de mama con gangrena o inyectaban una hipodérmica llena de sífilis en el útero de mujeres que padecían cáncer de útero. (Esto último fue realizado por un médico belga en 1851 y justificado mediante la dudosa afirmación de que no se sabía que las prostitutas padecieran cáncer de útero).[18]

En la década de 1890, estas repetidas observaciones médicas de remisión espontánea del cáncer atrajeron un renovado interés científico internacional.[19] De hecho, en el mismo momento en el que Coley esta-

---

17. Especialmente después de fiebres, infecciones o ambas. A. Deidier: *Dissertation Médicinal et Chirurgical sur les Tumeur*, París, 1725; U. Hobohm: «Fever and Cancer in Perspective», *Cancer Immunology, Immunotherapy*, 2001, 50:391-396; W. Busch: «Aus der Sitzung der Medicinischen Section vom 13 November 1867», Berliner Klinische Wochenschrift, 1868, 5:137; P. Bruns: «Die Heilwirkung des Erysipelas auf Geschwülste», Beiträge zur Klinische Chirurgie, 1888, 3:443-446.
18. Arthur M. Silverstein: *A History of Immunology*, 2.ª ed., Academic Press/Elsevier, Boston, 2009.
19. William Boyd, «The Meaning of Spontaneous Regression», *Journal of the Canadian Association of Radiologists*, 1957, 8:63; H. C. Nauts, «The Beneficial Effects of Bacterial Infections in Host Resistance to Cancer: End Results in 449 Cases», *Monograph 8* (Nueva York: Cancer Research Institute, 1990).

ba formulando un plan para replicar intencionalmente las infecciones accidentales por erisipela de Stein, un médico llamado Friedrich Fehleisen ya había comenzado a hacerlo.

Un mes después de encontrar a Stein, Coley también había encontrado los datos de Fehleisen en una revista médica extranjera. Fehleisen había identificado la cepa bacteriana específica que causaba la erisipela, había inyectado esa bacteria en cinco pacientes y estaba entusiasmado con las posibilidades. Coley lo leyó y se convenció aún más de que era precisamente una infección bacteriana posoperatoria la que había librado a Fred Stein de su cáncer terminal. Aparentemente no había recibido la noticia posterior de que el experimento de Fehleisen les había costado la vida a varios de esos pacientes, y a Fehleisen su carrera médica.[20] La única manera de probarlo era reproducir un efecto similar en otro paciente dispuesto y desesperado. Encontró exactamente lo que estaba buscando en un inmigrante italiano que conocemos sólo como el «Sr. Zola».

Cuando Zola desembarcó del barco lleno de migrantes en los muelles de Nueva York, un hábito conspicuo de morfina era el menor de sus problemas: de hecho, era ciertamente su único alivio. Zola se presentó en el hospital de Coley en marzo de 1891 con un sarcoma recurrente en el cuello que un cirujano anterior en su Roma natal ya había

20. Ilana Löwy: «Experimental Systems and Clinical Practices: Tumor Immunology and Cancer Immunotherapy, 1895–1980», *Journal of the History of Biology*, 1994, 27:403-435. En un experimento similar realizado en 1868, un científico alemán llamado W. Busch había infectado intencionadamente a un paciente con sarcoma con la bacteria de la erisipela, *Streptococcus pyogenes*. Después de la cirugía, hizo que el paciente se recuperara en una cama de hospital conocida por infectar a todos los pacientes que la ocupaban. Este caso no fue una excepción, salvo que, como informó Busch, la infección resultante redujo los tumores del paciente. No se especificó si también fue responsable de su muerte nueve días después, pero esa muerte no le apartó de su idea más importante: la infección inducida parecía tener un efecto sobre el cáncer cuando nada más lo hacía. Si pudieran controlar la infección, tal vez podrían crear una cura.

operado para extirpar.[21] El cáncer pronto volvió a crecer y se diseminó, y ahora otro tumor del tamaño de un «huevo de gallina» en la garganta de Zola le impedía hablar, comer o incluso tragar. Tenía tos seca (probablemente el mismo cáncer había hecho metástasis en el pulmón) y pocas opciones más que presentarse en la sala de caridad del Hospital de Nueva York, donde William Bull lo operó. Bull cortó un trozo del tumor del cuello, «del tamaño de una naranja»,[22] pero no podía sacarlo todo sin matar al hombre. Bull concluyó que Zola era un caso perdido; Coley estimó que a Zola le quedaban, en el mejor de los escenarios posibles, unas pocas semanas de vida. Aparentemente, Zola también lo creía así. Es difícil imaginar cualquier otra circunstancia bajo la cual hubiera permitido voluntariamente ser infectado por una bacteria mortal.

La erisipela no era una enfermedad que alguien fomentaría intencionadamente. Prosperaba en los espacios cerrados, la mala ventilación y la ropa de cama inadecuada de las salas de los enfermos más pobres. Aunque tanto William Bull como Zola dieron su consentimiento para el experimento, se consideró que el riesgo era demasiado grande para realizarlo dentro de su hospital. Zola se contagiaría en casa.[23]

Coley no era un recolector de datos experimentales exigente, pero era un médico bien capacitado, un cirujano de gran talento y un observador entusiasta. También era persistente y bastante afortunado. Los ensayos clínicos modernos de cualquier medicamento tienen un protocolo estandarizado para garantizar que sean reproducibles y que correlacionen las causas con los efectos. Coley dominaba el medio. Su experimento fue menos un ensayo clínico que la tortura de un mecánico

21. W. B. Coley: «The Treatment of Malignant Tumors by Repeated Inoculations of Erysipelas»; W. B. Coley: «The Treatment of Inoperable Sarcoma by Bacterial Toxins», *Proceedings of the Royal Society of Medicine*, 1910, 3 (Sección de cirugía): 1-48.

22. Notas del caso de Zola extraídos de los documentos recopilados de Coley, archivos del Instituto de Investigación del Cáncer.

23. Zola vivía en el Lower East Side de Manhattan y su propia sobrina arriesgó la vida haciéndole de enfermera. Para su desgracia, también contraería una infección por erisipela.

biológico intuitivo. Quería curar el cáncer de Zola, no escribir un artículo. Los papeles vendrían más tarde.

Y así, en el curso de la prueba de la bacteria en Zola, Coley cambió entre dos cepas bacterianas diferentes preparadas por dos fuentes diferentes, que administró de dos maneras diferentes. Al principio, hizo pequeños cortes en su paciente y aplicó la bacteria, que había crecido en una gelatina, directamente en las incisiones, pero pronto descubrió que este método no era adecuado y lo abandonó a mitad del experimento. Luego cultivó otras muestras de la bacteria en caldo de res e inyectó entre medio gramo y dos gramos lejos de las incisiones, pero ninguno de éstos hizo mucho más que darle a Zola una fiebre leve, un pulso acelerado y escalofríos leves, nada como los síntomas del temido fuego de san Antonio que había sufrido Fred Stein.

Finalmente, Coley determinó que el problema podría residir en la virulencia de su cepa particular de bacterias, y pidió a dos colegas del Colegio de Médicos y Cirujanos de la Universidad de Columbia que prepararan un brebaje más fuerte. Lo inyectó en grandes dosis directamente en la herida sin cicatrizar del cuello de Zola y en varios otros lugares de su piel. En unas pocas horas, el cuerpo de Zola respondió con enrojecimiento localizado.[24] Zola todavía no podía hablar debido al tumor que bloqueaba su garganta, pero podía hacer muecas y sostener su dolorida cabeza. Los escalofríos y los vómitos hablaban por sí solos, pero a los 38,3 °C, sólo tenía 0,5 grados más de fiebre de lo que había tenido a partir del primer lote bacteriano de Coley. Aun así, Coley creía que el tratamiento estaba funcionando y continuó presionando a su paciente. Después de un mes de inyecciones constantes, los tumores en el cuello y la garganta de Zola parecían «haber disminuido» (a veces «haber disminuido perceptiblemente») en tamaño.[25] Eso estaba

24. William B. Coley: «Further Observations upon the Treatment of Malignant Tumors with the Toxins of Erysipelas and Bacillus Prodigiosus, with a Report of 160 Cases», *Johns Hopkins Hospital Bulletin*, 1896, 7:157-162.

25. S. A. Hoption Cann, J. P. van Netten, y C. van Netten: «Dr. William Coley and Tumour Regression: A Place in History or in the Future», *Postgraduate Medical Journal*, 2003, 79:672-680; Coley: «The Treatment of Malignant Tumors by Repeated Inoculations of Erysipelas». Posiblemente, el lenguaje tibio de Coley sirve para encubrir múltiples pecados científicos, incluido el hecho de no re-

bien, pero no era exactamente la remisión espontánea sobre la que había leído con Stein. Sin inmutarse, Coley decidió presionar más y con toxinas más fuertes. Ese verano de 1891, Coley decidió renunciar incluso a unas breves vacaciones para permanecer en la ciudad, inyectando toxinas bacterianas a su paciente. Mientras tanto, su colega del hospital, Farquhar Ferguson, pasaría sus vacaciones realizando un mini *grand tour*, probando la cultura del continente europeo. Coley le pidió a Ferguson que trajera un recuerdo; quería un poco de infección mortal, recién llegada de Berlín.

Como señala Debra Jan Bibel en su muy completo libro de 1988, *Milestones in Immunology: A Historical Exploration*, nuestra visión del mundo a menudo está determinada por las lentes a través de las cuales lo examinamos. A finales del siglo XIX, esa visión biológica era definida por la lente literal de nuevos y poderosos microscopios, y el sorprendente mundo bacteriano que la tecnología había hecho visible de repente.

---

producir la remisión experimentada por Fred Stein, que Coley sólo había visto tal como se describe de manera brevemente y anecdótica en el informe médico escrito a mano de Stein. Coley creía que el problema estaba en su selección de pacientes para los experimentos: sus sarcomas estaban demasiado avanzados; de lo contrario, escribió: «No habría sido demasiado exagerado buscar una cura permanente». Pero aquí, el lenguaje vago y subjetivo de Coley sugiere que no estaba viendo los resultados esperados. A pesar de toda su perspicacia, Coley era culpable del pecado capital y original de la medicina de anteponer el ego a la evidencia. Pero estaba a punto de dar con algo y lo sabía, y pronto demostraría estar dispuesto a amarrarse al mástil una vez que se estableciera ese rumbo. Quizá éste sea el genio compensatorio del ego: la persistencia frente a lo que se toma como sentido común. Esto fue algo que escuché una y otra vez mientras entrevistaba a investigadores. En la ciencia como en todas partes, el exceso de confianza en las propias ideas es arrogancia, pero la confianza, o al menos una convicción en la lógica y el empirismo, incluso cuando los datos apuntan a conclusiones impopulares o poco políticas, es esencial para el buscador de la verdad. Los verdaderos avances provienen de aquellos que son tenaces, no se rinden y no se desaniman al principio de un experimento. Tienen coraje y convicción. Pero al final, también deben hacer buena ciencia, hacer observaciones no subjetivas y presentar buenos datos. Coley no lo hizo. Pero su observación original había sido astuta, precisa e importante. Había visto una remisión espontánea del cáncer y lo reconoció como ciencia en lugar de milagro. Y persiguió tenazmente los experimentos que podrían hacer uso de esa ciencia.

De improvisto, hubo constancia de que los factores responsables de la enfermedad, la infección y la cerveza eran criaturas vivas. Se creía que diferentes tipos de bacterias producían diferentes tipos de veneno o toxina; la respuesta curativa del cuerpo se daba con algún tipo de antitoxina (o, como se le llamaría más tarde, un anticuerpo) para eliminarla.[26][27]

En esa era bacteriana, Robert Koch era prácticamente un nombre familiar. Koch fue un prodigioso recolector de toxinas mortales, y sobre todo famoso por aislar en su laboratorio de Berlín la bacteria mortal que causaba el ántrax. Si alguien podía darle a Coley una dosis mortal de erisipela, era él.

Ferguson regresó a Nueva York a principios de octubre, con su inusual *souvenir* de viaje del laboratorio de Koch en viales de vidrio cuidadosamente envueltos. Koch no lo había defraudado, su muestra de erisipela había sido recolectada directamente de un cadáver sólo unos días antes de la visita de Ferguson. Aquello era perfecto, potente y fresco. Coley no perdió el tiempo. El 8 de octubre viajó de regreso a las habitaciones del Lower East Side de Zola, cargó su jeringa con cinco decigramos de la nueva toxina bacteriana alemana e inyectó la toxina directamente en el tumor en el cuello de Zola.

---

26. Consulta el apéndice C para obtener más información.
27. Ésta fue la era del bacteriólogo, e incluso aquellos que no se hubieran considerado así incursionaron en la línea invisible y totalmente arbitraria que separa el estudio de la microscopía del de los animales visibles sólo a través de la lente del microscopio. El interés en la «enfermedad» frente al interés en las bacterias reconoció la relevancia de las toxinas tanto para el paciente como para el patógeno. La química de esas toxinas y las respuestas de los factores en la sangre contra esas toxinas se derivan de este estudio. Algunos de los nombres más conocidos de este grupo incluyen a Louis Pasteur, Emil von Behring, Élie Metchnikoff, Paul Ehrlich y Robert Koch. Sus diversos enfoques contradictorios y complementarios sobre las bacterias como agentes de enfermedades dieron origen a lo que se convertiría en el campo de la inmunología, y lo que entonces se llamó seritología: el estudio de la porción líquida de la sangre, después de que los glóbulos rojos y blancos se filtraran a través de los poros microscópicos de un filtro de porcelana. La respuesta inmunitaria seguía siendo un misterio, pero se sabía que las bacterias eran responsables de algunas enfermedades y era posible la vacunación contra esas bacterias. Y se suponía que todo eso sucedía en este fluido incoloro en la sangre.

Definitivamente, aquello parecía funcionar. La temperatura interna de Zola comenzó a subir. Al cabo de una hora alcanzaría los 41 °C. Mientras tanto, la infección que hervía debajo de la piel de Zola en el lugar de la inyección se oscureció y se extendió por sus extremidades superiores como papel que consume el fuego.

Zola estaba presionando los límites de la resistencia física, pero al segundo día de fiebre, el paciente sudoroso y tembloroso finalmente produjo los resultados que Coley había esperado. El tumor de Zola parecía estar «descomponiéndose» físicamente. Pronto empezó a derretirse por el cuello como un horrible cucurucho de helado. «Una descarga de tejidos tumorales descompuestos continuó hasta el final del ataque», escribió Coley. Al cabo de dos semanas, informó Coley, «el tumor del cuello había desaparecido».

El tumor en la amígdala de Zola todavía estaba allí, pero se había reducido lo suficiente como para que Zola pudiera volver a comer, y el paciente «ganó rápidamente en peso y fuerza». Pronto, Zola se sintió lo suficientemente bien como para levantarse de la cama y volver a su trabajo y vida habituales, que, señaló Coley en su frase final sobre el hombre, incluía «un hábito confirmado de morfina que había contraído antes de las inoculaciones».

Coley examinó a Zola dos años después, y nuevamente después de cinco años, y encontró que el hombre aún gozaba de buena salud. (Poco después, regresó a su Italia natal, donde murió, ocho años y medio después de su régimen de inyecciones, por causas desconocidas). Lo que Coley presenció con Zola no fue una reacción típica; de hecho, el éxito con esa «toxina» bacteriana en particular nunca se ha explicado por completo.[28] Pero *algo* había sucedido, y ese algo no era mágico.

La brecha entre las observaciones de la llamada remisión espontánea del cáncer después de la infección y la comprensión científica de la biología inmunitaria compleja, microscópica y aún no adivinada responsable de ella sería la pesadilla de los investigadores de inmunoterapia contra el cáncer durante cien años. Aquí había un campo en el que,

---

28. B. Wiemann y C. O. Starnes: «Coley's Toxins, Tumor Necrosis Factor and Cancer Research: A Historical Perspective», *Pharmacology and Therapeutics*, 1994, 64:529-564.

una y otra vez, la experimentación y la observación superaban incluso la más mínima comprensión de las complejidades inimaginables del sistema inmunitario o del cáncer. Como resultado, la inmunoterapia contra el cáncer retuvo cierto aire de naturalista, un campo tanto de la ciencia como de las historias: observaciones de terapias que funcionaron para algunas personas y no para otras, resultados que eran desconcertantemente difíciles de reproducir, respuestas inmunitarias que curaban el cáncer en un ratón o en una placa de Petri, pero que no hacían nada en los humanos. Científicamente, todo era misterioso. Como dijo Stephen S. Hall en su obra maestra de inmunología de 1997, *A Commotion in the Blood*, «La tiranía de la anécdota, la bendición y la ruina de las intervenciones inmunoterapéuticas, había comenzado formalmente».[29]

Zola había sido un caso único, demasiado poco estandarizado e incierto para calificarlo como un estudio científico realizado adecuadamente, o como prueba de algo. Coley intentó reproducir su éxito, paciente tras paciente, método tras método. A estas alturas, su trabajo con bacterias mortales lo había trasladado al centro de la ciudad, a la calle 106 y Central Park West y las torres góticas ventiladas del New York Cancer Hospital[30] (que luego pasaría a llamarse General Memorial Hospital;

29. Stephen S. Hall: *A Commotion in the Blood*, p. 57.
30. El New York Cancer Hospital había sido fundado por los ricos de la ciudad tras la noticia del diagnóstico de cáncer de garganta del presidente Ulysses S. Grant, fumador de puros en serie. Fue el primer hospital específico para el cáncer en Estados Unidos, el segundo en el mundo. Su misión original era principalmente atender a los moribundos con comodidad y relativo lujo. Las salas se diseñaron para adaptarse a los requisitos de higiene médica más modernos para el flujo de aire y la ventilación personal del paciente, lo que les valió elogios de un crítico del *New York Times*, pero al final tenían demasiado estilo para ser prácticos; las habitaciones redondas, diseñadas para evitar que la suciedad y los gérmenes se acumularan en los rincones, no se prestaban a una partición práctica, y las torres góticas estilo castillo francés pronto se volvieron tan decrépitas como las mansiones reales de la vieja Europa que debían evocar. Finalmente fue abandonado en busca de instalaciones más prácticas y se programó su demolición, pero aún

hoy conocemos la entidad como Memorial Sloan Kettering Cancer Center, o MSKCC). Coley probó la inyección directa; trató de frotar las bacterias; probó técnicas de escarificación, combinaciones y repeticiones. En el transcurso de tres intensos años, Coley administró repetidas inoculaciones a doce pacientes que presentaban una variedad distinta de cánceres. Tuvo más fracasos que éxitos.[31] Desencadenó la reacción febril deseada[32] en cuatro de sus pacientes, y eso más una res-

---

se conservan como condominios emblemáticos valorados en varios millones de dólares con fabulosas vistas de Central Park. «Streetscapes/Central Park West Between 105th and 106th Streets; In the 1880's, the Nation's First Cancer Hospital», *New York Times,* 28 de diciembre de 2003; New York City Landmarks Preservation Commission, Andrew S. Dolkart, and Matthew A. Postal, *Guide to New York City Landmarks,* 4.ª ed., ed.: Matthew A. Postal, John Wiley & Sons, Nueva York, 2009.

31. El 21 de abril de 1892, Coley comenzó a aplicar inyecciones a un hombre de cuarenta años con un tumor inoperable en la espalda. Había sido diagnosticado como sarcoma y se extendió a la ingle. Después de cuatro semanas de inyecciones constantes se notó fiebre alta y el paciente comenzó a responder de manera similar a la de Zola. Coley describió esta reacción con el entusiasmo de un escritor de la naturaleza que presencia su primera puesta de sol en el Gran Cañón: «Desde el comienzo del ataque, el cambio que tuvo lugar en el tumor fue nada menos que maravilloso. Perdió su brillo y color y se había reducido visiblemente en tamaño en veinticuatro horas. Varios senos se formaron el segundo día y descargaron tejidos tumorales necrosados. Unos días después, el tumor de la ingle, que era del tamaño de un huevo de ganso y muy duro cuando se comenzaron las inoculaciones, se rompió y descargó una gran cantidad de tejido tumoral. A las tres semanas de la fecha del ataque de erisipela, ambos tumores habían desaparecido por completo». Pero la emoción de Coley no duraría. Los tumores del hombre volviendo a crecer, y siguió recibiendo inyecciones y cirugías antes de sucumbir finalmente a un cáncer en el abdomen tres años y medio después de que comenzara su tratamiento.
32. El tema de la fiebre merece capítulo propio. El uso generalizado de antibióticos ha salvado innumerables vidas de los estragos de la infección, y se emplean de manera rutinaria en entornos posquirúrgicos, donde los síntomas de infección, como la fiebre, se suprimen de forma rutinaria. Puede valer la pena considerar si este aspecto de la respuesta inmunitaria es más que un síntoma y un efecto secundario, y considerarlo un aspecto terapéutico, con un beneficio pasado por alto. Se ha demostrado que la fiebre se corresponde con el aumento de las tasas de reacción bioquímica y la proliferación, maduración y activación de los leucocitos. También se ha informado que la fiebre tiene un efecto paliativo sobre

puesta tumoral positiva en otros cuatro (incluido Zola). Todos los pacientes que mostraron una respuesta tenían sarcomas. Cuatro de sus pacientes murieron, dos como resultado de la infección bacteriana que Coley había iniciado. Coley no podía predecir quién reaccionaría a las toxinas bacterianas o qué dosis dar, o por extensión, a quién podría ayudar y a quién podría matar accidentalmente. Era una situación intolerable, por no mencionar peligrosa y poco ética. Puso en peligro su propia práctica médica tanto como puso en peligro a sus pacientes.[33]

Infectar a sus pacientes con la bacteria viva era demasiado arriesgado, pero no era el animal microscópico entero y vivo lo que buscaba, sino sólo los «productos tóxicos» que creía que destruían los tumores. Ahora Coley comenzó a trabajar en un plan para «aislar y utilizar el principio activo del germen».[34]

La idea se basaba en la visión centrada en el suero de los biólogos contemporáneos, y el hecho de que inocular a un paciente con una forma muerta o inactiva de una bacteria era el fundamento de la vacunación.

Ese verano, se cultivó en el laboratorio una cepa especialmente letal de la bacteria. Las bacterias vivas se sobrecalentaron y mataron,[35] luego el caldo se pasó a través de un filtro de porcelana para eliminar los cuerpos muertos de las bacterias mismas. Se asumió que el jugo de color rubí que fluía a través del otro extremo del filtro eran sólo las «toxinas» de las bacterias. Ése tenía que ser el material. Coley inyectó ese nuevo brebaje en un nuevo grupo de pacientes con sarcoma termi-

---

el dolor. Este párrafo no es un sustituto de un examen más sustantivo del tema, sino un marcador para un examen más detallado de si una reacción fisiológica metabólicamente costosa provocada por el sistema inmunitario se conservaría en todas las especies a menos que tuviera algún beneficio para la supervivencia.

33. Friedrich Fehleisen, el preeminente médico alemán que usó esas mismas inyecciones de erisipela en la clínica de Wurzburg, había renunciado a la bacteria y se vio obligado a renunciar a su prestigioso cargo debido a la muerte de pacientes; esta información aparece en *A Commotion in the Blood* y fue transmitida a Stephen Hall por Otto Westphal.
34. Coley: «The Treatment of Malignant Tumors by Repeated Inoculations of Erysipelas».
35. El término biológico es «atenuar».

nal. El suero tuvo algo del efecto deseado (fiebre leve, sarpullido y escalofríos), pero no lo suficiente.

Ahora Coley estaba en un aprieto. Necesitaba encontrar el punto óptimo entre muy poca toxina y demasiada. Una vez más, Coley tuvo suerte. Justo cuando estaba haciéndose la pregunta, una revista médica francesa incluyó un nuevo estudio que proporcionó la respuesta exacta.[36]

El estudio mostró que la bacteria de la erisipela que Coley estaba usando se volvía mucho más virulenta y producía una toxina mucho más poderosa cuando se cultivaba en la misma incubadora junto con otra cepa bacteriana, llamada *Bacillus prodigiosus*.[37] Con esta receta, Coley esperaba haber encontrado finalmente un compromiso entre una toxina mortal y una ineficaz. De hecho, se había topado con la combinación perfecta de bacteria, que producía un efecto tóxico sinérgico.

Como su nombre sugiere, *Bacillus prodigiosus* demostró ser un pequeño bacilo muy prodigioso y produjo una toxina con efectos únicos en el sistema inmunitario humano (unos que ahora se están reevaluando como terapias contra el cáncer, algunos ya en ensayos clínicos).[38]

---

36. Experimentos del médico H. Roger del Instituto Pasteur, relatados en un francés dulce que hace que las bacterias parezcan elegantes. H. Roger: «Contribution à l'étude expérimentale du streptocoque de l›érysipèle», *Revue de Médecine*, 1892, 12:929-956.

37. S. pyogenes and Serratia marcescens. William B. Coley: «Treatment of Inoperable Malignant Tumors with the Toxines of Erysipelas and the Bacillus Prodigiosus», *Transactions of the American Surgical Association*, 1894, 12:183-212.

38. Aunque Coley no tenía los medios para comprender los mecanismos de acción inmunológicos y bioquímicos de los efectos terapéuticos informados de su toxina, experimentos más recientes han demostrado que la bacteria de la erisipela no tenía nada que ver con eso. Sin embargo, en la década de 1970, los experimentos realizados por el legendario inmunoterapeuta contra el cáncer Lloyd Old en el MSKCC y otros demostraron que la otra bacteria que Coley había utilizado, la *Bacillus prodigiosus*, sí creaba endotoxinas que estimulaban los macrófagos del sistema inmunitario para que produjeran los poderosos mensajeros del sistema inmunitario, las citocinas, incluido el interferón (IF), la interleucina (IL) y el factor de necrosis tumoral (TNF). Boyce Rensberger: «Century-Old Cancer Treatment Reexamined», *Washington Post*, 18 de septiembre de 1985. Cómo habrían interactuado éstos con el tumor es otro misterio, abordado en B. Wiemann y C. O. Starnes: «Coley's Toxins, Tumor Necrosis Factor and Cancer Research: A Historical Perspective», *Pharmacology and Therapeutics*, 1994,

Ahora necesitaba encontrar un sujeto en el que probar su nueva y potente toxina de bacterias combinadas.

Coley finalmente tendría su oportunidad en 1893, con un chico de dieciséis años cuya barriga parecía la de una embarazada debido a un sarcoma del tamaño de una berenjena. John Ficken, como la mayoría de los sujetos de Coley, era un paciente que no tenía nada que perder. El tumor masivo había invadido la pared de su abdomen, así como su pelvis y vejiga, y la biopsia sugirió que era maligno.

Coley comenzó con Ficken con suavidad, con una dosis baja de sus nuevas toxinas. Cuando Ficken no respondió, aumentó la dosis, primero medio centímetro cúbico, luego más, cada dos días. Finalmente, el niño tuvo la reacción clásica que Coley había presenciado con sus toxinas anteriores: el fuego de san Antonio.

Los tratamientos comenzaron el 24 de enero y duraron diez semanas. Cuando Coley detuvo las inyecciones el 13 de mayo, la masa tumoral se había reducido en un 80 %. Un mes después ya no era visible a simple vista, pero aún se podía palpar. Coley envió al niño a casa unas semanas después. Ficken se sentía bien, su estado parecía normal y, a pesar de la pérdida del tumor, había aumentado de peso.

Finalmente, por supuesto, Ficken murió, sufrió un ataque al corazón en un vagón de metro que salía de la estación Grand Central. En ese momento tenía cuarenta y siete años. El brebaje bacteriano de Coley, más tarde patentado como Coley's Toxins (Toxinas de Coley), había curado su cáncer, al menos durante los treinta y un años adicionales de su vida.

64:529-564. Old y otros (como veremos en capítulos posteriores) continuarían investigando los misterios de estas moléculas y probándolas contra una gran cantidad de enfermedades, incluido el cáncer. Algunas demostraron ser herramientas poderosas contra los tumores en modelos animales, y rápidamente, aunque de manera prematura, fueron aclamados en las portadas de *Newsweek* y *Time* como posibles curas mágicas para el cáncer; en los seres humanos se encontraría que tienen resultados poderosos pero desiguales: potentes, a veces curativos, a veces tóxicos y, en general, poco conocidos. Esas citocinas se tratan con más detalle en capítulos posteriores; algunas ahora están siendo reexaminadas a la luz de los avances más recientes contra el cáncer, como piezas importantes de terapias combinadas.

Coley publicó en las revistas médicas habituales, pero emocionado como estaba, o tal vez impaciente, en 1895 escribió su propio volumen sobre su tratamiento del sarcoma y lo llevó a las oficinas de Trow Directory, Printing and Bookbinding Company en East Twelfth Street. El volumen era en parte revista médica académica, en parte testimonial, y tenía las mismas dimensiones que un folleto religioso o una guía de museo. (El tamaño sigue siendo una especie de estándar no oficial para algunas guías rápidas para residentes que caben perfectamente en el bolsillo de la bata blanca de un médico residente).

«Soy consciente de que el tratamiento de tumores inoperables es un tema muy trillado –comenzaba Coley en su tratado–, pero teniendo en cuenta el hecho de que prácticamente no se ha hecho ningún avance en este campo desde que se conoció la enfermedad, estoy seguro de que no necesito ofrecer disculpas si puedo demostrar que ha habido aunque sea un solo paso adelante».[39]

De hecho, Coley estaba seguro de que no había dado un paso sino un salto.

«Mis resultados en treinta y cinco casos de tumores inoperables tratados con las toxinas durante los últimos tres años se informaron en detalle en la última reunión de la Asociación Americana de Cirugía en Washington, el 31 de mayo de 1894 –escribió Coley–, y serán sólo mencionados brevemente aquí». En ese momento, Coley estaba compartiendo su receta patentada para la bebida casera tóxica.

La receta requería una libra de carne, magra y picada, y se dejaba toda la noche en 1 000 cc (alrededor de un litro) de agua. Por la mañana se retiraba la carne; los restos eran los comienzos crudos de un caldo. Esa agua de carne debía filtrarse con tela, hervirse y filtrarse de nuevo. Sazonar con sal y peptona (una proteína parcialmente digerida, descompuesta enzimáticamente en aminoácidos más cortos para que pueda ser digerida por bacterias simples; esencialmente alimento para microbios).

---

39. William B. Coley: «The Treatment of Inoperable Malignant Tumors with the Toxins of Erysipelas and Bacillus Prodigosus», Medical Record, 1895, 47:65-70.

Otra pasada por el paño colador y otro hervor daban como resultado un consomé claro. Finalmente había que agregar la bacteria mortal y estaba lista para servir a la humanidad.

Al menos quince versiones de las toxinas de Coley estuvieron en uso durante la vida de Coley. (Parke Davis fabricó la versión comercial más utilizada; la Clínica Mayo hizo otra para sus pacientes, y continuó mucho después de que otros abandonaran el campo). Coley había inventado una cura contra el cáncer a veces efectiva mediante inmunoterapia intencional, y no es que se diera cuenta de ello en ese momento.[40] Lo que Coley logró podría haber sido un gran avance, si los resultados hubieran llevado a una mayor investigación sistemática del fenómeno y un impulso hacia la ciencia básica detrás de él. En cambio, sucedió lo contrario; los resultados de Coley estaban un siglo por delante de cualquier ciencia que pudiera darles sentido, y en gran medida se interpretaron como charlatanería.

Coley tenía teorías sobre los agentes en el funcionamiento. Pero no tenía una comprensión real del sistema inmunitario, o la naturaleza del cáncer, ni idea alguna de los genes, mutaciones, antígenos o cual-

40. El trabajo de Coley encontró mucha resistencia, y muchos de los líderes en el campo del sarcoma y del mundo médico en general trabajaron activamente para desacreditar su trabajo, llegando incluso a sugerir que sus remisiones quedaban invalidadas porque sus diagnósticos habían sido erróneos, y para empezar los pacientes nunca habían tenido cáncer. Como de costumbre, las críticas se escucharon con más claridad que los apoyos. Sin embargo, en 1934, el consejo editorial del *Journal of the American Medical Association,* que había declarado inválida la obra de Coley, cambió de opinión: «Parece que, sin duda, las toxinas combinadas de la erisipela y el *Bacillus prodigiosus* a veces pueden desempeñar un papel importante en la prevención o el retraso de la recurrencia maligna o metástasis; ocasionalmente pueden ser curativos en neoplasias irremediablemente inoperables [...]. Por estas razones, el Consejo ha clasifica las toxinas de Coley, *Erysipela* y *B. Prodigiosus* en la categoría de Remedios Nuevos y No-Oficiales, con miras a facilitar más estudios con el producto». Extraído de «Council on Pharmacy and Chemistry: *Erysipelas* and *Prodigiosus* Toxins (Coley)», *Journal of the American Medical Association*, 1934, 103:1067-1069.

quier parte de la biología necesaria para cerrar la brecha entre lo que había observado y algo parecido a la ciencia de laboratorio. No se habían descubierto los mecanismos por los cuales las células inmunitarias reconocen la enfermedad; ni siquiera se habían descubierto las propias células inmunitarias. No obstante, en el transcurso de los siguientes cuarenta años, Coley continuó tratando a cientos de pacientes con sus toxinas.

Las evaluaciones científicas más recientes de la efectividad de esos tratamientos varían: una realizada por la hija de Coley revisó más de mil registros de pacientes de Coley e informó que encontró unos quinientos casos de remisión; un estudio controlado en la década de 1960 informó resultados similares a los de Zola en veinte de noventa y tres pacientes.[41] Los números varían enormemente y gran parte de la metodología es cuestionable, pero al leer todos los análisis académicos y revisar la experimentación más reciente, la conclusión siempre es la misma. Coley no era un charlatán.

La regulación cuidadosa de la fiebre de un paciente, un proceso laborioso y personal, parecía clave para sus éxitos. Ese factor, y la enorme variabilidad en las formulaciones exactas y las concentraciones de las toxinas disponibles para otros médicos, hicieron que los resultados de Coley fueran difíciles de duplicar. Pero eso no cambia el consenso general de que en las manos de Coley, sus toxinas a veces funcionaban, y a veces funcionaban bien.[42] Y ahora se cree que la razón por la que

41. B. J. Johnston y E. T. Novales: «Clinical Effect of Coley's Toxin. II. A SevenYear Study», *Cancer Chemotherapy Reports,* 1962, 21:43-68.
42. En 1992, la revista británica *Nature* publicó un estudio de Charlie Starnes, un inmunólogo molecular que revisó los datos de William Coley sobre los cánceres de sarcoma inoperables que no habían recibido ningún tratamiento aparte de las Toxinas de Coley. Lo que encontró fue, esencialmente, tasas de respuesta de los pacientes mucho mejores que las que cualquier otra persona había logrado hasta la fecha al tratar estos tipos de cáncer por otros medios. Alrededor del 10 % de los pacientes de Coley vieron remisiones de al menos veinte años, muchos incluso más. En comparación con la línea de base de casos que de otro modo serían desesperados y una remisión del 100 %, el uso de las toxinas se mostró prometedor y digno de investigación. Según los estándares de la mayoría de los estudios de cáncer modernos, en los que la remisión se refiere a un paciente que no muestra evidencia de enfermedad (NED) durante al menos

funcionaban es que de alguna manera desencadenaban una respuesta inmunitaria o desencadenaban una previamente bloqueada.

Pero como medicamento, las Toxinas de Coley no durarían.[43] Parke Davis detuvo la producción en 1952. Para 1963, la Administración de Medicamentos y Alimentos ya no reconocería las Toxinas de Coley como una terapia comprobada contra el cáncer.[44] El golpe fatal a la visión sobre la inmunoterapia de Coley ocurrió dos años más tarde, cuando la Sociedad Estadounidense del Cáncer incluyó los fluidos en

---

cinco años después de la terapia, los resultados fueron aún más sorprendentes; 73 de los 154 pacientes con sarcoma y linfosarcoma de Coley (47 %) sufrieron NED cinco años después del tratamiento (Charlie O. Starnes, «Coley's Toxins in Perspective», *Nature*, 1992, 357:11-12). Habían pasado casi cien años antes de que la investigación científica básica alcanzara lo que el inmunólogo pionero Lloyd Old denominó «el fenómeno Coley»: el purgatorio similar al Tántalo de haber percibido un mecanismo en la naturaleza que podría salvar millones de vidas sin las herramientas para hacerlo, probarlo o usarlo. «El lenguaje celular y molecular de la inflamación y la inmunidad debía entenderse –dijo Old– antes de que las fuerzas que desató Coley pudieran traducirse de manera predecible en la destrucción de células tumorales».

43. Stephen Hall, en A Commotion in the Blood, cita los comentarios hechos por Nicholas Senn del Rush Medical College a sus colegas en la reunión anual de la Asociación Médica Estadounidense de 1895: «Al tratamiento del sarcoma y el carcinoma inoperables con toxinas mixtas, como recomienda y como practica Coley, se le ha dado una prueba justa en la clínica quirúrgica del Rush Medical College, y hasta ahora ha resultado uniformemente en fracaso [...]. Aunque en el futuro continuaré recurriendo a él en casos que de otra manera no tendrían esperanza, me sentiré satisfecho cuando sea abandonado en un futuro próximo y asignado a un lugar en la larga lista de remedios obsoletos empleados en diferentes momentos en el tratamiento de tumores malignos más allá del alcance de una operación radical». Hall también cita comentarios que Coley hizo a la Sección Quirúrgica de la Royal Society of Medicine en Londres en 1909, como refutación a dos décadas de críticas a su medicina y su carácter: «Nadie podría ver los resultados que yo vi y perder la fe en el método. Ver a los pobres enfermos desesperanzados en las últimas etapas de un sarcoma inoperable mostrar signos de mejoría, ver cómo sus tumores desaparecían constantemente y por fin verlos recuperar la vida y la salud, fue suficiente para mantener mi entusiasmo. El hecho de que sólo unos pocos en lugar de la mayoría mostraran resultados tan brillantes no me hizo abandonar el método, sino que sólo me estimuló a una búsqueda más seria de mejoras adicionales en el método».
44. Hoption Cann *et al.*: «Dr. William Coley and Tumour Regression».

su lista de «Métodos no probados para el control del cáncer». Que bien podrían haberla llamado la «lista de los charlatanes».

Diez años más tarde, la ACS daría marcha atrás y eliminaría las Toxinas de Coley de aquella lista de la vergüenza, pero el daño ya estaba hecho.[45] La retractación atrajo menos atención que la infamia original. Su nombre, si es que se conocía, se asociaba ahora a los antiguos y absurdos anuncios médicos de las milagrosas gárgaras radiactivas y los medicamentos patentados: cualquier vistazo a la posible interacción entre el sistema inmunitario y el cáncer que había proporcionado parecía ahora una ilusión o un fraude.

Las ideas pueden ser poderosamente virales y propagarse como un incendio forestal. También se pueden apagar como velas. Sólo se necesita una generación para que una idea sea olvidada. Y una generación de investigadores, científicos y médicos se capacitaron sin escuchar nada sobre Coley o una ilustración exitosa, aunque todavía misteriosa, del potencial del sistema inmunitario para ser inducido a interactuar y proteger contra el cáncer. Durante treinta años, Coley y sus métodos fueron prácticamente desconocidos para los oncólogos y, como escribe Hall, quienes los conocían «los agrupaban junto con terapias tan controvertidas como las del Krebiozen, el Laetrile, el muérdago y las cajas de orgón».[46] Los buenos oncólogos buscaban terapias científicas más modernas y prometedoras, como la radiación y la quimioterapia. Y cuando esos médicos formaron a la siguiente generación, les enseñaron a hacer lo mismo. Si eras inteligente y tenías una mentalidad científica y habían llegado a la mayoría de edad en los años ochenta o noventa, no estabas capacitado para apostar por Coley.

El legado de Coley podría haber muerto con él si no hubiera sido por los esfuerzos de su hija, Helen. Helen Coley Nauts había acompañado a su padre en muchas de sus conferencias, lo había visto ascender hasta convertirse en un hombre rico y famoso, y lo había visto caer.

---

45. En teoría, las toxinas podrían haberse revivido como terapia, pero debido a que ahora figuraban como una «nueva» terapia, se verían obligadas a pasar por un largo y costoso proceso de ensayos clínicos para la FDA, con la esperanza de una aprobación que quizá nunca llegara, para una formulación que no sería patentada.

46. Hall: *Commotion*, p. 116.

Nauts entendió el trabajo de su padre incluso como él no lo había hecho y, al hacerlo, ayudó a llevar sus ideas a la generación actual.

Cerca del final, Helen había visto a su padre en conferencias defenderse de los ataques contra sus datos y su persona. El más vigoroso de esos ataques provino del Memorial Sloan Kettering, el centro oncológico que Coley había ayudado a establecer, y donde su enfoque del cáncer había sido suplantado por primera vez por la radioterapia, que se consideraba más moderna, con resultados científicos más cuantificables. Tampoco perjudicó que, aunque el radio necesario para hacer radioterapia se consideraba uno de los recursos más escasos del mundo, el principal benefactor del hospital en ese momento era el propietario de una mina que abastecía al Memorial y su carismático y poderoso presidente, el doctor James Ewing, con todo lo que necesitaba. Se informó que el tesoro de ocho gramos del Memorial incluía los suministros originales de Marie Curie y representaba la mayor parte del suministro de radio conocido en el planeta.

Juntos, Ewing y Coley habían convertido al Memorial en el primer centro de investigación del cáncer del mundo.[47] Ahora Ewing era el jefe de Coley y su principal crítico. Denunció públicamente las Toxinas de Coley como un fraude y un plan de ventas. Pronto, todos los pacientes que llegaban al Memorial con problemas en los huesos recibirían una dosis completa de la radioterapia exclusiva de Ewing. Los resultados, por supuesto, eran desastrosos. La tasa de mortalidad era del 100 %.

Coley solicitó una prueba de cinco años de su vacuna de toxinas, como se consideraba entonces, para evaluar su eficacia contra los cán-

---

47. Como se señala en la monografía «Creating Two Preeminent Institutions: The Legacy of Bessie Dashiell», esto fue subvencionado, una vez más, con dinero de Rockefeller. Hubo un conflicto filantrópico entre las peticiones de financiación de Coley para el Memorial y el apoyo existente de John D. Rockefeller a los laboratorios del Instituto Rockefeller, físicamente próximo, que había sido construido en 1901 después de que el joven John Jr. instara a su padre a crear algo como los impresionantes laboratorios europeos de Pasteur y Koch. Los asesores científicos de Rockefeller no vieron mucho progreso en el trabajo de Coley con «material humano». Su secretario del Instituto Rockefeller, Jerome D. Green, estuvo de acuerdo en que su apoyo al Memorial debería suspenderse: en lugar de financiar al Memorial claramente, John Jr. comenzó a enviar cheques directamente a Coley.

ceres de hueso como el sarcoma. Coley afirmó no tener datos estadísticos para probar que su tratamiento era efectivo, pero tampoco los defensores de la radioterapia y la amputación. Lo que sí tenía Coley eran supervivientes. Los defensores de la radioterapia no tenían ninguno.

Coley nunca tuvo su período de cinco años: murió al año de pedirlo. Pero su hija nunca lo olvidó. En 1938 fue a la finca de la familia en Sharon, Connecticut, y descubrió todos los papeles de su padre, unos quince mil, agrupados y almacenados en un granero en los límites de la propiedad. No era que Coley no tuviera datos, simplemente no los había ordenado.

Trabajando incansablemente (y financiada en parte por una pequeña subvención de Nelson Rockefeller, hijo y heredero del mecenas de su padre y alma gemela de Bessie Dashiell, John D. Rockefeller Jr.), Nauts organizó el montón de observaciones, correspondencia y notas de su padre en algo más ordenado y académico. Con una educación secundaria pero toda una vida bajo la tutela de un médico experto y miles de horas de cuidadoso estudio, Nauts se dispuso a convencer a cualquiera que pudiera escucharla de que el enfoque de su padre sobre «el uso de productos bacterianos en enfermedades malignas» se merecía, como mínimo, una investigación más seria.

William Coley creía que las «toxinas» de su bacteria actuaban como una especie de veneno contra el cáncer, una quimioterapia natural. Para la década de 1940, después de la muerte de Ewing, el Memorial había pasado de ser un «hospital de radio» a uno que usaba venenos químicos (quimioterapia) como terapia contra el cáncer. Nauts esperaba continuar el trabajo de su padre con el nuevo director del hospital, el eminente médico Cornelius Rhoads. Durante la Segunda Guerra Mundial, se desempeñó como jefe de investigación del Servicio Químico de Guerra de las fuerzas militares estadounidenses, el mismo grupo que descubrió el potencial del gas mostaza como agente de quimioterapia contra el cáncer. Rhoads se convertiría en el mayor impulsor de la quimioterapia y ayudó a marcar el comienzo de una modalidad para el tratamiento del cáncer que sigue siendo la norma. Pero Rhoads tampoco estaba interesado en las Toxinas de Coley. Nauts no tenía formación formal en medicina; no podía explicar por qué la medicina de su padre había funcionado. Pero tenía sus datos, y tenía una teoría sobre el mecanismo detrás de éstos.

Las Toxinas de Coley, postuló, no eran toxinas en absoluto. Eran un estimulante. No actuaban directamente sobre los tumores; de algún modo funcionaban «mediante un estímulo en el sistema retículo-endotelial».[48] El sistema al que se refería es lo que ahora llamamos sistema inmunitario. Ella tenía razón en términos generales. Rhoads todavía no estaba interesado.[49]

Finalmente, en 1953, Nauts volvió a apelar a Nelson Rockefeller, el hijo del antiguo benefactor de su padre. La amistad y la angustia de su padre por perder a su «hermana adoptiva», Bessie Dashiell, lo habían inspirado para llevar una vida de filantropía centrada en el cáncer, apoyando la investigación de William Coley, creando la Universidad Rockefeller y ayudando a Coley y a Ewing a financiar el primer hospital oncológico del país.

48. De las cartas de Helen Coley Nauts, en el archivo Coley del Instituto de Investigación del Cáncer, según lo investigado por el escritor científico del CRI, Matt Tontonoz.

49. Entonces, ¿qué podría haber sucedido de manera diferente? ¿Qué pasaría si el Memorial Sloan Kettering, bajo la dirección de Cornelius Rhoads, no hubiera desestimado las apelaciones de Coley y las cartas de su hija, y no hubiera puesto los recursos del «hospital oncológico más grande del mundo» en una evaluación clínica del enfoque de la toxina bacteriana de Coley para la inmunoterapia? Es imposible saberlo. En 1950, la medicina no habría tenido mucha más idea de qué hacer con los casos «milagrosos» de Coley que el propio Coley en 1890. El sistema inmunitario seguía siendo un misterio. El cáncer seguía siendo un enemigo al que atacar y matar con armas desarrolladas con mentalidad de guerra. La terapia inmunológica (usar el sistema inmunitario para combatir el cáncer, en lugar de tratar de matar los tumores a través de toxinas o veneno) era una idea, pero no estaba más en el radar de Coley que en el de Rhoads. Todos buscaban la «bala mágica» de Paul Ehrlich que alcanzara al enemigo y evitara al anfitrión. Nadie buscaba un estimulador simple del propio sistema de defensa natural del cuerpo, un sistema que era casi completamente desconocido en la época de Coley y que aún no se había descubierto en gran medida en 1950. Y la noción de puntos de control como el CTLA-4 o el PD-1/PD-L1 eran entonces tan inimaginables como invisibles.

Ahora, el joven Rockefeller le dio a Nauts una subvención de 2000 dólares, con la cual ella y su socio, el Oliver R. Grace Sr., fundaron una organización que Nauts esperaba pudiera mantener vivas las ideas de su padre y financiar a otros en una búsqueda similar. Esa organización, el Instituto de Investigación del Cáncer, tenía sus oficinas en Broadway en el bajo Manhattan. Y todavía las tiene.

El CRI fue el primer instituto dedicado exclusivamente a promover las ideas de la inmunoterapia contra el cáncer. Durante muchos años su teléfono no sonó.

Capítulo tres

Destellos en la oscuridad

Blut ist ein ganz besonderer Saft. (La sangre es un jugo muy especial).

—GOETHE

En retrospectiva, es sorprendente lo que *no* sabíamos sobre nuestro cuerpo y el poco tiempo que hace que no lo sabíamos. Teníamos una imagen bastante clara de los planetas del sistema solar y de la composición de las rocas lunares antes de tener una comprensión funcional de lo que sucedía en nuestro propio torrente sanguíneo.

El estudio de la biología inmunológica comenzó con el microscopio y un amasijo de células extraídas de la sangre mediante el filtro de porcelana de un biólogo. Las de color rojo fueron reconocidas como las células sanguíneas que transportan el oxígeno a través del cuerpo. Las células que no eran rojas se llamaron «blancas», igual que el vino que no es rojo se llama blanco. Estos glóbulos blancos también se llaman «leucocitos». (La raíz griega de «blanco» es *leuk* y de «célula» es *cyt*). El término todavía se refiere a cualquier célula que forma parte del sistema inmunitario.

Originalmente se asumió que todas las células inmunes eran iguales. Sin embargo, se necesitaría más que un simple microscopio para revelar que nuestro torrente sanguíneo, de hecho, contiene un exótico ecosistema de jugadores especializados unidos en una red elegante y potente de defensa personal.

El primer aspecto de la respuesta inmunitaria que captaron los biólogos del siglo XIX fue el más antiguo y primitivo, un sistema de defensa personal de 500 millones de años que llamamos sistema inmunitario innato.[1] El sistema inmunitario innato es carismático y engañosamente sencillo. También tiene células lo suficientemente grandes como para que se vean moviéndose y comiendo bajo el microscopio. Eso incluye células parecidas a amebas, expertas en meterse entre las células del cuerpo y patrullar nuestro perímetro (por dentro y por fuera, tenemos una superficie más grande que una cancha de tenis de dobles), buscando lo que no debería estar allí y matándolo.

Éstas incluyen pequeñas patrulleras inteligentes llamadas células dendríticas (recuérdalas para más adelante) y otras similares pero más grandes llamadas macrófagos (literalmente, «grandes comedores»). Entre sus otras funciones, sirven como basureras del sistema inmunitario. En su mayoría, lo que comen son células corporales desechadas, células normales que han llegado a su fecha de vencimiento y se autodestruyeron amablemente. También se comen a las malas. Los macrófagos tienen una capacidad innata para reconocer invasores simples. Estas células extrañas, o no propias, son reconocibles como extrañas porque se ven diferentes, es decir, la huella dactilar química de las proteínas en su superficie es diferente. Los macrófagos buscan cualquier cosa que reconozcan como extraña, luego la agarran y la engullen. Estas células también terminan guardando pequeños pedazos de las células invasoras a las que matan, creando una especie de lista para el resto del sistema inmunitario. (También hemos descubierto recientemente que algunas células inmunitarias innatas son más que simples comedoras y asesinas: parecen ser el cerebro de un sistema inmunitario más grande).

Las células inmunitarias innatas están sintonizadas para reconocer a los sospechosos habituales: las bacterias, los virus, los hongos y los pa-

1. En términos de la medicina occidental, la idea de que el sistema inmunitario podía manipularse para combatir el cáncer se remonta a mediados del siglo XIX, cuando un patólogo alemán llamado Rudolf Virchow describió su visión a través del microscopio: un trozo de tumor, infiltrado con células inmunes humanas. Aquello era cáncer (el tumor) bajo el ataque del sistema inmunitario.

rásitos que evolucionaron junto a nosotros y representan la mayor parte de aquello para lo que necesitamos defensas.

Donde hay un invasor, probablemente haya más, por lo que las células del sistema inmunitario innato también pueden solicitar refuerzos locales. La llamada de ayuda es química, en forma de proteínas, parecidas a las hormonas, llamadas *citocinas*. Muchas citocinas son como un faro de socorro, con alcance y longevidad limitados, para evitar una reacción exagerada. Hay muchas clases diferentes de citocinas, que transmiten muchos mensajes diferentes. Cada uno comienza una coreografía compleja de respuestas de defensa en reacción en cadena dentro del organismo.

El resultado es una comunicación química sorprendentemente sofisticada que puede requerir más suministro de sangre y decirles a las pequeñas vesículas sanguíneas (capilares) que tengan más fugas, por lo que el líquido y los refuerzos pueden fluir entre los espacios (lo que conocemos como inflamación), e incluso estimular los nervios locales para enviar, ¡ay!, señales extra (para que prestes más atención al problema, y tal vez recuerdes no volver a hacerlo).

Así es un sistema inmunitario para casi toda la vida en la tierra. Funciona bien para reconocer y atacar a las enfermedades sospechosas habituales, brindando una respuesta rápida y lo suficientemente efectiva como para acabar con la mayoría de las amenazas invasoras en sólo unos días.

Pero las criaturas evolucionadas más recientemente en el árbol de la vida, vertebrados con mandíbulas, como nosotros, también tienen un tipo adicional de ejército inmune, uno capaz de adaptarse para enfrentarse a nuevos desafíos. Éste es el sistema inmunitario «adaptativo», y es capaz de enfrentarse y luchar contra los sospechosos inusuales y recordarlos: invasores que el organismo nunca antes se había encontrado.

Los principales actores de este sistema inmunitario adaptativo son dos tipos distintos de células que viajan por nuestro torrente sanguíneo, con distintas herramientas de defensa.[2] Éstas son las células B y T.

---

2. Los nombres de todas estas cosas biológicas tienden a inventarse sobre la marcha y, a veces, antes de que alguien realmente entienda exactamente lo que están nombrando, y eso puede hacer que más adelante parezcan innecesariamente

Las enfermedades evolucionan y se adaptan. La naturaleza inventa unas nuevas todo el tiempo. Las células B y T son parte de un sistema que se adapta para contrarrestarlas. En términos de atacar el cáncer específicamente, las que nos importan son las células T. Pero tanto las células B como las T tienen su papel en la historia de la inmunoterapia contra el cáncer.

Las vacunas son la forma más exitosa de inmunoterapia, con la que nos hemos familiarizado durante cientos de años. Su mecanismo biológico depende del sistema inmunitario adaptativo.

Las vacunas entrenan a las células del sistema inmunitario con una muestra inofensiva de una enfermedad con la que podría encontrarse más tarde. La introducción permite que el sistema inmunitario acumule fuerzas contra cualquier cosa que se parezca a esa muestra. Luego, si aparece la enfermedad viva, un ejército inmune la estará esperando.[3]

Tanto las células B como las T están involucradas en la creación de inmunidad. Las células B se descubrieron primero, así que fueron la atracción principal.

Antes de que estas células inmunitarias migren a nuestro torrente sanguíneo, maduran a partir de células madre en la médula de nuestros

---

complicados. Por ejemplo: lo que no son glóbulos en el torrente sanguíneo se llama linfa. Eso equivale a los glóbulos blancos y al líquido. Las células B y T dentro de ese líquido se convirtieron en células linfáticas o, con la raíz griega de «célula», linfocitos. Ahora eso se refiere tanto a las células B como a las T, las células de la inmunidad adaptativa.

3. Las vacunas se han utilizado desde que Edward Jenner demostró por primera vez que el sistema inmunitario podía aprender y recordar. Las vacunas introducían en el organismo de manera segura las proteínas únicas de una enfermedad a la que nunca antes se había enfrentado, lo que daba como resultado la inmunidad. Fueron necesarias varias generaciones para entender cómo sucedía eso, pero incluso en el siglo XVIII estaba claro que algo en la sangre, unas semanas después de la inoculación, recordaba, reconocía y atacaba la enfermedad que se había introducido. Estos cuerpos químicos discretos trabajaban contra las proteínas extrañas, por lo que se llamaron anticuerpos.

huesos. Las células B[4] tienen un método único para defendernos contra las cosas que causan la enfermedad. No matan las células enfermas directamente. Más bien, son fábricas que escupen anticuerpos, moléculas pegajosas en forma de Y que agarran y se aferran a células extrañas o ajenas, y las marcan para la muerte.

Originalmente, los anticuerpos se llamaban «antitoxinas», porque se suponía que eran el material de la sangre que neutralizaba a las toxinas: pequeños antídotos personalizados que encajaban en las moléculas venenosas de la enfermedad como una llave en un candado, anulándolas una por una.

Las células B (y las células T) deben estar listas para reconocer cualquier cosa que no sea propia. Esto es posible porque las células ajenas, extrañas o enfermas tienen un aspecto diferente de las células normales del cuerpo, al menos para el sistema inmunitario más exigente. La diferencia es superficial: el exterior de la célula es distinto. Las células extrañas o enfermas tienen proteínas extrañas en su superficie. La marca molecular es una huella dactilar de célula mala distintiva. Estos informantes reveladores de huellas dactilares de proteínas extrañas en la superficie de las células ajenas se denominan «antígenos».

Las células B crean anticuerpos capaces de reconocer las huellas dactilares del antígeno incluso para amenazas desconocidas a través de un ingenioso proceso de combinación genética aleatoria que permite 100 millones de variaciones de anticuerpos diferentes. Esta variedad es suficiente para garantizar que al menos uno coincida con uno de los muchos millones de informantes proteicos posibles de un antígeno extraño. Cada célula B produce anticuerpos para adaptarse a un tipo de antígeno asignado al azar. Es algo así como una lotería para reconocer extraños al azar. Cada combinación potencial está cubierta por una u otra de las células B. En realidad, sólo se necesita un anticuerpo que reconozca un antígeno extraño para iniciar la respuesta inmunitaria.

---

4. Los biólogos sabían que las células B no nacían en el torrente sanguíneo. Venían de algún sitio, maduraban en otra parte del organismo antes de migrar al torrente sanguíneo. Ese lugar se encontró en las aves antes que en las personas. En las aves, que tienen los huesos huecos, estos glóbulos blancos maduran en un órgano con forma de saco maravillosamente llamado «bolsa de Fabricio». Las células B reciben su nombre por la primera letra de «bolsa».

Así es como funciona:

Se estima que hay 3 000 millones de células B circulando por el torrente sanguíneo, cada una cubierta por anticuerpos pegajosos diseñados para coincidir con los antígenos de enfermedades que probablemente nunca se encontrarán, y que tal vez ni siquiera existan.[5] Las células B pasan la mayor parte de su corta vida flotando hasta que tienen suerte y se encuentran con el antígeno único correspondiente de un patógeno (como una bacteria, un virus, un hongo o un parásito desconocido).

Si el antígeno que encuentran coincide exactamente con los receptores de antígeno únicos de los anticuerpos de una célula B en particular (que tachonan la superficie de la célula B casi por completo), esa célula B entra en acción y produce clones de sí misma, hijas idénticas que nacen con el mismo anticuerpo «correcto».

En doce horas, esa célula B puede hacer veinte mil copias clonadas de sí misma y el proceso continúa durante una semana. Cada nuevo miembro del ejército de clones de células B también se convierte en una nueva fábrica, produciendo ese anticuerpo preciso contra esa célula enferma.

Ahora es el momento de atacar. Los anticuerpos en la superficie de las células B salen volando como misiles pegajosos guiados a una velocidad de vértigo. Cada uno de estos misiles de anticuerpos tiene un sólo objetivo: los antígenos no propios únicos en esas células extrañas. No pueden ver nada más. Los anticuerpos los encuentran, se adhieren y se acumulan en ellos. Esto no sólo detiene a la célula enferma, sino que también actúa como un letrero de neón parpadeante que llama la atención de los macrófagos errantes, atrayéndolos hacia esa comida gratuita de procedencia exterior. Los anticuerpos también son pegajosos para los macrófagos. Se unen a su cena. También parecen estimular el apetito de los «pequeños basureros de la naturaleza» (un proceso

5. 3000 millones pueden parecer mucho, hasta que te das cuenta de que para estar completamente preparado para todo, necesitas tener 100 millones diferentes de anticuerpos, elaborados por 100 millones de variaciones diferentes de células B. Eso significa que cuando una célula B al azar encuentra su antígeno compatible en alguna invasión bacteriana o enjambre viral, sólo hay otras cincuenta células B con ese anticuerpo para unirse a la lucha.

conocido como «opsonización», que proviene de la palabra alemana que significa «preparar para comer»). La célula invasora forastera es detenida y luego engullida.

Es una defensa fantástica, elegante y sofisticada que aumenta la respuesta a una nueva enfermedad en aproximadamente una semana. Cuando termina la amenaza, la mayor parte del ejército de células B muere, pero un pequeño regimiento se queda y recuerda lo que ha sucedido, listo para volver a la acción si la amenaza reaparece.

Eso se llama inmunidad.

Las células B y T parecen casi idénticas bajo un microscopio óptico (una de las razones por la que durante la mayor parte del siglo XX no existieron las células T). Al igual que las células B, las células T reconocen a un antígeno extraño y fabrican un ejército de clones para atacarlo. Pero las células T reconocen y matan a las células enfermas de una manera totalmente diferente.

Finalmente, los biólogos se dieron cuenta de que todos esos glóbulos blancos que se veían tan similares bajo el microscopio no eran exactamente iguales ni funcionaban de la misma manera. En la década de 1950 se había observado que algunos de los linfocitos pequeños (células inmunitarias) también viajaban de manera diferente por el cuerpo humano.

Se sabía que las células B se originaban en la médula ósea, viajaban por el torrente sanguíneo durante un tiempo y morían. Pero algunas de estas células tipo B parecían hacer un viaje adicional hacia una misteriosa glándula con forma de mariposa ubicada justo detrás del esternón en los humanos, llamada timo. Se observó que más de estas células regresaban del timo al torrente sanguíneo. Aún más extraño, salían más de las que entraban. Su número era suficiente para reponer todo el *stock* de células B cuatro veces y, sin embargo, el número total de linfocitos en el cuerpo parecía permanecer constante. Entonces, ¿a dónde iban? El misterio de la desaparición de los linfocitos no se descifró hasta 1968, cuando un experimento pudo seguirlos y descubrir que las extrañas células B que se vertían en el torrente sanguíneo desde el timo eran las mismas que luego volvían a pasar por el timo. Y muchas que entraban nunca regresaban. Era como si fueran fabricadas, recicladas y tal vez modificados en esta extraña glándula.[6]

Los experimentos demostraron que los linfocitos que circulaban por el timo eran, de hecho, muy diferentes de las familiares células B. Estas células parecían ser las únicas responsables de aspectos muy específicos de la respuesta inmunitaria, como el rechazo de órganos después de un trasplante quirúrgico.

El modelo biológico que tenía todos los linfocitos como células B que se originaban en la médula ósea no coincidía con las nuevas observaciones. Lo que planteó alguna que otra pregunta: ¿había un tipo diferente de linfocito, uno que proviniera del timo en su lugar? ¿Un glóbulo blanco relacionado con la inmunidad adaptativa que no era un linfocito B? Y si era así, ¿cómo deberían llamar a esta célula nacida del timo?

Era una pregunta sorprendentemente polémica. Cuando un joven investigador llamado J. F. A. P. Miller propuso a sus colegas en una conferencia de inmunología de 1968 que tal vez deberían considerar que había *dos tipos distintos* de linfocitos –células B de la médula ósea que producían anticuerpos y células T del timo que de algún modo funcionaban de manera diferente– se le recordó públicamente que la B y la T son las primeras letras de «bobo» y «tonto».[7]

Pero, por supuesto, Miller tenía razón, y en 1970 ya se aceptaba en general que estos linfocitos T, o «células T», eran diferentes de las células B que producían anticuerpos.

Pasarían otros cinco años antes de que la imagen se complicara aún más, o se aclarara, según la perspectiva, al llegar a la conclusión de que también había varias clases distintas de células T.

Los inmunólogos distinguieron dos de las principales con su estilo típico, es decir, que las llamaron «CD8» y «CD4», pero ahora son más conocidas como «asesinas» y «ayudantes».[8] Las *células T asesinas* son las

---

6. David Masopust, Vaiva Vezys, E. John Wherry, y Rafi Ahmed: «A Brief History of CD8 T Cells», *European Journal of Immunology*, 2007, 37:S103-110.
7. J. F. Miller: «Discovering the Origins of Immunological Competence», *Annual Review of Immunology*, 1999, 17:1-17.
8. Más tarde se encontraría un tercer tipo de célula T, que en esta metáfora sería algo así como un árbitro, regulando la respuesta inmune y haciendo sonar el

matonas decididas del equipo inmunitario, mientras que las *células T ayudantes* sirven como una especie de mariscal de campo para ese equipo, «ayudando» a coordinar el plan de juego de defensa inmunitaria más grande al transmitir una serie compleja de señales químicas, o citocinas.[9] Finalmente, el panorama inmunológico más amplio comenzaba a tener sentido.

Las células T habían sido la pieza que faltaba. Su descubrimiento proporcionó una explicación viable para la mayor parte de lo que se había observado sobre nuestra reacción a las enfermedades.

Y funciona así.

Las células del sistema inmunitario innato responden rápidamente a los invasores familiares, esos sospechosos habituales de los que hablábamos antes. Por lo general, son suficientes para hacer el trabajo. A veces simplemente mantienen a raya a los invasores mientras piden refuerzos. Pero a veces los invasores no son familiares y es necesaria una respuesta adaptativa.

Mientras tanto, las células B y T del sistema inmunitario adaptativo han comenzado a aumentar la respuesta al hacer miles de millones de copias de sí mismas, un ejército de clones de la versión de la célula afortunada que reconoció el antígeno extraño. Eso lleva de cinco a siete días.

A veces, la defensa es en equipo. Los anticuerpos de las células B atrapan a los malos, como las bacterias y los virus, que se abren camino a través de la piel y las capas mucosas de la epidermis y llegan al torrente sanguíneo, algo así como Spiderman atrapando a los villanos, para

---

silbato para detener el juego y asegurarse de que nada se descontrole, ya que «descontrolarse» en el mundo de las células T es peligroso. Estas células T reguladoras son conocidas como «T regs».

9. En este ecosistema, las citocinas se comunican entre diferentes células inmunitarias; *véase* el comentario anterior de los macrófagos. Sólo para confundir aún más la terminología, durante un tiempo, las citocinas se denominaron, como clase, «interleucinas», ya sea de tipo 1 o 2. Ahora ya no se las conoce de esta manera, pero todavía tenemos todos esos nombres dando vueltas de un lado a otro, y por eso a algunas de las citocinas todavía se les llama interleucinas y se les asignan números. Pero todas siguen siendo citocinas.

que puedan recolectarse más tarde. Es decir, los embolsan y etiquetan. Y luego los macrófagos los engullen.

Pero las células B no siempre pueden detener a tiempo a todos los invasores. A veces, los agentes de la enfermedad entran, abruman las defensas e infectan una célula del cuerpo.

Los virus inyectan en las células del cuerpo su ADN viral. Una vez que está dentro de la célula, es demasiado tarde para que la célula B la detenga con anticuerpos. Finalmente, esa célula del cuerpo infectada se convertirá en una fábrica de más virus, generando refuerzos para la enfermedad. Para prevenirlo y salvaguardar el cuerpo, esa célula infectada necesita ser eliminada.

Si un virus llega a una célula normal del cuerpo y la infecta, esa célula cambia. Empieza a expresar diferentes proteínas en su superficie; tiene un aspecto diferente, es como una forastera.

Depende de las células T reconocer esos nuevos antígenos extraños de una célula propia que acabó mal y matar esa célula, de cerca y personalmente. Reconocer una célula del organismo enferma, bloquear el antígeno extraño revelador y matar esa célula enferma son la especialidad de la célula T.

Después de que los atacantes sean derrotados, la mayor parte del ejército de clones inmunes muere, pero algunos quedan y recuerdan. Si ese atacante aparece de nuevo, ya no tardará una semana en clonar un nuevo ejército y montar una defensa. El organismo estará preparado.

Y *eso* es la inmunidad. Ésta no era una imagen completa (y, por supuesto, es mucho más sofisticada e interesante, y aún se está descubriendo: todo un exótico ecosistema similar a un arrecife de coral metido en una suerte de pecera. Pero para los científicos que intentaban descubrir cómo funcionaba el sistema inmunitario, este nuevo modelo de células B y T coincidía con lo que veían en casi todas las enfermedades, con una excepción horrible y evidente.

El cáncer era diferente. Era una célula del organismo enferma; ya no una célula propia. Pero no estaba infectada, estaba mutada. Era una enfermedad que las células T no parecían reconocer.

La mayoría de los científicos creían que la razón era que las células cancerosas eran demasiado similares a las células propias normales para que el sistema inmunitario las reconociera como extrañas. La mayoría de los investigadores del cáncer, de los oncólogos y de los inmunólogos tenían esa creencia sobre el sistema inmunitario y el cáncer, y se correspondía bastante bien con la mayoría de las observaciones sobre la enfermedad. El sistema inmunitario no lo atacaba. No te sentías enfermo hasta que el crecimiento descontrolado del cáncer desplazaba tus órganos vitales. Hasta entonces, no había ninguno de los síntomas habituales a combatir: ni fiebre, ni inflamación, ni siquiera secreción nasal. Ésa era la regla, y no había excepciones. Lo que significaba que la idea de que podías ayudar al sistema inmunitario a hacer su trabajo natural y reconocer y matar las células cancerosas era algo que nunca funcionaría.

El consenso científico sobre este punto era bastante completo y difícil de refutar. Las vacunas contra el cáncer fallaban. Los pacientes veían tumores en el espejo antes de que el sistema inmunitario pareciera hacerlo.

Incluso aquellos que creían, racionalmente, que el sistema inmunitario reconocía y eliminaba la mayoría de las mutaciones de las células propias, antes de que esas células mutadas tuvieran la oportunidad de convertirse en algo que llamaríamos cáncer, también admitían que «hay poco terreno para el optimismo sobre el cáncer».[10] Y que «el mayor problema con la idea de la inmunovigilancia es que no se puede demostrar que exista en animales de experimentación».[11]

No había datos ni pruebas de lo contrario. Pero había historias.

A través de los siglos, historiadores y médicos se maravillaron con estas «remisiones espontáneas» del cáncer,[12] como la curación milagrosa

10. Burnet Macfarlane: «Cancer: A Biological Approach», *British Medical Journal*, 1957, 1:841.
11. L. Thomas: «On Immunosurveillance in Human Cancer», *Yale Journal of Biology and Medicine*, 1982, 55:329-333.
12. Entre éstas se encuentra algún paciente en la literatura que se remonta al médico Imhotep del faraón Djoser. *El papiro de Ebers*, atribuido al médico Imhotep

de san Peregrino en siglo XIII,[13] posteriormente canonizado como el santo patrón de la enfermedad. Estas historias u observaciones parecían milagros o magia, pero para un puñado de científicos lo suficientemente afortunados como para presenciarlas de primera mano, aquellas curas repentinas y completas del cáncer eran seductoras y suplicaban una explicación científica.

En 1891, William Coley tuvo a Fred Stein.

---

en el 2500 a. C., recomienda para el tratamiento de tumores «una cataplasma, seguida de una incisión», un curso de tratamiento que inducía la infección. Existe cierta especulación de que este tratamiento puede haber ocasionado una respuesta inmunitaria ocasional como la que presenció William Coley. *The Papyrus Ebers: The Greatest Egyptian Medical Document*, trad. de B. Ebbell, Oxford University Press, Londres, 1937.

13. En Europa, registros del siglo XIII describen algo similar en la vida de un monje errante llamado Peregrine Laziosi. Viajó mucho, haciendo proselitismo y salvando a los pecadores a medida que avanzaba. A menudo le dolían las piernas, como a cualquier monje en pleno viaje de evangelización, pero en algún momento se dio cuenta de que la parte inferior de una de sus piernas estaba hinchada y la hinchazón seguía aumentando. Pronto, una masa comenzó a emerger de su tibia. Consultó a los médicos y determinaron que se trataba de un cáncer maligno, para el cual el único tratamiento era la amputación de la pierna. Como muchos pacientes, Laziosi escuchó el consejo de los médicos y no hizo caso. Siguió deambulando, el sarcoma siguió creciendo. Finalmente, la masa cancerosa atravesó la piel y la herida se infectó. «Desprendía un hedor tan horrible que nadie sentado a su lado podía soportarlo» (Jackson R. Saint Peregrine, «OSM, the patron saint of cancerpatients», CMAJ, 1974, 111). Pero con el tiempo sus fiebres bajaron y sus tumores, sorprendentemente, también parecían estar desapareciendo. Varios siglos después, el Vaticano canonizó a Laziosi como «san Peregrino», el santo patrón de los enfermos de cáncer. Donde el papa vio un milagro, otros vieron una potencial terapia.

En 1968, el doctor Steven Rosenberg tuvo a James D'Angelo.[14]

La primera esperanza de éxito terapéutico viene con la observación de la eficiencia de la naturaleza sin ayuda para lograr la curación [...]. Estos casos, por raros que sean, son el sol de nuestra esperanza.

—ALFRED PEARCE GOULD, «THE BRADSHAW LECTURE ON CANCER», 1910

Un día de verano de 1968, un veterano de la guerra de Corea de sesenta y tres años entró en la sala de emergencias del hospital VA de West Roxbury, Massachusetts, quejándose de un dolor abdominal intenso. El doctor Steven Rosenberg era el residente de cirugía, contaba con apenas veintiocho años de edad, y era el encargado de hacerse cargo de lo que entrara por la puerta. Al principio, James D'Angelo parecía otro veterano con barba que necesitaba una operación de vesícula biliar de rutina, pero durante su examen médico, Rosenberg descubrió que su paciente tenía una cicatriz enorme en el abdomen y un historial médico inexplicable.

Doce años antes, James D'Angelo había estado en el mismo hospital con cáncer de estómago. Sus cirujanos extirparon un tumor del tamaño de una naranja, sólo para encontrar nódulos más pequeños como perdigones en todo el hígado y el abdomen: una sentencia de muerte en 1957, como también lo era en 1968. El sombrío pronóstico de D'Angelo había empeorado por una furiosa infección bacteriana. Finalmente, D'Angelo fue enviado a casa con el 60% de su estómago desaparecido: un paciente con un cáncer en fase 4 que se bebía cuatro botellas de whisky a la semana, se fumaba dos paquetes de cigarrillos al día y no esperaba sobrevivir al año.[15] Y sin embargo, allí estaba, en la camilla de exploración de Rosenberg doce años después, y muy vivo.

14. No es su nombre real.
15. Según el expediente de D'Angelo, eso fue en 1957. Regresó al hospital cinco meses después como el fantasma de Jacob Marley (de la novela de Dickens

Rosenberg le pidió al patólogo del hospital que sacara las viejas muestras de biopsia de D'Angelo del almacenamiento. El diagnóstico había sido correcto: D'Angelo había presentado cáncer de estómago, una variedad especialmente agresiva y mortal.

¿Seguía el cáncer allí, creciendo lentamente, en órganos no vitales? Dado que D'Angelo necesitaba que le extirparan la vesícula biliar, el joven cirujano podía buscarlo él mismo. No encontró nada en la pared abdominal y no vio nada en la masa blanda y flexible del hígado de D'Angelo. «Un tumor es fácil de identificar al tacto; es duro, denso, inflexible, a diferencia de la textura de los tejidos normales. Incluso parece extraño», escribiría más tarde.[16] Doce años antes, según las notas quirúrgicas detalladas, el hígado contenía varios tumores grandes y densos. Ahora no había ninguno, y tampoco ninguno escondido en los demás órganos. Rosenberg repitió el examen desde cero. Pero el cáncer había desaparecido.

«Este hombre tenía un cáncer virulento e intratable que debería haberlo matado rápidamente –escribió–. No había recibido tratamiento alguno para su enfermedad por nuestra parte ni de nadie más. Y se había curado».[17] D'Angelo había vencido a su propio cáncer. Sólo había

---

Cuento de Navidad), diciéndoles a sus asustados médicos que se sentía bien. En lugar de morir, D'Angelo había prosperado. Había ganado casi diez kilos de peso, y estaba trabajando. Tenía una historia, pero ninguna explicación. Fue increíble, lo que algunos podrían llamar un milagro. Pero sus médicos estaban seguros de que aun así iba a morir. A veces, esto es lo que hace el cáncer, crece sin destruir los órganos principales, actuando más como un parásito que como una enfermedad. Podría permanecer así durante años antes de que se desbordara y se volviera mortal. Sus médicos asumieron que era sólo cuestión de tiempo antes de que la realidad asomara la cabeza. Pasó un año, luego otro. Pero cuando D'Angelo regresó tres años más tarde con un nuevo bulto detrás de la oreja, se asumió que eso era todo, la puntilla, según las estadísticas. El bulto seguramente era el mismo cáncer metastásico. Debía de haber llenado su cuerpo y ahora estaba empujando los límites de ese organismo, localizable incluso a simple vista. Esta vez, sus médicos no se molestaron en abrirlo o extirparle nada. Una vez más, D'Angelo fue enviado a casa para morir. Y una vez más, no lo hizo.

16. Steven A. Rosenberg y John Barry: *The Transformed Cell*, Putnam, Nueva York, 1992.

17. Como cirujano, estaba al tanto de un caso en el que el cáncer aparentemente había surgido de manera espontánea en un paciente con un sistema inmunitario

una posibilidad. Tenía que haber sido su sistema inmunitario el que lo había hecho.

Lo cual, señaló Rosenberg, era exactamente lo que se *suponía* que debía hacer el sistema inmunitario.[18] Las células inmunitarias distinguen las células que pertenecen al organismo (células propias) de las células que no pertenecen (células extrañas o ajenas). Si el sistema inmunitario reacciona de manera exagerada, eso es una alergia. Si identifica erróneamente las células propias normales y las ataca, eso es una enfermedad autoinmune. Y eso es malo. Supuestamente, el cáncer era demasiado similar a una célula propia normal para ser reconocido por el sistema inmunitario; Rosenberg lo había estudiado en sus años de carrera y durante el doctorado. Pero algo en D'Angelo sugería lo contrario. No tenía una enfermedad autoinmune, pero su sistema inmunitario de alguna manera había identificado el cáncer y lo había vencido. No había otra explicación.

Ése fue el momento Coley del doctor Rosenberg, y lo llevaría a una obsesión de por vida. Algo que no era un milagro había curado el cáncer de aquel hombre.

«Suponiendo que su sistema inmunitario hubiera destruido al cáncer –escribió Rosenberg–, ¿se podría obligar al sistema inmunitario de otras personas a hacer lo mismo?». El torrente sanguíneo de D'Angelo parecía llevar el material misterioso de la inmunidad, «no sólo los glóbulos blancos, sino muchas de las sustancias que se combinan para generar una respuesta inmune». ¿Era posible, empezó a preguntarse Rosenberg, transferir esos elementos de la respuesta inmunitaria a otro paciente?

---

debilitado, después de recibir un riñón de un donante que había pasado años sin mostrar evidencia de la enfermedad. Ese receptor había vencido al cáncer, una vez que se recuperó su sistema inmunitario. Pero esto era diferente.

18. Nuestros cuerpos están en una «lucha constante por la supervivencia y [...] bajo el ataque constante de invasores extraños como virus y bacterias», y por lo general las células del sistema inmunitario los reconocen como extraños y los eliminan. Rosenberg: *Transformed Cell*, p. 18.

Lo que Rosenberg hizo a continuación sería impensable hoy en día, pero ambos pacientes implicados estuvieron de acuerdo, y Rosenberg se centró de manera singular y quirúrgica en los resultados y lo más rápido posible. Buscó en los registros del hospital y encontró a otro paciente con cáncer de estómago y del mismo tipo de sangre que D'Angelo. Cuando le explicó su plan a D'Angelo, recuerda Rosenberg, éste se rio. «Había pasado por cosas mucho peores sin que eso ayudara a nadie. Estaría encantado de intentarlo y esperaba de corazón que funcionara. El paciente con cáncer de estómago terminal esperaba algo más. El esqueleto sin resuello vestido con la bata de paciente había sido una vez un hombre aficionado al juego. «Sonrió irónicamente y bromeó diciendo que se había pasado la vida perdiendo en el juego y que aún no había tenido su recompensa, y pensó que ya era hora», recordó Rosenberg. Si la sangre de otro hombre podía curarlo, estaba dispuesto a tirar los dados.

No funcionó. La sangre transfundida no hizo magia, y el paciente pronto sucumbió al cáncer. El experimento de Rosenberg había sido un fracaso. Aun así, no dudaba de lo que había visto.

«Algo comenzó a arder en mí interior –escribió–, algo que nunca se ha apagado».

El 1 de julio de 1974, el día después de terminar su residencia en cirugía, Rosenberg se convirtió en el jefe de cirugía del Instituto Nacional del Cáncer en Bethesda, Maryland, con una plantilla de casi cien personas y un laboratorio que ahora dedicaría a replicar la cura del cáncer basada en el sistema inmunitario que había presenciado en 1968.[19]

Rosenberg no fue el único investigador centrado en concretar un tratamiento inmunitario para el cáncer. Pero pocos se esforzaron tanto o lograron tanto como Rosenberg durante esos años y, significativamente, nadie más contó con la financiación —prácticamente un cheque en blanco— del Congreso, que ayudó a atraer a algunos de los mayores talentos científicos de todo el mundo. Durante las siguientes

19. El extraordinario cambio de residente a jefe de cirugía molestó a algunos miembros del personal, y algunos se refirieron a él sarcásticamente como el «niño maravilla» o incluso «Stevie Wonder», algo que Rosenberg no apreció del todo porque tenía treinta y cuatro años y ya tenía una familia, incluidos dos hijos.

décadas, los bulliciosos laboratorios del NCI en el Instituto Nacional de Salud ayudarían a mantener vivo y en movimiento el campo de la inmunoterapia contra el cáncer. Lo que mantuvo a su cirujano jefe con vida y avanzando parecía ser un ego saludable, café en abundancia y un enfoque único para curar el cáncer. A los treinta y cuatro años, este ambicioso hijo de supervivientes polacos del Holocausto nacido en el Bronx estaba impaciente por hacerse un nombre y cambiar el mundo. Iba a vencer al cáncer, era cosa de siete días a la semana, no había otra manera. Y estaba seguro de que todo dependía de ayudar a las células inmunitarias a reconocer los antígenos tumorales.

En ese momento, el consenso científico era que se trataba de una búsqueda equivocada e inútil, pero Rosenberg era uno de los que creían que el mecanismo ya estaba en el cuerpo, esperando a ser despertado. Como médico, había visto pacientes con sistemas inmunitarios comprometidos desarrollar cáncer a un ritmo mayor que aquéllos con sistemas inmunitarios normales. Como cirujano de trasplantes, había visto cáncer (probablemente sólo unas pocas células que viajaban de manera invisible en un riñón donado) florecer repentinamente en el receptor del órgano inmunodeprimido, sólo para ser anulado nuevamente cuando se restablecía el sistema inmunitario. Había visto los horrores de la enfermedad de injerto contra huésped, cuando el sistema inmunitario de un paciente rechazaba un órgano trasplantado porque parecía extraño. Era algo terrible, pero mostraba el poder del sistema inmunitario. Ese poder, contra el cáncer, sería maravilloso.

Otros laboratorios de todo el mundo también trataban de generar esa maravillosa respuesta. Varios[20] buscaban un enfoque similar al de Coley[21] para la inmunoterapia. Uno implicaba la inyección en los tu-

---

20. Incluido el doctor Donald Morton, que había estado en el Instituto Nacional del Cáncer justo antes de la llegada de Rosenberg.
21. Conocía a Coley y sus toxinas, y aunque no tenía mucho interés intelectual en su enfoque, otros investigadores inmunológicos contemporáneos a quienes Rosenberg respetaba ciertamente sí lo tenían, incluido el doctor Lloyd Old, que había identificado una sustancia creada por células inmunes, que creía que había sido parte del mecanismo de acción de la toxina (una citocina que llamó «factor de necrosis tumoral» o TNF en sus siglas en inglés).

mores de una bacteria relacionada con la tuberculosis llamada BCG[22] con la esperanza de que las toxinas desencadenaran una amplia respuesta inmune a las proteínas bacterianas extrañas que podrían estallar en un ataque al tumor mismo. Había tenido cierto éxito.

Ese enfoque no atrajo mucho a Rosenberg. Consideró que las toxinas y la BCG eran un enfoque demasiado «general» y «poco dirigido», un «intento desesperado» inmune con «poco fundamento racional real». Su idea era centrarse específicamente en atacar los antígenos tumorales, a través de un mecanismo basado en los últimos conocimientos científicos sobre los linfocitos de células T.

Cuando Rosenberg comenzó la carrera de Medicina, los libros de texto sobre inmunología ni siquiera incluían la palabra «linfocito». Ahora entendían que había dos tipos, las células B, que producían los anticuerpos, y las células T. Las T eran las células inmunitarias que reconocían las proteínas desconocidas en las células de los órganos de los donantes, lo que provocaba el rechazo de órganos y la enfermedad de injerto contra huésped. Si la célula T pudiera distinguir a un ser humano de otro, seguramente podría distinguir una célula propia sana de su prima mutante cancerosa.

Algunos estudios con ratones habían sugerido que las células T podrían reconocer antígenos en las células cancerosas; Rosenberg optó por creerlos.[23] También creía en los estudios que mostraban que esas células T podían transferirse a otro ratón implantadas quirúrgicamente con exactamente el mismo tumor, matando el cáncer en uno como lo había hecho en el otro.

Seis años antes, Rosenberg había intentado repetir ese experimento en el hospital Roxbury VA utilizando seres humanos en lugar de ratones. Había fallado completamente. Pero todavía creía en el principio.

Rosenberg creía que D'Angelo tenía células T que reconocían los antígenos de su cáncer de estómago, al igual que un sistema inmunitario que hubiera sido inoculado con alguna vacuna contra el cáncer.

---

22. La *Bacillus Calmette-Guérin*, o BCG, es una vacuna contra la tuberculosis aprobada para su uso como inmunoterapia en el cáncer de vejiga.

23. Ésta fue la declaración de Rosenberg, y no tan subjetiva como podría parecer aquí. Señaló que parte del trabajo del científico es separar la señal del ruido en la literatura científica (Rosenberg: *Transformed Cell).*

Aparentemente, no hacían el mismo trabajo cuando se transfundían a otro paciente, pero esos dos pacientes no tenían exactamente el mismo tumor, con exactamente las mismas huellas dactilares de antígeno. Pero, ¿y si se pudieran cultivar células T específicas para el tumor de un paciente?

En el Instituto Nacional del Cáncer de los Institutos Nacionales de Salud, él y sus colegas ahora intentaron hacer exactamente eso utilizando cerdos.[24] Era un trabajo laborioso, recordaría Rosenberg: el procedimiento requería «subirlos a una mesa de operaciones, anestesiarlos e intubarlos, exactamente como lo haríamos para cualquier operación en condiciones antisépticas». Luego, los cirujanos colocarían pequeños trozos de muestras de tumores tomadas de un paciente humano en el revestimiento intestinal de estos cerdos.

Después de varias semanas, los cerdos habían desarrollado una respuesta inmunitaria contra los antígenos de células cancerosas humanas extrañas y habían construido un ejército de clones de células T, miles de millones de células, todas específicas para reconocer esos antígenos tumorales y matar esos tumores. Luego, el equipo de Rosenberg recolectaría el bazo del cerdo y los ganglios linfáticos más cercanos al tumor implantado, donde se concentraba el ejército de células T, los llevaría de regreso al laboratorio y extraería los linfocitos en coladores. El primer paciente de prueba fue una mujer de veinticuatro años de Pensilvania[25] con un cáncer agresivo y sin mejores opciones. Incluso la amputación de una pierna no detuvo la propagación de la enfermedad.

El 15 de noviembre de 1977, con la aprobación del comité de investigación clínica del NCI, el equipo de Rosenberg inyectó 5 cc de células T que habían generado previamente de manera específica contra una muestra de uno de sus tumores implantado en uno de los cerdos. Ella toleró aquella dosis de prueba, por lo que procedieron a darle más, y finalmente infundieron a la mujer unos 5 000 millones de células en una hora. Esta vez desarrolló fiebre alta y urticaria, pero pronto se estabilizó. El equipo tenía la esperanza de que la reacción significara que se

---

24. Basándose en el trabajo del científico inglés M. O. Symes y en conversaciones con su amigo David Sachs.
25. Rosenberg la identificó como Linda Karpaulis.

produciría una respuesta inmunitaria contra el cáncer, pero cuando regresó varias semanas después, su tomografía computarizada mostró que el cáncer estaba creciendo sin control. El tratamiento no había hecho ningún bien. Los dos años dedicados a ello fueron un fracaso aplastante.

Mientras ese laboratorio del NCI había estado ocupado con los cerdos, otros tres científicos investigadores,[26] también del Instituto Nacional del Cáncer,[27] publicaron un artículo que describía un experimento con un resultado inesperado. Los investigadores habían estudiado el cáncer en la sangre humana y la médula ósea: la leucemia. Intentaron realizar cultivos de la enfermedad en el laboratorio, pero cuando los revisaron, descubrieron que accidentalmente habían cultivado una gran cantidad de células T humanas sanas.

El seguimiento de la investigación sugirió que el feliz accidente había sido provocado por un mensajero químico, o citocina, producido por las células inmunitarias. La citocina parecía actuar como suero de crecimiento para las células T, por lo que la llamaron «factor de crecimiento de células T»; finalmente se haría famosa como interleucina-2 o IL-2.[28] Para un investigador centrado en las células T, la IL-2 parecía ser exactamente el fertilizante que necesitaba.

Si las células tumorales tuvieran antígenos que una célula T humana pudiera reconocer, deberían poder atacarla y matarla, como cualquier otra célula enferma o ajena. Algo estaba impidiendo que eso sucediera.

26. Francis W. Ruscetti, Doris A. Morgan, y Robert C. Gallo, «Selective In Vitro Growth of T Lymphocytes from Normal Human Bone Marrows», *Science*, 1976, 193:1007-1008.
27. Laboratorio de Biología de Células Tumorales, Instituto Nacional del Cáncer, Institutos Nacionales de Salud, Bethesda, Maryland.
28. Rosenberg escribiría: «Diez meses después de que apareciera el artículo de Gallo, Kendall Smith, que estaba en Dartmouth y en camino de convertirse en el experto mundial en IL-2 y su becario postdoctoral Steve Gillis publicaron un artículo en la revista *Nature* [...] sobre el uso de IL-2 para cultivar células T de ratón».

El laboratorio de Rosenberg no sabía qué era ese algo, nadie lo sabía, pero se preguntaron si tal vez podrían vencer esa resistencia con un tsunami de células T.

Todos tenemos alrededor de 300 000 millones de células T circulando por nuestro cuerpo, cada una de ellas es un billete de lotería sintonizado aleatoriamente con cada combinación posible de reconocimiento de antígenos. Si bien eso puede parecer un número enorme, hay que tener en cuenta que sólo se activan aquellas células T que reconocen la huella del antígeno de una célula infectada o enferma. Y no hay manera de que el sistema inmunitario prediga cuál podría ser esa huella del antígeno. Como resultado, esos 300 000 millones de combinaciones deben tener en cuenta todos los antígenos posibles que la naturaleza pueda lanzarnos, y potencialmente coincidir con ellos. Eso significa que en esa lotería de antígenos, de esos 300 000 millones de combinaciones posibles, como máximo sólo unas pocas docenas de células T tienen el mismo billete ganador: el receptor exactamente correcto capaz de reconocer cualquier antígeno, en caso de que aparezca.

Pero ¿y si aumentas las probabilidades aumentando la cantidad de células T? Seguramente una de los 300 000 millones de células T tendría el receptor ganador que coincidiría con los antígenos tumorales. Teóricamente, un investigador averiguaría cuál coincide, haría mil millones de copias con el fertilizante de interleucina-2 y se las infundiría de nuevo al paciente. Como mínimo, si pudiera inducir la replicación de *todos* esos 300 000 millones de células T, terminaría con aún más versiones de todas las combinaciones posibles, incluidas más copias de la que había coincidido con el antígeno tumoral. En lugar de doce billetes de lotería ganadores, tendría doce millones.

Rosenberg se reunió con los autores de la investigación de IL-2. Luego, el 26 de septiembre de 1977, lo probó en su propio laboratorio, siguiendo la receta prestada para hacer IL-2 a partir de ratones. Su laboratorio agregó la poderosa poción a un cultivo de 10 000 células T. Cuando lo revisaron cinco días después, la masa se había hinchado hasta alcanzar 1,2 millones de células.

Más estaba bien, pero ¿seguían siendo asesinas? ¿Y alguna de ellas sería una asesina que pudiera reconocer y matar el cáncer? ¿Y serían asesinas no sólo en un tubo de ensayo, sino también en un animal vivo, una barrera que había dejado perplejas a muchas inmunoterapias esperanzadoras a lo largo de los años? Y finalmente, la última barrera: ¿todo eso se trasladaría a los humanos?

Esas preguntas consumirían los próximos años de muchos jóvenes científicos de gran talento que pasaron por esos laboratorios financiados por el Gobierno. El trabajo se ralentizó considerablemente por la dificultad de obtener cantidades suficientes de IL-2, un proceso que requería mucho tiempo y que era mucho más difícil para los ratones que para los investigadores. A principios de la década de 1980, esa dinámica cambió con el advenimiento de nuevas tecnologías en ingeniería genética y biología molecular. Por primera vez, los investigadores pudieron manipular los mapas de ADN de las bacterias, insertando genes que los convirtieron en fábricas químicas vivas. Varias compañías de biotecnología se lanzaron a la carrera para usar ADN recombinante para producir medicamentos maravillosos. La IL-2 fue una ocurrencia tardía; en ese momento, el objetivo era producir en masa una citocina llamada interferón.

Como la mayoría de las historias científicas, la del interferón comienza con una observación misteriosa: los monos infectados por el virus A (en este caso, el virus de la fiebre del valle del Rift) se volvieron resistentes a la infección por el virus B (en este caso, el virus de la fiebre amarilla).

El concepto de inoculación y vacunas era familiar desde hacía mucho tiempo, pero lo que se observó en esos monos en 1937 fue algo nuevo. Aquello no fue una inoculación, ya que los dos virus no parecían estar relacionados entre sí. Algún tipo diferente de mecanismo biológico parecía haber entrado en funcionamiento. Los seguimientos de experimentos mostraron que el misterioso fenómeno se extendía más allá de esos monos o esos virus específicamente. En varias células, y en todo tipo de animales, la exposición a un virus (por lo general de un tipo débil, no mortal) interfería de alguna manera con la capacidad de un segundo virus potencialmente mortal para infectar la célula huésped.

Los virus son esencialmente sólo material genético en una pequeña jeringa de cristal. No pueden reproducirse por sí mismos; en cambio, inyectan su carga útil genética en una célula huésped. Los mapas genéticos del virus reprograman la maquinaria genética de esa célula para que deje de producir proteínas que ayuden al huésped y comience a producir partes del virus. De alguna manera, sugirió el experimento, la exposición previa a un virus interfirió con ese plan maestro, de la misma manera que una gran torre de radio desplaza a las estaciones más pequeñas en el dial. Llamaron al fenómeno «interferencia».

A lo largo de las décadas de 1940 y 1950, la búsqueda de la esencia de la interferencia viral fue la indagación más intrigante de la biología, atrayendo a una generación de jóvenes científicos a su estudio. Se esperaba que si este «interferón» existía como un líquido similar a una hormona, podría tener el poder de vencer la enfermedad.

Ese líquido similar a una hormona fue finalmente descrito en 1957 por los investigadores Alick Isaacs y Jean Lindenmann, tal como lo encontraron en las membranas de las células de pollo que habían infectado hábilmente con un virus de la gripe.[29] El jarabe claro y poderoso resultante resultó ser un tipo de proteína nunca antes visto, una de las tres clases principales de citocinas producidas por células animales en respuesta al ataque viral y, en algunos casos, a la presencia de un tumor.

Los interferones (IFN) fueron las primeras citocinas que se anunciaron (algunos dirían que se promocionaron) como una potencial bala mágica en la guerra contra las enfermedades, incluido el cáncer, y no serían las últimas.[30] Los primeros lotes del tamaño de un cuentagotas se

29. Otros investigadores también encontraron o describieron lo que anteriormente se consideraba IFN, pero es a este grupo al que se le atribuye con justicia la publicación: A. Isaacs y J. Lindenmann, «Virus Interference. I. The Interferon», Proceedings of the Royal Society of London. Series B, *Biological Sciences*, 1957, 147: 258-267.

30. Los mensajeros químicos son primos de las hormonas, mensajeros químicos que se comunican rápida y poderosamente a través de la barrera hematoencefálica y desencadenan un menú de cambios celulares, según la citoquina en cuestión. En las décadas de 1960 y 1970, el descubrimiento de aún más de estos mensajeros de acción inmunitaria y la inflamación dio lugar a una oleada repentina de nuevos nombres químicos y una sopa de letras de acrónimos, tantos que, como grupo, llegaron a denominarse burlonamente como «leuko-drek», un bla, bla,

exprimieron minuciosamente a partir de glóbulos blancos centrifugados de donaciones masivas hechas en el Banco de Sangre de Finlandia y se filtraron a través de filtros de porcelana cada vez más finos. El proceso fue complicado, pero el resultado fue, durante un tiempo, el bien más preciado del mundo.

Eso cambió con la invención de la tecnología del ADN recombinante. En 1980, los científicos pudieron manipular los mapas de ADN de las células de levadura lo suficientemente bien como para comenzar a bombear proteínas de interferón como una cervecería. Finalmente, los investigadores tenían suficiente suministro para comenzar a probar la realidad del interferón frente a casi cuatro décadas de exageración, y las esperanzas eran peligrosamente altas para lo que la revista *Time* prometió en su artículo de portada del 31 de marzo de 1980: que era la «penicilina del cáncer».

El IFN nunca estaría satisfaría el entusiasmo reprimido. La investigación presentó buena ciencia y proporcionó importantes conocimientos bioquímicos nuevos[31] e incluso algunas aplicaciones médicas prácticas. Pero, en última instancia, lo que se recordaría públicamente sería hasta qué punto se perdió la marca de «penicilina como una cura má-

---

bla de la jerga científica inmune. A la confusión se sumó la decisión de algunos inmunólogos jóvenes en un congreso de encargarse de simplificar la nomenclatura refiriéndose a todas las hormonas inmunitarias como «interleucinas» de tipo 1 o 2 (dependiendo del complejo mayor de histocompatibilidad, o MHC): una región de cromosomas que incluye una disposición compleja, o específica y única, de genes que están involucrados en la presentación de antígenos). Eso no se mantuvo del todo (aunque sí un poco, de ahí la confusión). Como clase, ahora se los conoce ampliamente como citocinas.

31. Incluyendo la comunicación celular, y cómo las señales se traducen desde el exterior de una célula hacia adentro, desde el receptor hasta el núcleo, como lo demuestra el trabajo de James Darnell, Ian Kerr y George Stark, entre otros. Diez años después de su momento «penicilina», se descubriría que el interferón alfa y beta eran aspectos importantes de la señalización y estimulación inmunitaria, incluida la estimulación de las células T. El «fracaso» del interferón es una percepción errónea que, como muchas historias falsas, es mucho más memorable y más difícil de desligar de la verdad. Y la verdad es que el IFN ahora está aprobado como terapia para su uso contra varias enfermedades humanas, incluida la leucemia de células pilosas, el melanoma maligno, la hepatitis, las verrugas genitales y otras, y continúa intrigando a los investigadores.

gica para la palabra con C. Al final, la esperanza del IFN se disparó y se derrumbó en el curso de un ciclo de noticias de la revista *Time,* otro grito decepcionantemente prematuro de eureka en la problemática historia de la inmunoterapia.

Pero en 1980, esa decepción apenas se imaginaba. El entusiasmo por el interferón había alimentado un auge especulativo en el puñado de empresas biotecnológicas que podían diseñar y producir cosas valiosas, empresas que pronto buscaron otros bioquímicos escasos para producir en masa. Y en ese momento, nada era más escaso, o potencialmente más importante o lucrativo, que aquello que clamaban los jóvenes y brillantes posdoctorandos en el laboratorio de Steve Rosenberg: la interleucina-2 (IL-2).

La IL-2 es una citocina increíblemente potente, eficaz incluso cuando se diluye en una proporción de 1:400 000 (una parte de IL-2 por 400 000 partes de solución inerte). La IL-2 también se degrada rápidamente, lo que evita que los comandos de batalla inmunitarios poderosos y específicos hagan eco peligrosamente en todo el cuerpo después de que ya no sean relevantes. Como su vida media era de menos de tres minutos,[32] no fue lo suficientemente larga como para realizar el trabajo que Rosenberg y sus colegas tenían en mente. Para seguir realizando experimentos que proporcionaran a las células inmunitarias la señal de crecimiento, especialmente durante el período crítico que sigue al reconocimiento del antígeno tumoral y la activación, se necesitaría aún más IL-2. Eso significaba más horas de laboratorio y muchos muchos más ratones. Finalmente, el 12 de junio de 1983, el investigador principal de una empresa de biotecnología derivada de Stanford llamada Cetus sorprendió a Rosenberg cuando estaba a punto de abordar un avión para asistir a una conferencia y le entregó un tubo de ensayo lleno de IL-2 recombinante creada por genes. Rosenberg aseguró el frasco como una las cosas más valiosas de la tierra en el bolsillo de su chaqueta. «Traté de ocultar mi emoción», recordó. Es difícil imaginar

32. Para la IL-2 natural, casi el doble que para la forma recombinante.

que fue convincente cuando abordó con cautela un avión con una cantidad de IL-2 que empequeñecía todo el suministro anterior.

El vial sobrevivió al viaje, lo que facilitó las aventuras experimentales en niveles de crecimiento de células T que antes se consideraban imposibles; además, se le prometió a Rosenberg, pronto estarían disponibles cantidades aún mayores. A medida que aumentaba la producción, esos tubos de ensayo se convertirían en matraces y luego en cubos. El investigador Paul Spiess calculó más tarde que la gota no utilizada de IL-2 recombinante que se desperdiciaba en el fondo de un tubo de ensayo representaba la cantidad de IL-2 natural que anteriormente habría requerido el sacrificio de 900 millones de ratones.

«Sentí que tenía una máquina poderosa a mi disposición, que su motor estaba listo para rugir, pero que no podía encontrar la llave –recordó Rosenberg más tarde–. Me preguntaba si la IL-2 era esa llave. Entonces me enteraría».

Tal como prometieron, su laboratorio había adoptado un enfoque metódico para los experimentos, todo basado en la premisa aún no probada de que las células T podían reconocer los antígenos de las células cancerosas en humanos. Ahora tenían dos enfoques principales para usar la IL-2 para hacer crecer un ejército de células T que podría abrumar al cáncer. Un enfoque fue eliminar las células T de un paciente, fertilizarlas con la IL-2 y luego reinyectar ese ejército de células T fortificado en el paciente. Otro enfoque fue introducir la IL-2 directamente en el torrente sanguíneo del paciente para alimentar y respaldar cualquier respuesta que su sistema inmunitario pudiera iniciar de manera natural.

En dosis suficientes, ambos enfoques funcionaban en ratones. Pero en noviembre de 1984 quedó claro que, una vez más, lo que funcionaba en modelos de ratones no se traducía a las personas.[33]

---

33. Como comentario aparte: los experimentos clásicos del siglo XIX que dieron como resultado la teoría de que los rasgos heredados se transmiten en genes discretos se deben en gran medida al hecho de que a Gregor Mendel no se le permitió criar roedores en su monasterio, por lo que realizó sus famosos experimentos utilizando guisantes. Por casualidad, los genes que codifican el color del guisante y las características de la superficie lisa o redonda estaban en cromosomas separados, lo que permitió las observaciones que condujeron a la hipótesis de Mendel.

«Quizá por primera vez, al menos una parte de mí comenzó a dudar del camino que había comenzado a seguir», admitiría más tarde Rosenberg. Aquélla fue una rara confesión de dudas por parte del jefe quirúrgico, así como una subestimación masiva de los riesgos humanos y el alcance de su fracaso. El Congreso quería resultados de los cientos de millones que había gastado en la guerra contra el cáncer; Rosenberg estaba en un laboratorio del Gobierno, gastando dinero público en cerdos y ratones y había acumulado un récord de sesenta y seis «fracasos» consecutivos: sesenta y seis seres humanos que había llegado a conocer, que trató de ayudar y que no pudo salvar al intentar un enfoque experimental y luego el otro.

Finalmente, el 29 de noviembre de 1984, desesperado por hacer que algo funcionara, probó ambos enfoques a la vez y con el doble de la dosis anterior de esta poderosa citocina.

Su equipo inyectó un bolo de células T fertilizadas con IL-2 en una mujer llamada Linda Taylor, hija de un militar de la Armada y agregada militar que había sufrido un melanoma implacable que no respondía a ningún otro tratamiento. Se tardó casi una hora en inyectar mediante un gotero la masa de 3400 millones de células en su brazo. Luego le dieron grandes inyecciones de IL-2 para mantener la acción inmunitaria, más de 40 millones de unidades diarias, durante 6 días.

Taylor respondió al tratamiento combinado. En unas pocas semanas, los tumores comenzaron a hacerse más pequeños y blandos. Bajo el microscopio, revelaron tejido necrótico, tumor muerto. En marzo del año siguiente, las exploraciones de Taylor no mostraron cáncer en absoluto. «Había desaparecido», informó Rosenberg. Estaba funcionando. Sintió una nueva urgencia de continuar con esa técnica combinada, de «empujar más», con más pacientes.

Los resultados de ese estudio mayor fueron mixtos. El tratamiento aún no ayudaba a la mayoría de los pacientes, y los efectos secundarios podían variar desde debilitantes hasta mortales. Rosenberg describió cómo, para él y el personal, una visita con un paciente que respondía era una emoción especial que disminuía rápidamente con el paciente en la cama de al lado que no respondía al tratamiento en absoluto y sólo estaba más cerca de la muerte por los efectos secundarios. No tenían ni idea de por qué un tratamiento que funcionaba en algunos pacientes fracasaba por completo en otros. Y aunque el tratamiento proporcionó datos y ayudó a algunos pacientes, definitivamente no probó nada. El tratamiento con IL-2 parecía eliminar el cáncer en algunos pacientes. Y definitivamente resultaba fatal para otros. Ese resultado era emocional y físicamente agotador. Incluso algunos de los que sobrevivieron tanto al tratamiento como al cáncer sufrieron recuerdos traumáticos durante años.

Pero Rosenberg sostenía que esas cifras no eran infrecuentes en los ensayos de cáncer. Los pacientes de esos experimentos sabían que, si bien definitivamente había riesgos inherentes a la prueba de un medicamento experimental, la tasa de mortalidad por no hacer nada era del 100 %. Aun así, algunos en el NCI querían suspender los tratamientos. Rosenberg prometió que no se detendría «hasta que me hagan parar». Finalmente, hicieron exactamente eso.

Éste fue un momento oscuro para Rosenberg, pero creía que necesitaban continuar probando las posibilidades de la terapia y anunciar los hallazgos, buenos y malos. Además de eso, el presidente del Instituto Nacional del Cáncer, el quimioterapeuta pionero Vincent T. DeVita,[34] estaba bajo presión del Congreso para justificar los millones gastados en la guerra contra el cáncer con alguna, o ninguna, prueba de éxito. Ese otoño, el *New England Journal of Medicine* aceptó un artículo de Rosenberg *et al.* que informó con cautela el resultado de veintitrés pacientes. Ese artículo estaba programado para publicarse en diciembre de 1985, pero se envió, prohibiendo su difusión, a los periodistas de salud una semana antes, para que pudieran prepararse. Eso, escribiría más tarde Rosenberg, fue un error.

El artículo científico de Rosenberg fue superado en los quioscos por un artículo destacado en la revista *Fortune.* La portada mostraba una foto de un tubo de ensayo con un líquido de aspecto médico etiquetado como «Cetus Corps tumorzapping interleukin-2».

El titular de portada decía: AVANCE CONTRA EL CÁNCER.

34. Además de una distinguida carrera en el cáncer, la biografía del doctor DeVita menciona que a su hijo Ted se le diagnosticó anemia aplásica y sirvió de inspiración para el personaje interpretado por John Travolta en la película para televisión de 1976 *El chico de la burbuja de plástico.*

Rosenberg dice que su reacción fue como una apoplejía. «Avance con el cáncer», declaró, era exactamente el tipo de hipérbole que los científicos serios querían evitar; la portada de *Fortune* fue irresponsable y engañosa. Sí, una pequeña minoría de pacientes respondía completamente al tratamiento, pero no podían predecir quiénes serían esos pacientes, o por qué funcionaba en algunos pacientes y con algunos tipos de cáncer, o por qué fracasaba con otros. Y algunos de los que respondían habían recaído fatalmente. «No habíamos curado el cáncer –declaró Rosenberg–. Sólo habíamos detectado una grieta en su superficie de piedra».

Sin embargo, entre la portada de *Fortune* y el «número especial» de *New England Journal of Medicine* una semana más tarde, el genio del avance salió de la botella. Las principales cadenas emitieron la historia del avance en las noticias de la noche. Al día siguiente estaba en las portadas del *New York Times*, *Los Angeles Times*, *USA Today*, *Washington Post*, el *Chicago Tribune* y cientos de periódicos más en todo el mundo. Rosenberg accedió a un recorrido por las salas con Tom Brokaw, con la esperanza de corregir el curso de la portada sensacionalista de *Fortune,* pero esa historia ya había establecido el tono de «avance». Siguieron los semanarios de noticias, con gran cobertura en la revista *Time* y con el doctor Steve Rosenberg sonriendo con benevolencia desde la portada de *Newsweek.*

Ahora el NCI estaba siendo bombardeado con solicitudes de entrevistas de periodistas y cientos de llamadas diarias de pacientes con cáncer de todo el mundo. Las centralitas de los centros oncológicos de todo el país pronto se vieron inundadas por pacientes esperanzados y desesperados. Al ver tal exageración, Rosenberg estaba confundido. Había publicado los resultados de su trabajo, pero nunca declaró que hubiera hecho un gran avance. Quizá el frenesí de los medios se debió a que ya era un rostro en los informativos de la noche: no sólo como jefe de cirugía del NCI, sino también como el cirujano que había operado al presidente Ronald Reagan, y que luego le dijo sin rodeos a la nación en vivo por televisión lo que ninguno de sus secretarios de prensa se atrevió a decir: «El presidente tiene cáncer». Esa conferencia de prensa y la reacción violenta a su franca honestidad lo habían sorprendido. Pero esto era mucho peor.

«Con un creciente sentido de urgencia, traté de minimizar las expectativas», escribiría Rosenberg más tarde. Pero Rosenberg vivía para su trabajo, y varios de sus colegas sintieron que incluso mientras apagaba las llamas, parecía apreciar al menos algo de su calor y luz; ciertamente, iluminaban el enfoque del trabajo de su vida y llamaban la atención sobre él. En su entrevista con la revista *People,* en la que apareció como una de sus «personas del año», Rosenberg se refirió a los hallazgos de su laboratorio como «el mayor avance contra el cáncer en treinta años». Incluso cuando rechazaba el ángulo innovador de su inmunoterapia, a veces también se refería a ella como tal.

Un domingo por la mañana, Rosenberg y DeVita reservaron unas horas para aparecer en *Face the Nation* de la CBS. En una conversación con el personal antes de que se grabara el programa, DeVita mencionó la muerte de uno de los pacientes, un episodio particularmente difícil y personal que subrayaba la necesidad de moderar los titulares sensacionalistas. Esa muerte no había sido mencionada entre ninguno de los veintitrés pacientes sobre los que Rosenberg había informado para el *New England Journal Of Medicine,* y no había sido parte de ningún informe de noticias anterior. Fue, en resumen, una primicia, y unos minutos más tarde Lesley Stahl, la presentadora del programa, apareció para saludar, preguntando de manera casual si era cierto que había habido una muerte relacionada con IL-2.

Rosenberg nunca había hablado públicamente de aquel hombre, un paciente llamado Gary Fowlke. Encontró ofensiva la noción de «ofrecer a la prensa un registro de logros continuo acerca de los pacientes», y no creía que la prensa entendiera cuán peligrosos eran los tratamientos contra el cáncer, cualquier tratamiento contra el cáncer, y en especial los experimentales. La televisión diurna ciertamente no era el lugar para publicar información científica. Y, sin embargo, a pesar de todo eso, también era cierto: en toda la cobertura, no había mencionado esa muerte ni los terribles efectos secundarios.[35]

35. Un seguimiento del artículo en *New England Journal Of Medicine* de Rosenberg, en el *Journal of the American Medical Associatio*n, proporcionó una imagen más clara de esos efectos secundarios. De los diez pacientes de la cohorte de seguimiento, ocho terminaron en la unidad de cuidados intensivos. Esos efectos secundarios incluían vasos sanguíneos «con fugas» que resultaban en una reten-

Rosenberg dice que decidió adelantarse a Stahl y mencionar la muerte de Fowlke en el ensayo clínico antes de que Stahl tuviera la oportunidad de preguntar al respecto. Pero el daño ya estaba hecho. Los titulares sensacionalistas en torno a los resultados experimentales de Rosenberg le habían dado a la mayor parte del mundo su primera exposición a la inmunoterapia contra el cáncer. Y tan alto como la esperanza pública se había disparado a partir de esa exposición, ahora de repente se estrelló en picado contra el suelo.

«Puede darse un equilibrio que los científicos puedan alcanzar al discutir públicamente un desarrollo científico: un equilibrio entre el derecho del público a saber y los temores de los científicos de que la falta de experiencia del público lleve a malentendidos o expectativas poco realistas –reflexionaría Rosenberg más tarde–. Pero en ese caso no pude alcanzarlo».

Sin embargo, los picos y valles de la cobertura sensacionalista no cambiaban los datos ni los resultados que el laboratorio de Rosenberg había obtenido de sus pacientes con cáncer. Y así, a pesar de la incertidumbre sobre el mecanismo biológico exacto, el 16 de enero de 1992, la FDA aprobó la IL-2 para pacientes con cáncer de riñón avanzado. No era una cura, ni siquiera un enfoque de primera línea de primera elección. Pero era, señaló con orgullo Rosenberg, la primera aprobación en Estados Unidos de un tratamiento para el cáncer que actuaba únicamente mediante la estimulación del sistema inmunitario del paciente.[36] Muchos investigadores ahora creen que cuando se combina con los avances inmunológicos del cáncer más nuevos, como los inhibidores de puntos de control, la IL-2 puede resultar más importante de lo que incluso Rosenberg había considerado. Pero quizá lo más importante fue el atisbo de la prueba que los laboratorios del NCI habían proporcionado al mundo. La inmunoterapia contra el cáncer *podría*

---

ción extrema de líquidos e hinchazón grotesca en muy poco tiempo, fiebre peligrosamente alta, escalofríos, recuentos de plaquetas que apenas se registraban y otros problemas diversos que requerían catéteres cardíacos, transfusiones, antibióticos y docenas de otros medicamentos secundarios para ese enfoque «natural» que utilizaba los propios químicos de señalización de la Madre Naturaleza y nuestra defensa inmunológica natural.

36. Rosenberg: *Transformed Cell*, p. 332.

funcionar, y de hecho lo hacía. La ciencia subyacente aún no se entendía bien. Los métodos y las tasas de éxito de Rosenberg resultaban muy difíciles de reproducir,[37] y aún quedaba por emprender una gran cantidad de investigación inmunológica básica. Pero ahí estaba, en datos en negro sobre blanco, y también en pacientes vivos. Rosenberg parafraseó a Winston Churchill al evaluar el impacto de estos estudios sobre la IL-2; no era ni el final ni el principio, sino más bien el final del principio de la historia de la inmunoterapia contra el cáncer.

Esos destellos inspiraron a un puñado de jóvenes investigadores de gran talento a entrar en el campo, y sostuvieron al puñado que quedaba. Durante las siguientes décadas, el ejército de talento científico que pasó (y sigue pasando) por los laboratorios del NCI se leería como el *quién es quién* entre los principales avances en el campo de la inmunología del cáncer.

Pero para todos los demás, para los oncólogos formados cuando «Coley» era una palabrota, los investigadores que habían sospechado de los resultados irreproducibles y, muy en especial, el público en general para quien Rosenberg había sido el rostro, y la interleucina-2 la promesa de salvación de una enfermedad incurable, fue un desastre. La inmunología del cáncer se convirtió en la ciencia que había gritado «avance» en la portada de *Time* con demasiada frecuencia. El momento de la inmunoterapia vino y se fue, y con ello el centro de atención.

Era la década de 1990 y la manipulación del ADN era el futuro aparente de posibles curas contra el cáncer. Se identificaron oncogenes, genes que, cuando mutan, aumentan la probabilidad de que una célula se convierta en cáncer, al igual que genes supresores, que parecían fun-

---

37. Los ensayos de seguimiento financiados por el NCI de los resultados de la IL-2 de Rosenberg en media docena de instituciones médicas de todo el país no lograron replicar su éxito. No hay duda de que Rosenberg logró los resultados que indicaban sus artículos, y varios de sus antiguos colegas a los que entrevisté se refirieron a él como quizá «el hombre más ético» que conocían. Pero la incapacidad de otros médicos para replicar los resultados exitosos de Rosenberg en pacientes hizo que muchos, incluso oncólogos que eran inmunoterapeutas, dejaran de considerar la terapia con la IL-2. La mejor opción de un paciente, me dijeron varios, era tratar de ser atendido personalmente por el doctor Rosenberg.

cionar contra esas mutaciones desestabilizadoras, y los investigadores buscaron atacarlos. Pronto, a estos esfuerzos se unieron las terapias dirigidas y las «vías de inhibición»,[38] pequeñas moléculas que se enfocaban en los medios metabólicos por los cuales el cáncer creaba su suministro de sangre y requería el combustible que necesitaba para crecer y dividirse. Eran terapias contra el cáncer que, como la radiación, la quimioterapia y la cirugía, se enfocaban directamente en la enfermedad en lugar de actuar sobre el sistema inmunitario. Eso tenía sentido para la gente, y funcionaba, hasta cierto punto. La nueva tecnología científica hizo que esos medicamentos fueran más fáciles y baratos de fabricar y más exitosos que antes, agregando semanas o meses a la vida de los pacientes con cáncer. También llegaron a los titulares, eclipsando la investigación en inmunoterapia y superándola en la financiación de I+D. Después del gran avance, el «fracaso» se convirtió en la siguiente historia de la inmunoterapia.

«Buscamos donde hay luz», dijo Goethe. Y la promesa de la inmunoterapia contra el cáncer seguía siendo sólo un destello ocasional en la oscuridad. Para los mejores y más brillantes jóvenes científicos, la inmunoterapia contra el cáncer era explícitamente una zona prohibida como opción profesional. La mayor parte de la generación que se graduó a finales de los años ochenta y durante los noventa gravitó hacia campos de investigación científica mejor financiados y más esperanzadores. Algunos se dedicaron a desarrollar nuevas clases de quimioterapia u oncología radioterápica. Muchos se dedicaron a la ciencia de la «inhibición de la vía». Y los oncólogos mantuvieron los tratamientos tradicionales de corte, quemadura y envenenamiento que les había enseñado la generación anterior, las únicas armas en las que realmente podían confiar.

---

38. El doctor Jedd Wolchok del Memorial Sloan Kettering Cancer Center redujo el enfoque de la siguiente manera: «Se comienza por identificar la molécula mala, la que hace que la célula cancerosa realice la acción "mala" más reconocible, que es simplemente hacer más de sí misma. Y luego interfieres en eso: creas un cortocircuito en los caminos, la bloqueas y haces que deje de hacerlo». Quizá el primer ejemplo de ello sean los cromosomas Filadelfia, en la leucemia mieloide crónica. Otro es la mutación del gen BRAF, en el melanoma.

La investigación básica pero esencial de la inmunoterapia se dejó en manos de un puñado de verdaderos creyentes, investigadores que todavía están trabajando en silencio, como Lloyd Old, Ralph Steinman y otros. Steve Rosenberg, mientras tanto, había pasado de la IL-2 a nuevos objetivos y tecnologías, siguiendo el ejemplo del doctor Phil Greenberg de descubrir nuevas y mejores maneras de criar y trasplantar ejércitos de células T que pudieran reconocer y eliminar tumores.[39] Al mirar las presentaciones de inmunoterapia contra el cáncer casi vacías en las conferencias nacionales contra el cáncer, pobladas por las mismas caras, a menudo de laboratorios con fondos insuficiente, año tras año, no habría adivinado aún quedaban más vías para tratar de hacer una inmunoterapia contra el cáncer con éxito. Lo que la mayoría de esas vías tenían en común eran las células inmunitarias que los inmunólogos del cáncer todavía creían que podían reconocer los antígenos tumorales y matar el cáncer: las células T.[40]

Pero eso planteaba la pregunta ahora familiar: si las células T podían reconocer los antígenos del cáncer (que pueden), y si Greenberg y otros hubieran podido desarrollar y estimular un ejército de células T que reconocieran los antígenos tumorales y atacaran el cáncer (que lo hacían), ¿por qué los pacientes con cáncer no experimentaban una respuesta inmune al cáncer sin tal intervención? Si el sistema inmunitario podía ver y matar tumores, ¿por qué no lo hacía? ¿Por qué teníamos cáncer en absoluto? Había dos respuestas posibles: o los inmunoterapeutas estaban equivocados o todavía faltaba algo en la ecuación.

Las preguntas eran atrayentes. El doctor Rosenberg estaba más interesado en llevar la teoría de los experimentos a la clínica lo más rápido

39. En la Universidad de Washington, Philip Greenberg lideró los avances conceptuales de esta terapia y fue el primero en demostrar que podía suprimir el cáncer en ratones. Al año siguiente, el laboratorio de Rosenberg trabajaría con las células T que salen del torrente sanguíneo y se infiltran en los tumores (linfocitos infiltrantes de tumores); su laboratorio pronto también estaría involucrado en la CAR, la terapia de células T con receptores de antígenos.

40. Rosenberg había usado el fármaco de crecimiento de células T IL-2 y demostró que mediante una estimulación abrumadora del ejército de células T y un número abrumador de células T, podían empujarlo a matar el cáncer, a veces, en algunos pacientes.

posible, aunque eso significara superar la investigación inmunológica básica que podría dar sentido a los resultados. Pero estaba claro que faltaba algo, algo sin descubrir, como una pieza de rompecabezas desconocida, que impedía que las células T se «activaran» contra el cáncer, o que las anulaba antes de que pudieran completar el trabajo. No era una observación sobre el sistema inmunitario o sobre la enfermedad en general; ese algo misterioso parecía suceder sólo cuando el sistema inmunitario interactuaba con las células cancerosas.

Tanto para un oncólogo capacitado en quimioterapia como para un biólogo molecular, la idea de *algo* escurridizo sonaba extraña y no muy científica.[41] Lo que significaba que la inmunoterapia contra el cáncer no era una ciencia legítima. Creías o no creías en ella; todo se reducía a los estudios que elegías creer y cómo decidías interpretarlos.

Los cínicos de la inmunoterapia (que constituyen la gran mayoría de las personas que trabajan con el cáncer, el sistema inmunitario o ambos) creían que el escurridizo «algo» que impedía que la inmunoterapia contra el cáncer funcionara se llamaba «realidad»: el cáncer y el sistema inmunitario no interactuaban, no tenían nada que decirse, y la conversación no podía forzarse. Cualquier efecto anticancerígeno del interferón o IL-2 o BCG seguramente era sólo que las células T reconocían un antígeno de un virus que había infectado una célula y conducido al cáncer. Nadie discutía que las células T no reconocieran las células infectadas por virus, lo hacían. Y se sabía que algunos cánceres eran más probables después de una infección por un virus (como el VPH).[42] Aquí había un modelo que se ajustaba al patrón de hechos, afeitado por la navaja de Ockham: Rosenberg, sostenían, simplemente

41. Como los cuatro humores que rigieron la medicina durante la Edad Media, o la creencia de los vitalistas del siglo XIX de que los seres vivos contenían una chispa de vida etérea.

42. La modalidad de los cánceres relacionados con virus es similar a los cánceres relacionados genéticamente. El virus no produce el cáncer, pero reprograma el ADN de una célula a un estado en el que se necesitan menos mutaciones nuevas para alinearse correctamente de modo que el resultado sea un cáncer. Se puede pensar en ello como en una máquina tragaperras, y un virus o ciertas condiciones genéticas como las dos cerezas fijadas en los diales. La probabilidad de que esa máquina dé tres cerezas es mucho mayor que en una máquina «normal».

había malinterpretado lo que había visto. Los antígenos de una célula cancerosa simplemente no eran lo suficientemente extraños para ser reconocidos como extraños por una célula T. Si lo fueran, se podría hacer una vacuna exitosa contra el cáncer. Y, sin embargo, no existía tal vacuna entonces.

Los inmunólogos del cáncer podrían discutir sobre eso todo lo que quisieran, podrían señalar los destellos, pero al final del día no tenían la biología para respaldar sus argumentos. En realidad, sólo se podía hacer un contraargumento exitoso: descubrir *algo* que explicara el problema con la inmunoterapia contra el cáncer y permitiera que las células T reconocieran, se dirigieran y mataran de manera fiable a las células cancerosas. Y en la carrera por hacerlo, quienes más éxito tendrían serían quienes ni siquiera lo intentaran.

Capítulo cuatro

Eureka, Texas

La suerte favorece a la mente preparada.

—LOUIS PASTEUR

Quien finalmente encontró el *algo* fue un tejano que tocaba la armónica, que llevaba una vida difícil y que ni siquiera estaba investigando el cáncer.

Jim Allison parece algo entre Jerry García y Ben Franklin, y tiene un poco de ambos: un músico y un científico que endulza su impaciencia y su inteligencia en bruto con humor y acento cervecero. Más que nada, es un observador curioso y cuidadoso al que parece importarle un bledo todo lo demás: un investigador de ciencias básicas feliz de equivocarse noventa y nueve veces para acertar una vez. Y fue esa vez la que le valdría el Premio Nobel de 2018.

A Allison se le quedó pequeña Alice, Texas,[1] su ciudad natal, ya en la escuela secundaria, después de que se viera obligado a recurrir a cla-

1. Cuenta Allison que Alice, le gustaba, «estaba bien, era una localidad pequeña y allí estaba feliz, aunque –y aquí respira, con cuidado, porque sabe qué puede parecer– no quería ser como cualquier otro chico de allí». Alice era un punto en un mapa local a una hora al oeste de Corpus Christi, un pequeño pueblo de Texas, en gran parte bueno: buena gente, buenas granjas, buena educación y trabajo, y estaba cerca de la base de la fuerza aérea. Su padre se había ganado sus alas como cirujano de vuelo en la reserva allí, y acabó siendo el médico local, pero sus an-

ses por correspondencia de Biología Avanzada en las que se atrevían a mencionar a Charles Darwin. Esa clase era en Austin, hogar de la mejor universidad pública de Texas y su escena musical más animada. La combinación encajaba perfectamente con Jim Allison, y después de la secundaria se mudó allí definitivamente, tenía diecisiete años y estaba destinado a ser un médico rural, como lo era su padre.

El tramo entre 1965 y 1973 fue un buen momento para ser joven y con aptitudes musicales en Austin.[2] Jim tocaba la armónica de blues lo suficientemente bien como para tener demanda. Tocaba en *honky-tonks* en la ciudad o tocaba en el Lone Stars en Luckenbach, donde la nueva generación de músicos de country como Willie Nelson y Waylon

---

tepasados eran de Waco, donde tenían una zapatería. Había dado un salto hacia Alice. Pero Jim quería el siguiente salto. No iba a ser feliz allí. Había crecido en un pueblo pequeño, lo amaba, amaba el lugar y la gente como sólo se puede amar aquello de donde se proviene. Y lo conocía, también, como sólo un chico local puede hacerlo. Pero, dice, no quería ser sólo ese chico, como cualquier otro chico. No había nada malo en ello. Le gustaba el fútbol, pero no lo jugaba; le gustaba el ambiente de pueblo pequeño, pero simplemente no quería quedarse atrapado en él. Era un buen lector, y le gustaba hacer chapuzas, reparar cosas. También tenía una curiosidad y una idea sobre sí mismo, no necesariamente precoz, más como potencial. El garaje familiar se convirtió en un laboratorio, el bosque en un lugar para probar bombas caseras de pólvora negra, los estanques en una fuente de anfibios diseccionables. Si hablas con la mayoría de los científicos investigadores, te tomas un par de cervezas con ellos, te das cuenta de que todos estaban un poco solos y muchos fabricaban explosivos caseros; es normal, cosas de jóvenes científicos. Y si eso lo convertía en un bicho raro en el Texas de gustos sencillos, pues que así sea. De todos modos, había tres niños en la casa, y los dos mayores lo compensaban con creces. Su padre lo apoyó cuando insistió para asistir a un curso avanzado de Biología por correspondencia en la escuela secundaria a través de la Universidad de Texas, en lugar de sufrir durante un último año de biología enseñada sin la evolución de por medio. Y luego, al año siguiente, cumplió dieciséis años, se graduó, y se fue para siempre. Austin era el centro de la escena *freak* local y también tenía una gran universidad. Sin embargo, al final descubrió que Berkeley era más grande y más extraño que casi cualquier otro lugar.

2. Fueron los años álgidos, el ambiente todavía estaba abierto de par en par en la pequeña ciudad universitaria que comenzaba su metamorfosis hacia la capital anormal de un estado propio de vaqueros.

Jennings vagaban por la zona.[3] Aquello era divertido; y mientras tanto el curso preparatorio de ingreso en la carrera de Medicina parecía más bien un ejercicio de memorización poco útil.

En 1965 se pasó a la Bioquímica y cambió la memorización por un laboratorio en el que trabajó con enzimas para su doctorado. Las enzimas que estaba estudiando se descomponían en una sustancia química que alimentaba un tipo de leucemia en ratones.[4] Como candidato a doctorado en Bioquímica, se suponía que Allison debía descubrir la bioquímica del funcionamiento de esas enzimas.[5] Pero también tenía curiosidad por saber qué les había sucedido a los tumores.

---

3. Por supuesto, Jim Allison no estaba sólo en eso. Aquéllos eran los días de auge de Austin. La ciudad había sido una pequeña ciudad universitaria hasta que los *baby boomers* se graduaron en la escuela secundaria. Más pequeña que otras ciudades principales como San Francisco, que recibió y fomentó el *flower power* de los años sesenta, la Austin sin salida al mar y del Texas profundo fue la depositaria de la versión local, todavía lo suficientemente texana como para bailar el *two-step*, lo suficientemente *hippie* como para hacerlo drogados, y lo suficientemente cerca de la universidad para garantizar un flujo constante de jóvenes brillantes con la vista puesta en el futuro. Para muchos, ese futuro ya no requería dirigirse a ciudades más grandes en la costa, o tierra adentro como Dallas o Houston. Todo podía encontrarse ya allí mismo, en Austin, donde Texas Instruments, Motorola e IBM habían trasladado recientemente sus respectivas cadenas de fabricación. Por supuesto, no les molestó cuando la edad para votar (y la edad para beber) se redujo a dieciocho años y el horario de cierre se extendió hasta las dos de la madrugada, y rápidamente surgió una escena musical para proporcionar la banda sonora. Si vendías cerveza y tenías una superficie lo suficientemente plana como para poner un taburete de bar, eras un club de música.
4. «Me especialicé en bioquímica, así que estaba trabajando con asparaginasa, que es una enzima que puede agotar su plasma de asparagina, que muchas leucemias necesitan para crecer. No tienen suficiente. Todavía se utiliza para inducir remisiones en la leucemia infantil, pero no cura a nadie. En ratones curaba la leucemia. Y yo trataba de hacer que funcionara mejor. Empecé a leer sobre el tema de la inmunología. Asistí a un curso y me emocioné y me interesé mucho. Un día, sólo por el gusto de hacerlo, curé con esa enzima la leucemia de varios ratones».
5. Cuando se inyectaba en el ratón, la enzima descomponía el combustible. Como resultado, la leucemia moría de hambre, las células cancerosas del ratón morían. Luego, esas células, como todas las células que mueren en el cuerpo, eran limpiadas por las células itinerantes y comedoras de basura del sistema inmunitario innato, los macrófagos. Allison también quería saber cómo funcionaban éstos, cómo funcionaba todo, en realidad.

«Así que leí un montón de material sobre inmunología en la biblioteca», cuenta Allison.[6] En el experimento, la enzima finalmente le robó al tumor todo su combustible, y el tumor se necrosó y «desapareció»,

---

6. Su voz tiene la música distintiva del *back country*, un poco de ritmo extra puesto en la última palabra, aparentemente sin prisa por pasar a la siguiente, excepto cuando termina ese ritmo, que avanza rápidamente hacia donde iba todo el tiempo. «Tuve la suerte de estar en una de las pocas universidades no conectadas con una escuela de medicina que ni siquiera tenía algo sobre inmunología», dice Allison. Se estaba formando para ser bioquímico, pero el trabajo había despertado su interés en otro aspecto de la biología, el sistema inmunitario, y uno de sus profesores graduados, Jim Mandy, ofreció un curso. Allison aprovechó la oportunidad, «y me fascinó». Su profesor disertó sobre las células T recién descubiertas. «Él nos mostró el descubrimiento –dice Allison–. Dio la conferencia. Pero después de horas de ir a verlo a su oficina, te diría que realmente no creía que fuera verdad. Era algún tipo de anticuerpos». Lo que molestaba al profesor de Allison, y a muchos otros en inmunología, era que las células T parecían demasiado diferentes de las células B para ser parte del mismo sistema. Las células B no mataban la enfermedad directamente; creaban anticuerpos, y los anticuerpos marcaban la enfermedad para que el sistema inmunitario innato la matara. Ésa había sido la inmunología durante años, y la dirección de la investigación era continuar aclarando ese escenario. «Pero aparecieron las células T y la gente decía: «Bueno, funcionan de manera diferente, matando las células infectadas directamente»», dice Allison. Agregar las células T a la imagen B parecía demasiado complicado. La evolución tiende a ser una fuerza conservadora, utilizando los mismos procesos biológicos una y otra vez, reutilizando y construyendo sobre la biología que ya tiene en lugar de comenzar desde cero. Si el sistema inmunitario era complicado, lo más probable es que esas complicaciones hayan surgido de raíces comunes y hayan utilizado mecanismos similares. Estaba casi más allá de la imaginación que la naturaleza hubiera desarrollado dos tipos de sistemas totalmente diferentes con trabajos superpuestos en el mismo organismo. «Lo enseñaba de todos modos, pero luego iba y hablaba con él en su oficina y le decía: «Doctor Mandy, ¿por qué no cree que las células T matan a las células infectadas?». Él decía: «Bueno, simplemente no sé, parece demasiado extraño, ¿sabes?». Era como si cada uno de nuestros riñones eliminara las toxinas de la sangre de manera completamente separada, sin relación entre los dos. Allison también pensó que era raro, muy raro. Quería «comprobarlo», aprender más al respecto. «Fue un momento fantástico para la ciencia –dice Allison–. La inmunología siempre había sido un campo mal entendido; quiero decir, todos sabían que teníamos un sistema inmunitario, porque había vacunas. Pero nadie sabía mucho sobre los detalles de nada». Ya había tocado techo en la única clase de inmunología disponible en Austin.

como sólo otra masa de células muertas para ser limpiadas por los macrófagos y las células dendríticas. Pero por su lectura, Allison sabía que esas células parecidas a amebas no eran todas basureras; recientemente se había descubierto que también eran reporteras de primera línea, que llevaban actualizaciones sobre la batalla constante contra la enfermedad. Esas actualizaciones estaban contenidas en las células muertas y enfermas que devoraban en fragmentos cortos de proteínas, los antígenos distintivos de las piezas de la enfermedad. Los macrófagos (y las células dendríticas) eran los primeros en aparecer en escena, en todas partes, incrustados. Cuando encontraban algo interesante, llevaban pedazos de las proteínas ajenas que habían engullido hasta los ganglios linfáticos para mostrárselos. (Los ganglios linfáticos son como el bar Rick's en Casablanca. Chicos buenos, chicos malos, reporteros y soldados, macrófagos, células dendríticas, células T y B, e incluso células enfermas, todo el mundo va a Rick's).[7] Así es como las células B y T encuentran su antígeno y lo activan. Lo que los macrófagos estaban haciendo con el tejido tumoral muerto en sus ratones le dio a Allison una idea: así es como funciona una vacuna, ¿verdad? Una vacuna introduce en el sistema inmunitario una forma muerta (inoculada) de una enfermedad para que el sistema inmunitario pueda preparar una respuesta contra esa enfermedad. Es decir, construye un ejército de clones de células T específicas para ella, de modo que incluso una fuerza invasora de esa enfermedad sería contrarrestada equitativamente. ¿Y no era eso lo que había hecho al matar un tumor que los macrófagos habían limpiado? ¿Las células tumorales muertas, engullidas por los macrófagos, no eran algo así como una vacuna? Entonces, se preguntó, ¿eso significaba que su experimento, de manera indirecta, había vacunado a

7. Los macrófagos y las células dendríticas (los biólogos simplemente dicen «células presentadoras de antígenos» o APC) actúan como una valla publicitaria viva que muestra los últimos números ganadores de la lotería, en forma de muestras únicas de antígenos de enfermedades. Cada una de los miles de millones de células inmunitarias adaptativas nació con un billete de lotería diferente. Tarde o temprano, el número llega: la célula B o T coincide de manera aleatoria exactamente con los antígenos que le tocan, y comienzan a multiplicarse en un ejército de clones de sí mismas, todas con el mismo boleto ganador contra la enfermedad que se muestra, y, bingo, se inicia la respuesta inmune adaptativa.

sus ratones contra esta forma específica de cáncer en la sangre? ¿Eran ahora «inmunes» a este cáncer?

«Sólo por el gusto de hacerlo, organicé otro experimento, y decidí que, dado que tenía aquellos ratones que estaban curados, que estaban sentados allí, comiendo, les inyectaría el tumor de nuevo, pero no los trataría con la enzima esta vez, y a ver qué pasaba». Aquél no era el experimento, no había pedido permiso, no había escrito un protocolo, nada. Simplemente disparó desde la cadera. Y lo que pasó fue... nada. «No desarrollaron tumores –dice Allison–. Regresé y les inyecté diez veces más y tampoco desarrollaron tumores. ¡Les inyecté otras cinco veces más, y no desarrollaron tumores! ¡Algo estaba pasando, algo increíble!».

Como caso aislado, el experimento no había probado nada («La gente hablaba de hacerlo en humanos, ya sabes, simplemente tomando tu propio tumor y machacándolo de alguna manera e inyectándolo de nuevo, pero en realidad no funciona así, de manera tan sencilla»), pero le había proporcionado a Allison su primera visión del misterio y el potencial del sistema inmunitario. Era lo más interesante que había visto. Ahora quería estudiar aquello, primero en una puesto posdoctoral en el Instituto Scripps en San Diego,[8] y luego en un pequeño labo-

8. «Fue un poco decepcionante», dice Allison. Había querido ir a un lugar de «primera clase» para su educación en inmunología. «Pero estaba haciendo bioquímica de nuevo, purificando proteínas y secuenciando y todo eso. Los mayores simplemente te obligaban a hacer ese trabajo duro, todo lo demás lo llamaban creación de modelos, tipo «no hagas modelos, no pienses, ¡sólo haz el trabajo!». Entonces dije, si esto es ciencia, puedes quedártela, ¡regresaré a Austin! Pero en ese momento yo estaba en San Diego. Estaba casado y tocaba con una banda de música *country* y *western* un par de noches a la semana. Me lo pasaba bastante bien. «¿Recuerdas a Spanky y Our Gang que hicieron aquella canción, *Like to Get to Know You* y todo eso? Toqué con una banda que les hizo de teloneros una noche y de hecho me senté con Spanky McFarlane». Un armónica doctorado con el pelo largo era genial, encajaba fácilmente en la escena musical. «Bueno, tocaba en ese lugar llamado Stingray. Teníamos una banda. Se llamaba Clay Blaker the Texas Honky-Tonk Band. Yo tenía un trabajo de día. Ellos no. Yo pasaba el rato y tocaba, ya sabes, un par de pases, tal vez, o medio pase de vez en cuando, o algo así. Llegué a conocerlos muy bien. A través de ellos conocí a otras personas. Era bastante popular como armónica para los cantantes emergentes que querrían tocar en las noches de micrófono abierto y cosas así. Nuestra banda se hizo bastante famosa en lo que se llamaba el Condado Norte. En Encinitas,

ratorio que el MD Anderson Cancer Center acababa de abrir cerca de la ciudad de Smithville, Texas, «un estímulo económico del gobernador», dice Allison, en terrenos donados y con dinero estatal.

«Era bastante extraño», dice Allison. «Estaba en medio de un parque estatal de unas siete hectáreas,[9] y acababan de instalar algunos edifi-

---

California. Pude ver un lado de la vida que vi un poco cuando era niño en Alice, pero ya sabes, bastante rudo y revoltoso». En ese momento, Jim estaba casado y trabajaba los siete días de la semana y, como siempre, seguía tocando pasara lo que pasara. «Tocábamos todos los martes por la noche y muchos viernes por la noche y, a veces, algunas noches entremedias». A veces era un jaleo tocar *country western* con la armónica en aquella zona del oeste del país. «La gente no se da cuenta de que esa parte de California está bastante llena de paletos –dice Jim–. Había peleas con bastante regularidad, por lo general comenzaban porque un vaquero que estaba bailando *two-steps* se balanceaba demasiado y chocaba con un tipo y el tipo decía: "No vuelvas a hacerlo". Pero así es como bailaba el tipo, ¿sabes? Así que sucedía de nuevo. Añade a eso cerveza y una multitud y muy pronto... En realidad, siempre era un tipo llamado Luther, uno de los que venía a vernos todo el tiempo. Realmente nos gustaba. Ése es quien era. Sólo un tipo enorme y desgarbado que bailaba a lo grande. También había unos muchachos de un club que nos habían escuchado en otro club distinto, así que decidieron venir a nuestro club a vernos. Era una especie de pandilla o algo así. Una noche, después de haber chocado tres o cuatro veces, el tipo choca de nuevo contra Luther. Ya sabes, Luther era amigo de todos. Yo estaba en el escenario y vi a otro tipo que estaba bastante loco... Montaba jaleo, era bastante ruidoso, y había pasado algún tiempo en la cárcel por robar caballos. Sea como fuera, el tipo estaba allí con el brazo roto y enyesado. Llegó corriendo hacia el hombre que había golpeado a Luther y, ya sabes, lo golpeó con el yeso y el tipo simplemente se cayó de bruces al suelo. Yo estaba tocando, ¿sabes? El tipo volaba en picado hacia el suelo y yo tuve que saltar a un lado porque si no se me llevaba por delante, ¿sabes? Parecía una bronca salida de un western. Dije, guau. Aquel tipo al que conocía bastante bien no era capaz de decir más que: "Oh, mierda. Oh, mierda". Muchas noches pasaban cosas así. Era muy divertido». Una noche acompañó a un músico a una fiesta, y en realidad la clavó, porque terminó siendo la fiesta de lanzamiento del nuevo álbum de Willie Nelson, «Red Headed Stranger». Fue una noche en la que Willie Nelson y parte de su banda organizaron una *jam session* a base *de honky-tonk,* antes de regresar a su hotel a bordo de su microbús Volkswagen rojo descolorido. Muchos años después, Allison terminaría sustituyendo al armónica de Willie. Allison es miembro fundador de una banda de inmunólogos llamada Checkpoints. Realmente son bastante buenos.

9. «Si veía algo interesante, ya sabes, buscaba un par de cosas que hubieran citado, las fotocopiaba y me las llevaba a casa.

cios de los laboratorios y contrataron a seis miembros de la facultad para ir allí. Se suponía que íbamos a estudiar la carcinogénesis [cómo comienza el cáncer]. Yo no sabía nada de eso». Pero había aprendido algunas técnicas inmunológicas que ayudaban a que esos experimentos funcionaran. Mientras tanto, dice Allison, el MD Anderson se olvidó de ellos.[10] «Así que prácticamente nos dejaron solos». Ése era el tipo de lugar de Allison, al menos por el momento. Sus colegas eran científicos brillantes y entusiastas de su misma edad (los mayores tenían treinta y tantos años) que guardaban cerveza en el laboratorio, trabajaban hasta tarde, se ayudaban mutuamente con sus experimentos y compartían recursos intelectuales.

La configuración se vio endulzada por una falta total de responsabilidades docentes o administrativas, una motocicleta Norton Commando 850 y suficientes subvenciones del NIH y el NCI para dedicarse a lo que realmente le interesaba a Allison: el estudio de un linfocito recientemente reconocido, la célula T.

«Era un momento fantástico para la ciencia porque la inmunología todavía era un campo poco comprendido –dice–. Quiero decir, todos sabían que teníamos un sistema inmunitario, porque había vacunas. Pero nadie sabía demasiado sobre los detalles de nada».

Una de las cosas que nadie sabía era, en primer lugar, de qué manera una célula T reconocía a una célula enferma. Allison leyó todos los artículos académicos que pudo sobre el tema y luego leyó los artículos citados en ellos. «Al principio pensé, soy un idiota, no puedo enten-

---

»En ese momento vivía en Austin. Mi esposa trabajaba en Austin y yo vivía allí y viajaba cuarenta y cinco millas al día hasta Smithville. Finalmente, compramos una casa en una promoción fallida con siete hectáreas de tierra. El laboratorio estaba en un parque estatal. En un claro del bosque. La compré en el bosque, a poco más de dos kilómetros, porque tenía una motocicleta, o caminaba a veces por el bosque. Luego, regresaba a Austin los fines de semana sólo para divertirme.

»No tenía tiempo para tocar en ese momento, estaba demasiado ocupado, pero aún podía encontrarme con Willie Nelson o Jerry Jeff Walker en el Armadillo Worldwide o el Soap Creek Saloon.

10. Poco después de que Allison se uniera al equipo, el presidente de MD Anderson se fue. «El chico nuevo entró y realmente no sabía quiénes éramos».

der esto. Entonces, pensé, no, *ellos* son los idiotas, ¡no entienden de qué están hablando!».

Había muchas teorías sobre cómo una célula T reconocía a los antígenos.[11] Una teoría predominante era que cada célula T tenía un tipo único de receptor (una disposición específica de proteínas que se extendía desde la superficie de la célula T) que «veía» un antígeno específico expresado por una célula enferma, dirigiéndose y metiendo algo como así una llave en una cerradura.

Aquélla era una teoría razonable, pero en realidad nadie había encontrado uno de los receptores. Si existieran, debería haber muchos, dispersos entre todas las proteínas aún no contadas que sobresalían de la superficie de las células T (hay tantas que a las nuevas se les asignan números, como estrellas recién identificadas).[12] Esas proteínas «receptoras» serían moléculas construidas en algún tipo de configuración similar a una cadena doble. Varios laboratorios estaban bastante convencidos de que tendría el mismo aspecto que en las células B. Lo cual, pensaba Allison, era estúpido.

---

11. Para entonces se había demostrado que existe una restricción del complejo mayor de histocompatibilidad (MHC). Las células T no reconocen sólo un antígeno; lo reconocen en el contexto de las moléculas MHC. Las moléculas MHC son una disposición distinta de proteínas en las que se puede pensar como se piensa en el tipo de sangre, que todos nacemos con una u otra variante de ésta genéticamente determinada. No todas las personas comparten el mismo MHC, pero todas las células del cuerpo de una persona comparten el mismo grupo. El complejo MHC es una especie de marca o firma tribal en la superficie de cada célula, y sirve como un factor básico pero efectivo que permite que el sistema inmunitario sea un mejor pastor, realice un seguimiento de lo que somos y reconozca lo que es un invasor extranjero. (También es lo que debe «coincidir» para que los trasplantes de tejido o de médula ósea no sean rechazados). Allison había estado estudiando y trabajando en experimentos que involucraban moléculas MHC en su laboratorio en Smithville, y había seguido obsesivamente los últimos desarrollos en las revistas de inmunología. Sabía que el MHC era un factor importante en el funcionamiento de ese misterioso receptor de células T, un factor que otros investigadores parecían estar ignorando. Jim tenía en mente un tipo diferente de molécula como receptor de células T, y había pensado en un tipo distinto de experimento para encontrarlo.
12. Encontrarlo era como buscar cilantro en un campo de perejil en la oscuridad.

«La gente de Harvard, de la Johns Hopkins, de Yale y de Stanford ya afirmaban que tenían una molécula que era el receptor de las células T –recuerda Allison–. La mayoría de ellos, como las células B producen anticuerpos, pensaban que en las células T el receptor también tenía que ser algo parecido a un anticuerpo».[13]

Cualquiera que fuera su aspecto, si pudieras encontrarlo, en teoría podrías manipularlo. Controla el receptor de células T y podrías controlar a qué se dirige la máquina de matar del sistema inmunitario. El resultado podría tener implicaciones mundiales para la humanidad y catapultar el nombre de quien lo hubiera encontrado.

Allison creía que las células T no eran sólo una versión de las células B, no sólo las B asesinas. Si las células T existían (que lo hacían) y eran diferentes de las células B (que lo eran), entonces esas diferencias eran la cuestión principal. La estructura molecular del receptor que permitía a las células T «ver» su diana específica de antígeno era uno de los puntos clave de diferenciación de los receptores de células B; tendría un aspecto diferente, porque funcionaba de manera diferente y hacía un trabajo diferente.

La idea surgió de repente mientras estaba sentado en la última fila de una conferencia sobre el tema, escuchando a un académico visitante de la Ivy League. De repente, parecía muy obvio: si podía encontrar una manera de comparar las células B y las células T, idear un experimento de laboratorio que pusiera una contra la otra y dejara que sus proteínas de superficie redundantes se anularan entre sí, el receptor debería ser la molécula que *no* se cancelaba. Esencialmente, estaba buscando una aguja en un pajar, y su idea era prender fuego al pajar y tamizar las cenizas. Lo que quedara sería la aguja que estaba buscando.

Se apresuró al laboratorio y se puso a trabajar. «La primera vez fue un éxito –dice–. Así que ahora tengo algo que está en las células T, pero no en las células B, ni en ninguna otra célula,[14] ¡así que tiene que ser el receptor de las células T!». Mostró que el receptor era una estructura de dos cadenas, una alfa y una beta, y lo escribió en un artículo.

13. La gente buscaba cadenas de inmunoglobulina hechas por células T.

14. Incluidos los timocitos inmaduros.

Allison esperaba que lo publicara una de las principales revistas de investigación revisadas por pares.[15] Pero nadie en *Cell* o *Nature* ni en ninguna de las revistas revisadas por pares de la lista A estaba dispuesta a publicar los hallazgos de aquel académico junior de Smithville, Texas. «Finalmente, terminé publicando los resultados en una nueva revista llamada *Journal of Immunology*». No era *Science* o el *New England Journal of Medicine,* pero el articulo estaba impreso y corría por el mundo.[16]

«Al final del artículo, dije: "Éste podría ser el receptor del antígeno celular, y éstas son las razones por las que creo que es el receptor del antígeno de la célula T", y simplemente enumeré todas las razones». Fue un anuncio audaz sobre el tema más importante de la inmunología. «Y nadie se fijó en ello», dice Allison. Excepto un laboratorio.

Ese laboratorio estaba dirigido por la eminente bióloga Philippa *Pippa* Marrack en la UCLA, en San Diego. Su laboratorio (compartido con su esposo, el doctor John Kappler) aún no había identificado el receptor de las células T, pero tenían una técnica científica que podía verificar si los resultados de Allison eran correctos. El doctor Marrack reprodujo el experimento de Allison y obtuvo un resultado exacto en la proteína que Allison había identificado, y sólo en esa proteína. Fue un *shock,* especialmente porque procedía de un laboratorio del que Ma-

---

15. El experimento apostó por una afirmación sólida, pero no fue una prueba absoluta de que Allison hubiera encontrado el santo grial. Su experimento era sólo eso, un experimento que proporcionaba resultados, y Allison no tenía el tipo de pedigrí que le proporcionaba el beneficio de la duda. «Nadie lo creía porque yo era un tipo en Smithville, Texas, ¿sabes?». Allison deja en claro que, sea lo que sea lo que hizo su experimento, no «probó nada. La ciencia rara vez, si es que lo hace, prueba algo, pero la buena ciencia puede presentar buenos datos, y los buenos datos pueden hacer grandes sugerencias».
16. Los trabajos académicos siguen un formato estándar y estricto que permite que los datos hablen por sí mismos. Es en la sección de «exposición» o «debate» al final donde los autores pueden hablar más personalmente, aunque de manera imprecisa, sobre otras implicaciones que podrían sugerir los datos. El artículo de Allison, titulado «Antígeno específico de tumor del linfoma T murino definido con anticuerpo monoclonal», siguió este formato. El texto era estricto y fáctico y no hacía afirmaciones, explicando cuidadosamente lo que había hecho sin mencionar el «receptor de células T» en absoluto. Y eso compensó en la exposición.

rrack nunca había oído hablar. Allison aseguró que lo llamó y le dijo que estaba organizando una Conferencia Gordon, reuniones de élite a puertas cerradas, algo así como el Davos de la ciencia. Ella lo invitó a hacer una presentación en la reunión; Allison tenía la sensación de que estaba siendo invitado a las grandes ligas.

La Conferencia Gordon ayudó a poner al joven y descarado científico en el mapa académico y le valió una cita como profesor invitado en la Universidad de Stanford. Ahora que se había identificado el receptor de antígeno de las células T (TCR) y se había descrito su estructura molecular de dos cadenas, había comenzado la carrera por el premio mayor: los mapas de esas proteínas, codificadas en genes en el ADN de las células T.

«En ese momento, se acababa de descubrir cómo se podía trabajar con el ADN y clonar genes, por lo que ahora todos intentaban clonar este gen [el de la proteína receptora de las células T] –dice Allison–. Había sido el santo grial de la inmunología durante veinte, veinticinco años, y nadie lo había resuelto. Y todo el mundo se volcó en ello y, vaya, la cosa se puso fea. Quiero decir, todos se dieron cuenta de que al final del camino estaba el Premio Nobel».

Ese agosto, el inmunólogo de Stanford, el doctor Mark Davis, pronunció un discurso no programado en el gran congreso mundial trianual de inmunología en Japón, y anunció que su laboratorio había localizado el gen de la cadena beta del receptor de células T en ratones. Al año siguiente, publicó los detalles de confirmación en la prestigiosa revista británica *Nature,* junto con un artículo del renombrado genetista e investigador biológico canadiense, el doctor Tak Mak, que había identificado con éxito el gen de la cadena beta del receptor de células T en humanos. Eso dejó el gen de la otra mitad del receptor de las células T, la cadena alfa. Davis, junto con su colaboradora y esposa, la doctora Yueh-Hsiu Chien, estaban en la audiencia cuando se anunció ese logro, durante una presentación de diapositivas del inmunólogo del MIT Susumu Tonegawa.[17] Davis había compartido la técnica de clonación de

17. Al igual que Davis, Tonegawa había trabajado para desentrañar la genética de la inmunología desde mediados de la década de 1970, y Tonegawa había sido el primero en identificar el gen en las células B que les permite producir millones

genes de su laboratorio con Tonegawa unos años antes; ahora sentía que estaba pagando el precio. En el viaje de regreso a casa, Chien le dijo a su esposo que reconoció la diapositiva de la «huella digital» similar a un código de barras que Tonegawa había anunciado como la codificación de la cadena alfa. Davis olió la oportunidad. Se apresuraron a regresar a su laboratorio, impulsaron la investigación las 24 horas del día sobre el gen que parecía haber identificado el portaobjetos de Tonegawa, y pusieron un artículo escrito sobre el tema en un vuelo de DHL a las 7 p. m. a Londres, donde fue entregado en mano al editor de *Nature.* El propio artículo de Tonegawa sobre el gen de la cadena alfa llegó al mismo escritorio días después.

Si bien ambos artículos, con títulos casi idénticos y que anunciaban el mismo descubrimiento, se publicaron uno tras otro en el número de noviembre de 1984,[18] técnicamente el artículo de Davis y Chien fue el primero en llegar al editor, otorgándoles el honor y la mención en los libros de texto de biología para siempre.[19] Dos años más tarde, Susumu Tonegawa recibiría el Premio Nobel de Medicina de 1987, citando su innovador trabajo anterior sobre los genes de las células B. Hasta la fecha, nadie ha recibido un Nobel por el gen del receptor de células T. Posteriormente, Tonegawa dejó la inmunología para estudiar las bases moleculares de qué y cómo recordamos, y qué y cómo olvidamos.

«De todos modos, clonamos muchas cosas –dice Allison–. Pero nada de todo aquello estaba bien. Al final, me invitaron a dar un seminario en Berkeley [Universidad de California]. Fue un poco controvertido

de variedades de anticuerpos para hacer frente a una amplia diversidad de patógenos, una meta por la que Davis también había estado trabajando.

18. Chien *et al.*: «A Third Type of Murine T-cell Receptor Gene», *Nature*, 1984, 312:31-35; Saito *et al.*; «A Third Rearranged and Expressed Gene in a Clone of Cytotoxic T Lymphocytes», *Nature*, 1984, 312:36-40.
19. Más tarde, Davis le contaría a un reportero de la revista *Stanford Medicine* que el editor de *Nature* lo llamó para contarle lo infeliz que había sido Tonegawa con aquella «justicia divina», pero aseguró que su competidor del MIT había sido magnánimo en la derrota.

porque no había estado en los grandes laboratorios. No había estado en Harvard. Carecía del pedigrí de la mayoría de los profesores de lugares como Berkeley». Por eso se quedó asombrado dos semanas después cuando Berkeley le ofreció un trabajo a tiempo completo,[20] cubierto por una sustanciosa subvención del Instituto Médico Howard Hughes. Allison tendría un laboratorio y un salario de posdoctorando, y podría investigar lo que quisiera. No necesitaba enseñar, y el dinero podría durar para siempre, sin condiciones. Su única obligación sería ir a la sede del Howard Hughes Medical Institute cada tres años y dar una charla de veinticinco minutos frente a cincuenta de los mejores científicos del mundo y presentar su trabajo sobre las células T.[21]

El trabajo de Allison en Berkeley tendría el beneficio de una mejor comprensión de las células T que cuando comenzó a obsesionarse con ellas una década atrás. Ahora se aceptaba ampliamente que había diferentes tipos de células T, con diferentes especialidades para coordinar una respuesta inmunitaria contra la enfermedad. Algunas «ayudaban» a la respuesta inmunitaria enviando instrucciones químicas, a través de citocinas, como un *quarterback* cantando la jugada. Otras, las células T asesinas, mataban las células infectadas una a una, por lo general instruyendo químicamente a esas células para que se suicidaran. Los procesos anteriores, y más, se ponían en marcha sólo cuando se «activaba» una célula T. La *activación* es el comienzo de la respuesta inmunitaria

20. Éste era el tipo de cosas con las que Allison soñaba cuando era niño. ¿Era por mamá? Jim dice que no, pero eso es un quizá. Tal vez todo lo que hacemos es por mamá, de una manera u otra. Si alguien lo sabe, ciertamente no es el que lo hace. Pero es cierto que tuvo esa experiencia que se quedó con él desde que sólo tenía ocho o diez años, o tal vez no tenía ocho o diez años, y se confunde, y tú empiezas a hablar de tu mamá y tu papá. Lo que él sabe es que ella murió. Él estaba allí, no sabía qué era la enfermedad ni cómo se la combate, luego supo qué era la enfermedad y que nadie tenía gran cosa que decir sobre cómo combatirla, y pensó: «A la mierda con esto. Voy a hacer algo».

21. Justificarse frente a cincuenta de los mejores científicos del mundo no era como irse de pícnic precisamente, e incluso el recuerdo de esas visitas, que fueron cronometradas al segundo, todavía le provoca un nudo en el estómago. «Era bastante malo –dice–. A veces, la noche anterior, simplemente visitaba el baño varias veces para vomitar». Pero la compensación fue que Allison finalmente tenía todos los recursos que podría necesitar para ponerse a trabajar.

adaptativa a la enfermedad; hasta entonces, las células T simplemente están flotando y esperando. Entonces, ¿qué activaba a las células T? ¿Qué les hacía empezar a movilizarse contra las enfermedades?

«Pensamos que el receptor del antígeno de las células T era el interruptor de encendido», dice Allison. Ésa era la suposición natural.

Sólo después de que identificaran el receptor de células T se dieron cuenta de que no, de que aquello tampoco estaba del todo bien.[22] Podían hacer que el receptor de células T «viera» el antígeno extraño de una célula enferma; encajaban como una llave en su cerradura. Pero la llave del antígeno no era suficiente para activar una célula T.[23] No era la señal de «vamos».

«Cuando me enteré de eso, dije: "Vaya, esto es genial, las células T son aún más complejas", ¿sabes? Simplemente agregó más piezas al rompecabezas. Lo hizo más divertido».

Si encajar el receptor de la célula T con un antígeno no era la única señal necesaria para activar una célula T, eso significaba que tenía que haber otra molécula, tal vez varias, necesarias para la coestimulación.[24] Tal vez la célula T requería dos señales, como las dos llaves para una caja de seguridad, o como cuando arrancas un coche, que necesitas poner la llave en el contacto y también pisar el acelerador para hacerlo

---

22. «No fue idea mía –aclara Allison–. Provino de un tipo llamado Ron Schwartz del NIH y de Mark Jenkins, que hacía el posdoctorado en el laboratorio. Demostraron que sólo la participación del receptor del antígeno en sí no era suficiente para activar una célula T. Y mostraba una mayor deselectividad». Véase Mark K. Jenkins y Ronald H. Schwartz: «Antigen Presentation by Chemically Modified Splenocytes Induces Antigen-Specific T Cell Unresponsiveness In Vitro and In Vivo», *Journal of Experimental Medicine*, 1987, 165:302-319.
23. Allison lo había visto él mismo, y los experimentos en el NIH lo habían probado. Allison había pasado años con el rompecabezas más grande y complejo de la biología, y esta nueva revelación le pedía a él, y a todos los demás en biología, que reorganizaran las piezas. Lo cual, pensó Allison, simplemente hizo que todo fuera «más interesante».
24. «Sólo ciertas células podrían hacerlo. Más tarde resultó que eran las células dendríticas por las que Ralph Steinman [cuyo laboratorio incluía a un joven Ira Mellman] obtuvo el Premio Nobel hace unos años. Así que trabajamos muchos para demostrar de dónde venían, aunque nunca pudimos demostrar lo que hacían».

funcionar. Pero ¿dónde estaba el acelerador de la célula T?[25] Tres cortos años más tarde, la encontraron, otra molécula en la superficie de la célula T llamada CD28.[26] CD significa, por sus siglas en inglés, «clúster de diferenciación», que es como llamarlo «una cosa que es claramente diferente de las otras cosas similares a su alrededor».

La CD28[27] era la segunda señal para activar las células T.[28] Eso era importante, pero, como Allison y otros investigadores descubrieron rá-

---

25. «De todos modos, luego se me ocurrió la idea de la estimulación combinada y apareció una segunda señal. Así que hicimos que el laboratorio se sumergiera en ello, y se nos ocurrió la idea de que la CD28 era una molécula en la que habían trabajado muchas otras personas. Sí, un montón de gente, Jeff Ledbetter, Peter Lindsley, Craig Thompson y otras personas la habían estudiado. Harían un átomo de esta cosa llamada CD28 que activaría parcialmente las células T. Había mucha literatura que decía que haría cosas en los humanos, pero ese trabajo realmente no respondía al problema de una segunda señal obligatoria. En parte porque realmente no se puede, es difícil hacerlo con células humanas, ya que los humanos no tienen muchas células T vírgenes, porque hemos tenido tantas infecciones en general, que en la sangre la mayoría de las células están buscando algo que hacer. Lo hemos visto antes con los ratones, a los que mantenemos limpios».
26. «Un tipo llamado Jeff Ledbetter llevaba estudiando el tema desde hacía mucho tiempo, junto con Craig Thompson, Carl June, Peter Lansing y otros», explica Allison. Allison tenía un par de razones para pensar que podría ser la señal coestimuladora.
27. Allison hizo los experimentos y funcionaron. «Entonces, es oficialmente necesario dar esa segunda señal», dice. Y eso parecía ser todo. Publicó el informe. «Estaba encantado –dice–. Estuve trabajando en ello durante unos tres años, simplemente pensando en ello, aunque todo iba lento». Pero Allison era un investigador. Y pensar en la CD28 lo había llevado a pensar en el problema único del cáncer. No era atacado por las células T. La mayoría de los científicos asumían que se debía a que se trataba de una célula propia, demasiado similar a las células normales del cuerpo sano para ser reconocida por el sistema inmunitario. Pero Allison ahora tenía ideas diferentes. Y da la casualidad de que las tenía en el mismo momento en que realizaba una investigación básica en un laboratorio de cáncer bien financiado. «Se me ocurrió que, dado que las células tumorales no tenían esas moléculas [las CD28], tal vez fueran invisibles para el sistema inmunitario, aunque tuvieran toneladas de antígenos. El sistema inmunitario no podía verlas porque no podían dar esa segunda señal».
28. «Era un informe científico, pero durante todo el tiempo que estuvimos en ello, cuando clonamos el CD28 de ratón, no fuimos los primeros en identificar la

pidamente, tampoco era tan simple. La presentación de la llave de antígeno correcta para el receptor de células T *y* la coestimulación de la CD28 ponían en marcha la célula T, pero cuando lo hacían en modelos de ratones, a menudo la célula T simplemente se estancaba. Era como si hubieran encontrado la llave del encendido y el acelerador, pero todavía era necesaria una *tercera* señal para que la célula T se «activara». Así que se pusieron a buscarla.

Uno de los estudiantes posdoctorales de Allison, Matthew *Max* Krummel, comparó la estructura de la proteína CD28 con otras moléculas, buscando algo similar en una especie de libro informatizado de fotos de fichas de moléculas: «El banco de genes, así lo llamábamos en aquella época», dice Allison. La idea era que si encontrabas una molécula que parecía similar, tal vez hiciera cosas similares y estuviera relacionada. Krummel pronto encontró otra molécula con un parecido familiar cercano a la parte de CD28 que sobresalía de la célula, la parte del receptor.[29] La molécula había sido identificada, nombrada y numerada recientemente.[30] Era la cuarta célula inmune T (linfocito) citotóxica (asesina de células) identificada en el lote, por lo que Pierre

molécula. Otras personas lo hicieron, incluso la clonaron, pero la humana. Nosotros clonamos la del ratón T y lo estudiamos y demostramos que la CD28 era la molécula coestimuladora».

29. Las proteínas de señalización tienen una orientación dentro de la célula y otra fuera de la célula. Sobresalen de la superficie a través de la membrana celular como una zanahoria que sobresale del suelo. La parte exterior interactúa con el mundo exterior y recibe la señal. Esa señal viaja a través de la proteína hacia el interior de la membrana y la orientación de la molécula señalizadora que está dentro de la célula, que es donde sucede la acción. Luego inicia la expresión génica, una especie de «reacción» a la señal. Lo que Allison y Krummel encontraron fue una molécula en el banco de genes que tenía un componente exterior, las hojas de la zanahoria, que era «como un 85 % idéntico» a la porción de señalización exterior de la CD28. Ese parecido familiar podría haber sido una coincidencia, pero Allison creyó que la mejor apuesta era que significaba que las dos proteínas de señalización estaban, de hecho, relacionadas evolutivamente de manera estrecha y hacían cosas similares. «Para mí, todo vuelve a la evolución tarde o temprano», dice Allison.

30. «Ese tipo, Chip Holstein, la había clonado», dice Allison, lo que permitió a los investigadores estudiarla más a fondo. «No sabía lo que hacía, sólo sabía que no estaba en las ingenuas células T que se activaban».

Goldstein, el investigador que la encontró, la llamó proteína n.º 4 asociada a linfocitos T citotóxicos, o CTLA-4, para abreviar.[31]

Mientras tanto, los investigadores Jeffrey Ledbetter y Peter Linsley estaban trabajando en el mismo problema de la tercera señal en el campus de investigación de Bristol Myers Squibb en Seattle. «Linsley fabricó un anticuerpo para bloquear la CTLA-4», recuerda Allison. El grupo publicó un artículo en el que concluía que la CTLA-4 era una tercera señal de «vamos», otro acelerador de la célula T que tenía que activarse para la respuesta inmunitaria.[32] Que otro investigador se les adelantara para fabricar el anticuerpo fue decepcionante, y especialmente desalentador para Krummel, que acababa de pasar tres años trabajando en el anticuerpo como su proyecto de tesis previsto. Sin embargo, Allison decidió continuar con más experimentos con la CTLA-4 de todos modos. Siempre había más cosas que aprender. Además, no estaba totalmente convencido de que Linsley *et al.* hubieran resuelto por completo el misterio de la activación de las células T.

«Sabía que había dos maneras de hacer que algo fuera más rápido –dice Allison–. Una es pisar el acelerador. La otra es quitar el freno». Allison dice que el grupo de Linsley sólo había ideado experimentos compatibles con la CTLA-4 como otra señal de «vamos», esencialmente una segunda CD28. «Dije, "Hagamos los experimentos compatibles [con la CTLA-4] dando una señal de 'apagado'" –dice Allison–. Efectivamente, eso es lo que descubrimos. La CTLA-4 era una señal de "apagado"».[33]

---

31. «La CTLA-4 proviene de un tal Pierre Goldstein de Francia, que nuevamente estaba haciendo hibridación sustractiva para encontrar cosas que se expresaran sólo en las células T. Tomó las células T y sustrajo el ARN que también estaba en las células B y miró lo que quedaba. Lo cuarto que obtuvo fue CTLA-4, o proteína antigénica #4 asociada a linfocitos T citotóxicos. De ahí es de donde vino, y es un nombre completamente inapropiado porque resulta que está en todas las células T, no sólo en las CTL (células T asesinas). También está en las células auxiliares. Está en cada célula T después de que se activan. Pero me gusta la aliteración CTLA-4». También se llama CD152.

32. Linsley *et al.*, «Coexpression and Functional Cooperation of CTLA-4 and CD28 on Activated T Lymphocytes», *Journal of Experimental Medicine*, 1992, 176:1595-1604.

33. Krummel diseñó un modelo para pisar ambos pedales y lo probó en animales, luego marcó la combinación de acelerador y freno, la CD28 y la CTLA-4, como

El laboratorio de Allison ahora tenía una imagen bastante completa de los pasos necesarios para la activación de las células T contra la enfermedad. Primero, la célula T necesitaba reconocer a la célula enferma por su huella proteica única. En otras palabras, necesitaba que se le presentara el antígeno que coincidía con su receptor de células T (TCR). Por lo general, era una célula dendrítica o un macrófago el que hacía esa presentación. La unión a ese antígeno era como girar la llave del encendido de un automóvil.

Las otras dos señales (la CD28 y la CTLA-4) eran como el acelerador y el freno de ese coche. La CTLA-4 era el freno, y era el más poderoso de los dos. Podías pisar ambos (y en los experimentos, Krummel descubrió que era una forma tosca de controlar la tasa de activación), pero si pisabas ambos, el freno anulaba el pedal del acelerador y la célula T no funcionaba, independientemente de todo lo demás. Con la suficiente estimulación de la CTLA-4 la respuesta inmune se estancaba.

Si todo esto suena complicado, es porque lo es, y está hecho a propósito. El laboratorio de Allison había descubierto un elaborado mecanismo de seguridad, un aspecto del marco más amplio de controles y equilibrios que evita que el sistema inmunitario se acelere y ataque a las células sanas del cuerpo. Cada elemento de seguridad es una especie de fusible que se dispara si una célula T de gatillo fácil está programada para apuntar al antígeno incorrecto, como los de las células normales del cuerpo. Era una forma de preguntar repetidamente: ¿estás seguro de esto?, antes de que las células T se convirtieran en máquinas de matar.

---

un nuevo conductor. Demostrar que se podía impulsar la respuesta de las células T hacia arriba y hacia abajo en modelos animales como había predicho en su hoja de cálculo, hecha con una versión anterior de Excel, realmente demostró que estaban viendo lo que sospechaban. «Jim era realmente un IP práctico en ese momento –recuerda Krummel–. Creo que me enseñó a inyectar en mi primer ratón». Krummel dice que la actitud de Allison para sus posdoctorandos elegidos era esencialmente: «Confía en tus instintos. Prueba cosas». También lo parafrasea como: «A la mierda, pruébalo». Krummel intentaba inculcar ese espíritu en sus alumnos como profesor de Patología en un laboratorio de la Universidad de California, San Francisco. «No sabía prácticamente nada y me permitieron meter anticuerpos en ratones», dice Krummel, a modo de tributo a la cultura de Berkeley en ese momento y al laboratorio de Allison en particular; la certeza en la ciencia es a menudo un anatema para la exploración pura.

La activación adecuada de la respuesta inmune contra los patógenos es lo que te mantiene sano. Sin embargo, la respuesta inmune acelerada contra las células propias es una enfermedad autoinmune: esclerosis múltiple, enfermedad de Crohn, algunas formas de diabetes, artritis reumatoide, lupus y más de cien enfermedades más. Suceden a menudo, incluso con este elaborado sistema de retroalimentación. Y así, el mecanismo de doble verificación y doble señal de la activación de las células T es sólo una de las muchas redundancias y bucles de retroalimentación a prueba de fallos integradas en la respuesta inmune. Esos «puntos de control» en la actuación de las células T no se habían intuido.[34] Pero ahora el laboratorio de Allison y, simultáneamente, el laboratorio de Jeff Bluestone en la Universidad de Chicago habían encontrado uno de esos puntos de control.[35] Bluestone se centró en formas de colocar este nuevo descubrimiento en el contexto de los trasplantes de órganos y la diabetes, aplastando la respuesta inmune no deseada. Pero Allison tenía una idea diferente de dónde le gustaría meterlo.

---

34. La creencia en ese momento era que las células T estaban al mando en términos de esta respuesta inmune. Ahora se cree que las células macrófagas del sistema inmunitario innato, esas células grandes y hambrientas de «basura» que engullen los detritos del cuerpo, ayudan a regular la respuesta inmunitaria por medio de citocinas. Ahora también se sabe que las T reg, que no se habían descubierto en el momento de este trabajo con la CTLA-4, son las células que expresan principalmente la CTLA-4 y, por lo tanto, juegan un papel importante en la regulación negativa de las células T activadas.
35. «Jeff Bluestone, que estaba en la Universidad de Chicago casi al mismo tiempo, hizo lo propio de manera independiente», dice Allison. Bluestone era inmunólogo (ahora es el director general del Instituto Parker de Inmunoterapia contra el Cáncer) y su laboratorio intentaba utilizar ese freno inmunitario recién descubierto para prevenir el rechazo en trasplantes de órganos y enfermedades relacionadas con la autoinmunidad, cuestiones que se aceptaban ampliamente como parte de la zona de acción del sistema inmunitario. La mayoría de los expertos en cáncer e inmunólogos creían que el cáncer no tenía nada que ver con el sistema inmunitario. Mientras tanto, Allison era un bioquímico que se había dedicado a la inmunología y, siguiendo un patrón que se repite a lo largo de la historia de los avances en la inmunoterapia contra el cáncer, no era lo suficientemente consciente de las batallas entre creyentes y no creyentes en la inmunoterapia contra el cáncer para darse cuenta de que él había cruzado casualmente la línea de batalla. El siguiente paso en su experimentación fue más controvertido.

La biología era interesante, las enfermedades extrañas y fascinantes, la inmunología genial. Pero el cáncer, admite Allison, «me cabreaba» personalmente.[36] Él era sólo un niño cuando perdió a su madre,[37] había

36. Y así, aunque tenía los ojos fijos en la carretera que tenía por delante, haciendo ciencia pura con las células T, ese pensamiento siempre viajaba con él en el asiento del copiloto. A veces lo describe en términos de una canción de Jerry Jeff Walker sobre un vaquero que recorre la autopista con un ojo en la carretera y el otro en la chica que está a su lado. Incluso mientras conducía, siempre estaba atento a la posibilidad de detenerse en el arcén.
37. Allison conocía el cáncer. Lo conocía desde niño, aunque no lo llamaban así. «Cáncer» no era una palabra que se dijera en esa época, era una cosa sucia, una maldición, la palabra que empieza por C. No lo decías, pero Jim podía ver qué era. Estaba en los ojos de su madre, la manera en que su vestido colgaba mientras ponía la mesa, en que ocultaba su agotamiento en silencio y mostraba sonrisas forzadas. Aquello era Texas y ella era de vacas, botas altas, cactus altos e historias familiares del sendero de Chisholm. Gente de vacas y caballos, verdaderos tejanos, y no dados a quejarse, ni siquiera con la enfermedad progresando sin control o su piel pálida enrojecida por las quemaduras de la radiación, la única forma que la ciencia tenía para detenerla. Así fueron las cosas, tres veranos y empeorando, pero sin que se hablara de ello. Jim recordó un día de verano cuando uno de los adultos vino a buscarlo y le dijo que tenía que ir a casa de inmediato. Cinco décadas después, todavía puede sentir que su mano se debilita y la luz se apaga; ese momento crudo y horrible en el que todo cambió todavía hace que se le humedezcan los ojos. Entonces, ¿este trabajo, este pensamiento punzante en el fondo de su mente, era para su madre? Tal vez todo lo que hacemos es por mamá, de una manera u otra. «Bueno, no sabía por qué lo tenía, sólo sabía que estaba enferma. Nadie hablaba de cáncer, nadie decía "cáncer", nadie en mi familia al menos, y yo no sabía qué le pasaba. No sabía lo que era el cáncer. Sólo sabía que mi madre estaba enferma. Un día, me dirigía a la piscina con unos amigos y alguien salió corriendo de la casa y dijo: "No, no puedes ir. Tienes que volver y quedarte con tu madre". Y todavía no sabía lo que era. Quiero decir, estaba sosteniendo su mano cuando murió. Y no sabía qué era, sólo sabía que estaba muerta. Tuve que reflexionarlo más tarde porque era demasiado joven para saberlo. Sin embargo, me cabreó mucho». Alice no era una gran ciudad y los Allison vivían en las afueras. Ya estaban en el borde del exterior. La muerte de la madre de Jim lo empujó al límite. Pasó mucho tiempo simplemente caminando, sin saber adónde iba, pateando la tierra, manteniendo los pies en movimiento para que su cabeza no pudiera pensar demasiado en lo que había sucedido. Así fue como encontró el asentamiento. Había tropezado con él por accidente, un pequeño pueblo fantasma en descomposición en el bosque. Estaba hurgando entre los árboles, tratando de no pensar, pero pensando de todos modos, y de

sostenido su mano mientras ella moría, sin siquiera saber cuál era la enfermedad o por qué tenía quemaduras, sólo sabiendo que ella se había muerto. Eventualmente perdería a la mayor parte de su familia de esa manera, y aunque nunca lo había dicho en voz alta, ni siquiera se lo había dicho a sí mismo, en el fondo de su mente, el cáncer siempre había sido la conclusión práctica y potencial de su, por lo demás, pura investigación científica. Y ahora aquí estaba, con otro experimento en mente y un camino intelectual hacia un destino emocional.

«Mi laboratorio siempre se ha ocupado a media de la inmunología básica y a medias, o quizá un poco menos, en realidad, a los tumores», dice Allison. «Pero tenía a una nueva posdoctoranda [Dana Leach] que había hecho algunas cosas con tumores. A finales del verano, describí el experimento. Le dije: "Quiero que les metas tumores a algunos ratones y luego les inyectes este anticuerpo [el bloqueador de la CTLA-4]. Mételes tumores a otros, pero no anti-CTLA-4, y veamos qué sucede"». En noviembre, la posdoctoranda volvió con los resultados: los ratones que recibieron anti-CTLA-4 se habían curado del cáncer. Los tumores habían desaparecido. En los ratones a los que no se bloqueó la CTLA-4, los tumores siguieron creciendo. Allison estaba atónito: no era eso lo que sugerían los datos experimentales. «Según los datos, era un experimento "perfecto", 100 % vivos versus 100 % muertos. Jesús, quiero decir, esperaba... algo. Pero aquello era un 100 %. O acabábamos de curar el cáncer, o realmente lo habíamos jodido todo».

Necesitaba hacerlo de nuevo. «Teníamos que hacerlo, era Acción de Gracias y para realizar estos experimentos se tardan un par de meses». Pero Allison dice que su posdoctorando no iba a renunciar a su viaje a

---

repente se dio cuenta de que aquello era un lugar. De alguna manera, todavía lo era. Allí, sobre el suelo de hojas húmedas y frente a las paredes de musgo, observado sólo por los ojos húmedos de las raíces y de los fantasmas de generaciones fallidas de granjeros, Jim Allison soñaba con algo más grande. Genética, medioambiente: las causas del cáncer importaban, desde una perspectiva científica; todo importaba. Y desde una perspectiva personal no importaba nada. El cáncer era simplemente cierto, lo entendieras o no. Estás aquí y luego te mueres, como esas familias, como ese pueblo que se derrumba entre el polvo. Fue a su madre a quien se llevó esa cosa. Más tarde también se llevó a su hermano mayor, esta vez fue cáncer de próstata, y poco después, cuando Jim obtuvo el diagnóstico de esa misma cosa, simplemente dijo: «A la mierda, córtalo».

Europa durante las vacaciones de Navidad, o al menos no por un montón de ratones.

Allison le dijo que simplemente preparara el experimento de nuevo. «Ahora inyecta a todos los ratones, luego vete a hacer lo que sea que vayas a hacer». Para asegurarse de que sus observaciones fueran lo más imparciales posible, le dijo al posdoctorando que etiquetara las jaulas A, B, C, D. «Mediré los ratones. No me digas nada», dijo. Allison haría el trabajo duro y verificaría los resultados de cada uno, pero hasta que terminara, no sabría qué grupo era cuál.

«Fue realmente desgarrador», recuerda Allison. Iba todos los días y veía que los tumores de la jaula A parecían estar creciendo. Medía cada tumor con calibradores y marcaba los resultados en el papel cuadriculado, luego pasaba a la jaula B y encontraba lo mismo, ratones con tumores en crecimiento. La misma historia en la jaula C y en la jaula D. Había muchos ratones, muchos números, y todos apuntaban a lo mismo. Era un fracaso al 100 %.

¿Aquel posdoctorando que se había tomado un feliz descanso había arruinado el experimento? Allison sintió que estaba retrocediendo. Finalmente, en la víspera de Navidad, estaba en el laboratorio mirando cuatro jaulas de ratones, todas con tumores en constante crecimiento. «Dije, "Joder, no voy a medir nada más. Necesito tomarme un descanso"».

Regresó cuatro días después y descubrió que la situación en las jaulas había cambiado drásticamente. En dos de las jaulas, los tumores de los ratones se estaban reduciendo. En las otras dos jaulas los tumores continuaban creciendo. Cuando abrió las jaulas del experimento, estaba seguro. La respuesta inmunitaria tardaba un tiempo en activarse, como ocurre con una vacuna, pero sucedía. Día a día, y sorprendentemente rápido, la tendencia continuó. Fue como antes: un experimento perfecto al 100 %.

No sabía hacía a dónde se dirigían con toda aquella experimentación, pero ahora, de repente, habían llegado. Habían descubierto un mecanismo biológico que daba sentido a décadas de datos confusos. Los tumores aprovechaban los mecanismos de seguridad incorporados en las células T, frenando la respuesta inmunitaria del cuerpo contra ellos. Era la evolución, el truco de supervivencia del cáncer, o uno de ellos. Si Allison podía bloquearlo en ratones, tal vez podría bloquearlo en personas. El avance no era lo que había en las jaulas; era la nueva visión del mundo que revelaban los datos. No suele pasar en la ciencia como pasa en las películas, el momento eureka, un instante decisivo. Pero eso fue todo. Las células T reconocían el cáncer, el cáncer utilizaba trucos para sofocar una respuesta completa de las células T, y tú podías bloquearlo.

¿Qué más era posible? Esa pregunta, y la esperanza que engendró..., eso era lo que importaba. Y ése fue el gran avance.

La CTLA-4 había resultado ser lo que se llamaría un «punto de control» en la activación de las células T, un interruptor de desactivación incorporado que asomaba desde la superficie de las células T, instalado por la Madre Naturaleza para evitar que el asesino de células del cuerpo se desbocara. Allison había descubierto que había sido secuestrado por el cáncer para cerrar (o «regular a la baja») una respuesta inmune contra él.

El laboratorio de Allison había creado un anticuerpo que encontró y se ajustó al receptor CTLA-4 como una llave se introduce en una cerradura. Bloqueó ese punto de control para que el cáncer no pudiera utilizarlo. Algunos biólogos comparan la acción de este inhibidor de puntos de control con colocar un ladrillo debajo del pedal del freno de un automóvil en marcha.

La inhibición del punto de control difería de los intentos anteriores de una inmunoterapia contra el cáncer exitosa que buscaba inducir, aumentar o «impulsar» una respuesta inmune al cáncer. En cambio, bloquear el punto de control evitaba que el cáncer cancelara la respuesta inmune natural contra él.

Durante décadas, los investigadores habían estado buscando algo que explicara por qué no podían crear una inmunoterapia que funcionara de manera fiable contra el cáncer. Muchos asumieron que el problema era que las células T realmente no podían reconocer los antígenos tumorales, lo que significaba que el problema con la inmunoterapia contra el cáncer era que, para empezar, era inútil. El trabajo en el laboratorio de Allison sugería un escenario diferente. La célula T podía detectar el cáncer, pero el receptor CTLA-4 actuaba como un freno, un punto de control que detenía la respuesta inmunitaria. Bloquear o inhibir ese punto de control con un anticuerpo podría ser la pieza faltante del rompecabezas que los inmunólogos del cáncer habían estado buscando.[38]

El laboratorio de Allison[39] ahora tenía anticuerpos que bloqueaban el receptor CTLA-4 en las células T. Creían que podían bloquear las células cancerosas antes de que el cáncer tuviera la oportunidad de detener la activación de las células T; en teoría, éste era un fármaco potencial que podría ayudar a los pacientes con cáncer. Para darse cuenta de ese potencial, incluso para saber si funcionaba, sería necesario probarlo. Y para probarlo a escala, primero sería necesario fabricarlo. Pero Allison no pudo encontrar una compañía farmacéutica que estuviera interesada.

El problema es que era 1996 y no vendía el tipo de medicamento que la mayoría de los fabricantes farmacéuticos estaban preparados para fabricar. Los más fáciles, los más comunes, eran aquéllos formados por las moléculas pequeñas. Son relativamente fáciles de ensamblar en cantidad, y el proceso de fabricación es mucho más sencillo que el requerido para el gran anticuerpo que tenía Jim Allison para bloquear la CTLA-4. La mayoría de los medicamentos contra el cáncer eran medicamentos de molécula pequeña. No curaban el cáncer, pero lo atacaban por un tiempo. «Eso era lo que impulsaba a la industria farmacéutica en ese momento –dice Krummel–. Y lo sería durante los próximos quince años».

Otro problema era que, si bien el anti-CTLA-4 era un «fármaco contra el cáncer», representaba una filosofía de tratamiento que no actuaba sobre el cáncer, sino sobre el sistema inmunitario, liberándolo para que pudiera hacer su trabajo.

Era, en otras palabras, una inmunoterapia contra el cáncer. Y hasta ahora, las inmunoterapias contra el cáncer habían demostrado ser una

38. De hecho, lo lograría en 2011. Una vez aprobado por la FDA, fue comercializado bajo el nombre comercial Yervoy; costaría a los pacientes 120 000 dólares por un tratamiento completo.

39. Allison y Krummel aparecen en la solicitud de patente provisional. También se agregaría a la becaria postdoctoral de Allison, Dana Leach.

apuesta arriesgada. Fabricar, probar, comercializar y distribuir dicho fármaco (o cualquier fármaco) requeriría muchos millones de dólares y muchos años. Era un riesgo mayor del que la mayoría de las empresas estaban dispuestas o podían permitirse asumir, especialmente para un enfoque del cáncer del que la mayoría de los oncólogos desconfiaban.

Y como Allison entonces también descubrió, tenía un tercer problema. En los años transcurridos desde que se descubrió por primera vez la CTLA-4 y los laboratorios de Allison y Bluestone descubrieron cómo funcionaba y qué hacía, el gigante farmacéutico Bristol-Myers Squibb había presentado una patente provisional. Su patente precedió a la de Allison como una estaca en el suelo, pero se basó en un malentendido sobre cómo funcionaba la CTLA-4.

La patente de BMS tenía la CTLA-4 como acelerador. Afirmaba que su anticuerpo se uniría a la CTLA-4 como agonista, acelerando la célula T. La revelación revolucionaria de Allison y Bluestone fue que la CTLA-4 era, de hecho, un pedal de freno que regulaba negativamente la activación inmunitaria. La patente única de Allison fue para un anticuerpo que bloqueaba ese freno, como medicamento para usar contra el cáncer. Allison tenía razón, Bristol-Myers Squibb se había equivocado. Allison y sus posdoctorandos finalmente prevalecerían. Pero mientras tanto, una reclamación conflictiva contra una corporación millonaria no ayudó en nada a su promoción de ventas.

«Hubo muchísima emoción, y luego fue como un silencio en la radio –dice Krummel–. Podías escuchar a las abejas en los huertos».

Pasaron dos años de viajes y conversaciones antes de que finalmente encontraran un hogar, con una pequeña compañía farmacéutica con sede en Nueva Jersey creada por un equipo de inmunólogos de la Escuela de Medicina de Dartmouth.[40] Medarex no era grande, no tenían los bolsillos profundos de un Bristol Myers Squibb o un Roche, pero tenían un ratón modificado genéticamente para producir anticuerpos humanos (en lugar de anticuerpos de ratón).[41] Con la propiedad inte-

---

40. Ahora conocida como la Escuela de Medicina Geisel. El trabajo esencial de los doctores Nils Lomberg y Alan Korman en el desarrollo de anticuerpos tanto para anti CTLA-4 como para PD-1 merece un capítulo aparte.

41. Estos ratones habían sido manipulados genéticamente; sus genes de inmunoglobulina (tipo de proteína de anticuerpo) habían sido reemplazados por genes

lectual de Allison, sus ratones se convertirían en fábricas farmacéuticas vivientes, capaces de producir anti-CTLA-4 en cantidades suficientes para los primeros ensayos clínicos en humanos. Incluso podría convertirse en un medicamento contra el cáncer y ayudar a las personas. Pero eso tal vez todavía estaba a quince años vista. Mucho más probable era que acabaran curando el cáncer en ratones, una vez más.

---

de inmunoglobulina humana. Como resultado, su respuesta inmunitaria contra una proteína extraña (en este caso, un receptor CTLA-4 humano) producía anticuerpos hechos de proteínas que no parecerían extrañas para un ser humano, y esos anticuerpos podrían pasar a los humanos sin desencadenar una respuesta inmunitaria contra ellos.

Capítulo cinco

Las tres E

Si cambias la manera en la que miras las cosas, las cosas que miras cambian.

—MAX PLANCK

El nuevo descubrimiento fue que la CTLA-4 era un punto de control de las células T, un freno que impedía la activación inmunitaria. Bloquear ese punto de control bloqueaba el freno. Allison descubrió que hacerlo parecía cambiar la manera en que las células T reaccionaban al cáncer, al menos en ratones.

La sugerencia más amplia fue que un punto de control en la célula T podría ser una pieza importante, que antes faltaba, de una respuesta completa y exitosa del sistema inmunitario al cáncer y quizás a otras enfermedades. Esa respuesta tenía muchos jugadores críticos, pero la célula T era la estrella de la acción cuando se trataba de matar el cáncer. La mayoría de los enfoques de inmunoterapia contra el cáncer han intentado lograr que esa estrella actúe, y en gran medida fracasado. Rosenberg, Greenberg y otros esperaban que mejorar la energía y los números sin procesar de las células T con la citocina IL-2 sería la solución. Las vacunas contra el cáncer intentaron motivar a su estrella para que actuase introduciendo las células T en las proteínas distintivas de las células cancerosas a las que se suponía que debían atacar y matar. Esos enfoques tenían en común una sola premisa científica: las células T podían *reconocer* los tumores como no propios y, cuando lo hacían, entraban en acción, multiplicándose y atacando las células cancerosas. Eso no parecía suceder con regularidad contra el cáncer, y no sucedía con la IL-2 o con las vacunas o con otros intentos. Durante años la pregunta había sido, ¿por qué no?

«Lo he encontrado», me diría Allison más tarde, refiriéndose tanto a lo que parecía ser la respuesta a esa pregunta en general, como a uno de los puntos de control que se interponían en el camino de las células T para activarse y atacar específicamente el cáncer.[1] «Pero no lo he probado».

Esa prueba se estaba cocinando lentamente en los laboratorios de otros científicos que trabajaban en las trincheras en la intersección del sistema inmunitario y el cáncer. Sus experimentos no tenían nada que ver con Allison personalmente, ni nada que ver con la CTLA-4 en absoluto, pero conectaron lo que Allison acababa de hacer con esa molécula de punto de control en Berkeley en una historia biológica más grande escrita durante cientos de millones de años. Tomaron un descubrimiento, un *qué,* y lo convirtieron en un *qué* y un *por qué.* Allison había encontrado una pieza distintiva del rompecabezas; los otros científicos descubrieron simultáneamente una imagen evolutiva a la que le faltaba exactamente esa forma.

---

1. Es importante enfatizar que Allison aclara contantemente las contribuciones, muchas de ellas esenciales, de aquellos que trabajaron con él en su laboratorio. Nombra al doctor Matthew Krummel en particular, y es aún más claro sobre el hecho de que el doctor Jeff Bluestone, quien en ese momento se había mudado de la Universidad de Chicago a la Universidad de California, San Francisco, descubrió simultáneamente que la CTLA-4 era una señal de regulación a la baja, un freno inmune en lugar de un acelerador. Bluestone ha sido constante y públicamente reconocido por este trabajo, pero debido a que lo aplicó a más investigaciones sobre la regulación a la baja de la respuesta inmune, en lugar de bloquear esa regulación a la baja con un anticuerpo y probarlo contra el cáncer, su nombre no es tan conocido ni se asocia al avance contra el cáncer específicamente. Bluestone fue nombrado presidente y director ejecutivo del Instituto Parker de Inmunoterapia contra el Cáncer, cargo que lo tuvo en el centro de financiación y coordinación de los esfuerzos de miles de científicos e investigadores de todo el mundo.

Habla con cualquier persona que haya trabajado en el campo de la inmunoterapia contra el cáncer durante el último medio siglo y hay ciertos nombres que escucharás una y otra vez, pocos con tanta reverencia como el doctor Lloyd Old.[2] Old era esencialmente el rostro y la voz de la inmunología del cáncer durante sus horas más oscuras, un inmunólogo altamente capacitado y un académico e investigador respetado con sede en el Centro de Cáncer Memorial Sloan Kettering de Nueva York que se encontraba a caballo entre los mundos de la ciencia acreditada y su hijastro pelirrojo.[3] Old no había tomado exactamente el relevo de Coley, pero con el trabajo apoyado en parte por el Instituto de Investigación del Cáncer creado por la hija de Coley, Helen, honró y mejoró la premisa no articulada de Coley, y hasta su muerte en 2011 siguió siendo un portador de la antorcha de la inmunología del cáncer de primer orden.[4] Durante cincuenta años trajo nuevos talentos al

2. El obituario del doctor Old de 2011 en el *New York Times* lo reconoció como esencial para un enfoque del cáncer «también conocido como bioterapia».
3. Era un heredero de Coley, defendido personalmente por la hija de Coley y, de alguna manera, también era amigo de los dioses del cáncer en el Centro de Cáncer Memorial Sloan Kettering, donde mantenía un laboratorio y una oficina y ocupaba la Cátedra William E. Snee de Inmunología del Cáncer.
4. Con la misma frecuencia escucharás que se refieren a él «el padre de la inmunología tumoral». Además de articular el concepto de que el cáncer tiene «etiquetas de identificación» moleculares únicas (antígenos) que deberían convertirlo en un objetivo único para el tipo correcto de respuesta inmunitaria, Old fue responsable de avances inmunológicos tan importantes como el descubrimiento de un heredero legítimo del tratamiento bacteriano de las Toxinas de Coley, en forma de Bacillus Calmette-Guérin, o BCG; fue una de las primeras inmunoterapias aprobadas por la FDA y sigue siendo eficaz contra algunas formas de cáncer de vejiga. Creía en una interacción de base inmunitaria entre el cáncer y el sistema inmunitario, y mantuvo vivo el campo durante sus días más oscuros. Era un hombre notablemente educado, un violinista con un nivel de concertista, un inmunólogo consumado y el heredero aparente de la antorcha llevada por William Coley. También fue el director científico y médico fundador del Instituto de Investigación del Cáncer, fundado por la hija del doctor Coley, cargo que ocupó durante más de cuarenta años. Por reputación y como se transmite a través de docenas de entrevistas, el doctor Old era en parte Osler, en parte Huxley y todo mentor. Desafortunadamente, Old murió de cáncer de próstata

campo, ayudando a estandarizar y mejorar los enfoques científicos racionales para probar varias estrategias que arman el sistema inmunitario contra el cáncer.[5]

Muchos de esos enfoques involucraban a una cepa tumoral que él había creado, llamada «Meth A». Era un tumor modelo con el que podía experimentar y al que enfrentar varias proteínas posiblemente relacionadas con la respuesta inmune.

Una de esas proteínas era un mensajero químico que había identificado como un factor potencialmente importante para la eliminación de tumores, lo que le valió el nombre de «factor de necrosis tumoral» o TNF, por sus siglas en inglés. Ahora sabemos que el TNF es una citocina, una de las docenas de poderosas alarmas químicas que inician pasos específicos en la respuesta inmune a la enfermedad. El TNF es parte de una instrucción que una célula T le da a una célula a la que ha apuntado para la muerte. La instrucción es que esa célula se mate limpiamente.

Nuestros cuerpos están constantemente eliminando células viejas o dañadas, permitiendo que nuevas células ocupen su lugar. Este proceso natural de autodestrucción celular (llamado apoptosis, de una antigua palabra griega que significa «caerse») está integrado en las células. El proceso es una limpieza de primavera celular. En el transcurso de un año, cada uno de nosotros arrojará una masa de células autodestruidas aproximadamente igual a nuestro peso corporal total. El cuerpo utiliza este proceso natural para deshacerse de las células dañadas, infectadas o mutadas. Incluso antes de que nazcamos, la apoptosis juega un papel vital en las primeras etapas del desarrollo infantil en el útero. Algunas mutaciones que provocan cáncer desactivan la capacidad de autodes-

---

en 2011, a la edad de setenta y ocho años. Su muerte se produjo justo antes de la aprobación del primer inhibidor de puntos de control.

5. Incluso en las horas más oscuras, cuando los investigadores habían reunido pocos datos científicos sólidos para respaldar la teoría, Old siguió creyendo sin fisuras en la interacción del cáncer y el sistema inmunitario, y trabajó para popularizar y explicar esas ideas a través de artículos en revistas académicas, revistas científicas revisadas por pares y la prensa popular; su artículo de *Scientific American* de 1977, titulado simplemente «Inmunoterapia contra el cáncer», establece los conceptos básicos para un público no especializado.

trucción de la apoptosis, de modo que en lugar de autodestruirse y ser reemplazadas por una célula sana, las mutantes siguen dividiéndose y multiplicándose sin control. La resistencia a la apoptosis es una de las denominadas características críticas del cáncer. Los experimentos de Old tenían como objetivo comprenderlo mejor y tratar de cortocircuitarlo.

El TNF parecía estar involucrado en ese proceso de apoptosis. Old descubrió que en sus modelos de ratones, agregar TNF adicional induciría al sistema inmunitario a destruir las células del tumor Meth A. Era algo así como una versión de investigación del cáncer de destruir un barco dentro de una botella. Pero para comprender realmente el papel del TNF en la respuesta inmunitaria, también necesitaba eliminar la citocina del sistema, eliminar o bloquear ese eslabón de la cadena y ver qué pasaba o no pasaba.

A medio país de distancia, el doctor Robert Schreiber[6] estaba realizando una prueba de este tipo. Schreiber, un nativo de Rochester, Nueva York, y jefe de investigación de inmunología en la Facultad de Medicina de la Universidad Washington de St. Louis, no trataba de hacer que el sistema inmunitario hiciera algo específico. Ciertamente no trataba de hacer que hiciera algo con el cáncer. Al igual que su antiguo colega Jim Allison (los dos hombres se habían cruzado como posdoctorandos de Scripps), sólo quería comprender tanto como fuera posible todo lo relacionado con el sistema inmunitario, impulsando la ciencia

6. Robert D. Schreiber es profesor de Patología e Inmunología de la Facultad de Medicina de la Universidad de Washington. Bob también tuvo la amabilidad de acordarse de mí. Habría tenido todo el derecho a no hacerlo. Había estado sentado en el bar del hotel Copley en Boston durante un día de invierno típico de Boston. Había una conferencia de inmunoterapia contra el cáncer en pleno florecimiento en el centro de conferencias circundante, y partidos de fútbol americano universitario en una serie de televisores colgados a lo lejos. Había macetas con helechos y una mesa abierta donde me detuve para saludar a Jim Allison. Lo que Jim Allison había dicho en su intervención se refería a su descubrimiento histórico de algo que se podía apagar y encender en humanos y curar el cáncer. Luego, Jim me presentó a Schreiber y dijo, sin dudarlo: «Yo lo encontré, pero Bob lo demostró». Lo escribí y anoté su nombre y aproximadamente un año después finalmente pude averiguar de qué diablos estaba hablando Jim Allison.

pregunta a pregunta, centímetro a centímetro. Era un territorio complejo y relativamente inexplorado. Tales preguntas eran más que suficientes para toda la vida.

En ese momento, el laboratorio de Schreiber tenía quince empleados que analizaban los mensajeros químicos del sistema inmunitario, las citocinas. Varios habían sido identificados, y cada uno parecía estar involucrado en la compleja danza de señales, acciones y reacciones. El laboratorio de Schreiber había desarrollado una serie de anticuerpos patentados, cultivados ingeniosamente en hámsteres armenios.[7] Cada anticuerpo coincidía con una citocina específica. Cada uno había demostrado ser especialmente bueno para bloquear esa señal sin afectar a las demás. Cada uno eliminaba uno de los eslabones en la reacción en cadena más grande de la respuesta inmune.[8] Estaban haciendo un buen

7. No eran ratones, pero eran primos cercanos, y podías usarlos en ratones, por lo que su sistema inmunitario no rechazaba los anticuerpos como extraños. «Eran no inmunogénicos. Por lo tanto, podías hacer experimentos *in vivo* incluso antes de los días en los que se empezó a poder inactivar genes en los ratones», dice Schreiber. Por cierto, el uso de hámsteres armenios no era la norma para la mayoría de los biólogos, ya que el ratón es el animal de experimentación habitual, la rata de laboratorio de la imaginería popular. Schreiber había leído por primera vez información sobre los hámsteres armenios en el artículo de una revista. Él y su colega, Kathy Sheehan (Kathleen C. Sheehan, PhD, codirectora del Laboratorio de Inmunomonitoreo y profesora asistente de Patología e Inmunología), rastrearon algunos en un laboratorio en la Universidad de Brandeis, donde un investigador había utilizado la misma población endogámica durante tanto tiempo que esencialmente había creado una población genética estandarizada. El resultado fue que no producían anticuerpos en ratones, lo que resulta ser de vital importancia aquí, porque ahora nos damos cuenta de que, especialmente en términos de estudio de la respuesta inmunitaria, lo que funciona en los ratones no siempre sirve para los humanos, y viceversa. Específicamente, gran parte de la inmunoterapia contra el cáncer no funciona en ratones, lo que resultó ser otra llave oculta en los engranajes del progreso científico en ese campo. Algo similar pasa con la penicilina, que ha salvado millones de vidas humanas y es letal para los ratones. Afortunadamente, la penicilina fue descubierta y probada enseguida directamente en humanos como parte del esfuerzo bélico. Si se hubiera sometido a los protocolos habituales para la aprobación de la FDA y pasado por modelos de ratón antes de los ensayos en humanos, es posible que ese avance no se hubiera reconocido y se hubieran perdido muchos millones de vidas.
8. El trabajo puede sonar como desarrollar una llave y lanzarla hacia una cerradura,

trabajo, liderando el campo en este aspecto particular, y Schreiber se sentía muy feliz de seguir haciéndolo. Era, dice, «muy divertido».

Luego, un modesto martes de primavera de 1988,[9] Schreiber recibió una llamada de Lloyd Old que cambió la dirección de su trabajo y de su vida. El asunto comenzó de manera bastante inocua. Old necesitaba buenos anticuerpos que bloquearan el TNF. Se preguntó si a Bob Schreiber no le importaría prestarle unos pocos. «Así que le dije que por supuesto que sí», recordó Schreiber. De hecho, si Old estaba interesado, Bob le enviaría un menú completo de anticuerpos; tenían muchos. Sí, eran propiedad de su laboratorio, pero aquello era ciencia. Era como prestarle una taza de azúcar a un vecino.

El laboratorio de Schreiber pipeteó los anticuerpos en tubos de ensayo, empaquetó las rejillas en nitrógeno líquido y las envió al laboratorio de Old durante la noche. No mucho después, Old volvió a llamarlo por teléfono. Sonaba emocionado. «Lloyd dijo que los anticuerpos anti-TNF que enviamos habían funcionado muy bien», recuerda Schreiber. Apuntaron al TNF y silenciaron el grito de batalla de la citocina al sistema inmunitario. No detuvo toda la respuesta inmune en ratones, pero la silenció significativamente.

Old también había probado algunos de los otros anticuerpos que envió Schreiber, moléculas que bloqueaban otras señales de citocinas inmunes. El que bloqueaba la citocina interferón gamma (IFNγ) funcionó mejor, bloqueando la respuesta inmunitaria del TNF incluso mejor que el que bloqueaba directamente el TNF, lo cual era sorpren-

---

y eso no es del todo incorrecto, excepto por la aparente aleatoriedad del proceso. Aquí, haces una llave que crees que encaja en una cerradura y juntas las dos en el laboratorio. Si la cerradura encaja, eso prueba algo, pero ¿qué significa «encaja»? Como siempre, las metáforas ayudan, pero a veces también confunden. Por ejemplo, podrías pensar que un «ajuste» entre una llave y una cerradura giraría el mecanismo de la cerradura y activaría la cerradura. De hecho, es algo así como lo contrario. Si la llave entra en el ojo de la cerradura, bloquea el ojo de la cerradura; impide que la cerradura funcione. La metáfora es más como un espacio de estacionamiento. Si lo bloqueas, nada más puede utilizarlo. El laboratorio de Bob había descubierto que sus moléculas encajaban en el ojo de la cerradura de las citocinas.

9. Según el recuerdo de Schreiber.

dente. La desactivación del IFNγ canceló prácticamente por completo la respuesta inmunitaria contra las células tumorales de Old.

«Así que Lloyd dijo: "¿Cómo crees que funciona?"», recuerda Schreiber. Eso resultó ser una gran pregunta inicial.

La respuesta requeriría más experimentos, pasando de células tumorales en un tubo de ensayo a células tumorales trasplantadas a ratones en el laboratorio de Bob Schreiber. Lo siguiente que supo fue que Schreiber estaba metido hasta el cuello en el proyecto.[10] Lloyd Old era un experto en atraer a jóvenes biólogos inteligentes a su búsqueda de inmunoterapia contra el cáncer.

---

10. Los experimentos se basaron en una conjetura o, en términos científicos, se diseñaron para intentar refutar, si podían, y respaldar, si no, una hipótesis específica. La hipótesis era que el interferón gamma hacía que un tumor pareciera aún más extraño (inmunogénico) para el sistema inmunitario y, por lo tanto, desempeñaba un papel importante en la amplificación de la respuesta inmunitaria. Los experimentos eran la única manera de probar esas conjeturas. Bob piensa en ello y sonríe. «Bueno, pensé, tal vez hay una especie de sistema de amplificación –me dijo–. Uno que ocurre entre el interferón gamma y el TNF». Bob pensó que el interferón gamma tal vez amplificaba la señal o el resultado del TNF. Tal vez el interferón gamma, de alguna manera, hacía que el TNF reconociera ese tumor más fácilmente. «Entonces –dijo Bob–. ¿No sería interesante si, de hecho, lo que el interferón gamma estuviera haciendo aquí afectara realmente al tumor, para hacerlo más inmunogénico?». En la cadena de fichas de dominó, el interferón gamma estaría ahí en medio, una ficha que cae y golpea a dos más. Entonces cada una de esas cae y golpea a otras dos. Podrías verlo como amplificación, o podrías verlo como un mecanismo de seguridad: éste era el sistema inmunológico del que hablábamos, la espada de doble filo que combate el sarampión y se manifiesta como sida. El sistema inmunitario tenía que estar preparado al azar para luchar contra cualquier cosa, incluidas las cosas que nunca había encontrado. No podía tener una gran cantidad de respuestas aleatorias listas, por supuesto, pero debía de tener al menos una que pudiera reconocer la nueva amenaza aleatoria, una para cada una. Luego, necesitaba poder convertir a ese soldado listo para luchar contra esa amenaza aleatoria en un ejército completo. Pero también necesitaba asegurarse de que sólo luchaba contra las amenazas. Se trataba de amplificación y modulación; el sistema inmunitario necesita amplificación y seguridad para generar una señal de ataque lo suficientemente fuerte como para comunicar de manera efectiva la necesidad de unirse a la lucha, pero lo suficientemente conservadora como para no gritar y desencadenar un ataque caníbal del sistema inmunitario en su propio cuerpo.

El laboratorio de Schreiber cultivó células tumorales Meth A de Old y las trasplantó a dos grupos diferentes de ratones. Era una variación del experimento que había hecho Old, haciendo la misma pregunta sobre el interferón gamma, pero de una manera diferente. Esta vez, en lugar de usar anticuerpos para bloquear el interferón gamma, utilizaron ratones con una mutación que hacía que sus receptores de interferón gamma fueran defectuosos.[11]

Sea lo que sea lo que el interferón gamma le hizo al sistema inmunitario de los otros ratones normales (o «de tipo salvaje») no pudo hacerlo en estos ratones mutantes. Y en esos ratones mutantes prosperaron los tumores trasplantados de Old; los ratones mutantes contrajeron cáncer. Los ratones normales, con sistemas inmunitarios normales, no lo hicieron.[12]

Schreiber era un investigador puro y su laboratorio realmente no estaba interesado en la inmunoterapia contra el cáncer,[13] ni en ninguna otra terapia. «Le dije a Lloyd que en realidad no estaba muy al tanto de lo que estaba sucediendo en el mundo de la inmunología tumoral», dice Schreiber. Old le dijo que eso no sería un problema. «Así que prácticamente me puso al día por teléfono».

Utilizando la línea especial de células tumorales de Lloyd Old, Schreiber había encontrado una manera de cerrar una respuesta inmu-

11. «Es una forma inactiva del receptor IFNγ», explica Schreiber. «Ese ratón tiene muchos problemas para gestionar la inmunidad mediada por células. Por lo tanto, tiene un déficit significativo y, según ese criterio, es inmunodeficiente».

12. Da la casualidad de que uno de los estudiantes en el laboratorio de Bob descubrió recientemente una forma de hacer que un ratón expresara una forma falsa de interferón gamma, es decir, interferón gamma que se enchufaba, pero no se conectaba. Trasplantaron los tumores de Old a los ratones con interferón gamma falso, y los trasplantaron a ratones normales «de tipo salvaje». Luego les dieron factor de necrosis tumoral a ambos tipos de ratones. En los ratones normales de tipo salvaje, el TNF eliminó los tumores modelo. En los ratones con interferón gamma inactivo, no fue así.

13. Los inmunólogos incondicionales de buena reputación no dedicaban demasiado tiempo a pensar en la inmunología tumoral. Pocos científicos lo hacían. Como resultado, los pocos que obtenían resultados en ese campo se veían con sospecha. No es que fueran considerados charlatanes o magos, pero sus resultados no siempre eran reproducibles en los laboratorios de otros científicos.

ne contra éstas, bloqueando una alarma de citocinas en ratones criados especialmente. Ahora bien, por teléfono desde el laboratorio Old le preguntó a Bob qué pensaba al respecto. ¿Sería más o menos probable que esos ratones mutantes desarrollaran un cáncer real? No un cáncer trasplantado de tumores modelo trasplantados, sino un cáncer autóctono real que surgiera de mutaciones de sus propias células corporales.

Por accidente o propósito, las preguntas que Old estaba haciendo los llevaban constantemente hacia los bordes del campo de batalla intelectual donde Old había desarrollado su carrera. Schreiber no lo sabía, ignoraba por completo la guerra que se libraba en torno a la inmunoterapia contra el cáncer y no tenía ni idea de que estaba a punto de llevar su prestigioso laboratorio a un campo minado académico.

De hecho, ya estaba allí. Aunque no era su intención, el trabajo del doctor Bob Schreiber acababa de sopesar la cuestión fundamental de la inmunología del cáncer: si el cáncer y el sistema inmunitario tenían alguna interrelación.[14]

La idea de que si había tal relación fue postulada en 1909 por el médico y científico alemán Paul Ehrlich.[15] Ehrlich predijo que el siste-

---

14. Realmente, nunca se responde o se prueba nada en su totalidad; se sustentan teorías, se presentan pruebas para sugerir conclusiones y los datos sugieren lo que podríamos llamar respuestas a preguntas. Pero suponer que cualquier pregunta se responde completa y definitivamente es ignorar la historia de la ciencia.
15. Ehrlich fue excepcionalmente prolífico y es considerado el padre de la inmunología moderna, entre otros campos. Como señala Arthur M. Silverstein en su segunda edición de *A History of Immunology,* Ehrlich había trabajado en el laboratorio de Robert Koch en Berlín y, además de sus estudios médicos, mantuvo un interés permanente en la relación entre la estructura de las moléculas y su función biológica. Este interés y perspicacia en la química estructural lo cualificaron de manera única para postular la relación estereoquímica física y la afinidad de unión única entre antígenos y anticuerpos. La extensión más completa de esta línea de pensamiento, su concepción de la medicina perfecta, es la base del mecanismo de inmunidad y gran parte de nuestra administración de medicamentos. Ehrlich postuló que si uno pudiera hacer una molécula o compuesto que fuera atraído sólo por un patógeno o una célula enferma, entonces esa molécula serviría como un misil guiado o, en el lenguaje de la tecnología del siglo XIX, en una «bala mágica» *(magische Kugel),* que guiara cualquier carga útil de veneno únicamente a esa enfermedad mientras que no afectaría al huésped. Con ese fin, el laboratorio de Ehrlich probó cientos de compuestos diferentes

ma inmunitario nos vigilaba y nos protegía de la mayoría de las células mutadas de nuestro cuerpo tanto como lo hacía con todo lo demás ajeno al cuerpo, y que sin tal «vigilancia inmunitaria», los cánceres serían mucho más frecuentes. Cincuenta años más tarde, una comprensión más detallada de la biología tumoral y el rechazo de los trasplantes de órganos dio al concepto de Ehrlich una nueva vida y nuevos exponentes en el virólogo australiano ganador del Premio Nobel F. Macfarlane Burnet, y los científicos estadounidenses Lewis Thomas y Lloyd Old, entre otros. Pero la teoría se vio gravemente socavada por el hecho de que los pacientes con cáncer no tenían nada que mostrar al respecto.

Y así, mientras los inmunólogos del cáncer como Old seguían insistiendo en que el cáncer y el sistema inmunitario tenían algo que decirse, la mayoría de la gente creía firmemente que no era así. Como prueba, sólo necesitaban señalar la experiencia clínica de casi todos los especialistas en cáncer e inmunólogos del mundo, y un experimento en el Memorial Sloan Kettering con ratones desnudos.[16]

---

contra varias bacterias que causan enfermedades. Finalmente, en la variante 606, descubrió uno que era seguro para los humanos, pero un veneno mortal para la espiroqueta responsable de la sífilis. El fármaco resultante se llamó Salvarsan, un medicamento transformador por el que Ehrlich es más conocido y un factor que contribuyó a que recibiera, junto con Élie Metchnikoff, el Premio Nobel de Medicina y Fisiología de 1908. Después de la muerte de Ehrlich en 1915, la calle de Frankfurt donde su famoso laboratorio hizo ese descubrimiento fue renombrada en su honor. Y fue renombrada de nuevo durante el surgimiento del intento sistemático del Partido Nacionalsocialista Alemán de borrar su ciudadanía judía de la memoria nacional.

16. Los ratones de laboratorio disponibles comercialmente son un fenómeno relativamente reciente, y la mayoría proviene de los terrenos del Laboratorio Jackson en Bar Harbor, Maine, en Mount Desert Island. El ratón de laboratorio moderno tiene sus raíces en las diversas cepas preferidas por los «aficionados a los ratones» de finales del siglo XIX y principios del siglo XX como mascotas exóticas, y es una mezcla genética de cuatro subespecies de ratón distintas y geográficamente dispares: *Mus musculus domesticus* (de Europa Occidental), *Mus musculus castaneus* (del Sudeste Asiático), *Mus musculus musculus* (de Europa Oriental) y *Mus musculus molossinus* (de Japón). Según el Laboratorio Jackson, muchas cepas de ratones endogámicos se originaron en las colonias de principios del siglo XX de Abbie Lathrop, una criadora de ratones de la tierra lechera de Granby, Massachusetts.

Los ratones desnudos son animales de laboratorio criados con una mutación genética que los deja completamente sin pelo (nacen de esa manera, rosados y suaves, y siguen así durante toda su vida). Eso es útil para los científicos, porque los hace fáciles de distinguir de los ratones normales. Además de carecer de pelaje, estos mutantes también nacen sin timo,[17] el diminuto órgano con forma de mariposa donde maduran las células T.[18] Sin timo, sin células T y, se suponía, sin respuesta inmunitaria adaptativa.

En 1974, un investigador del Memorial Sloan Kettering Cancer Center llamado doctor Osias Stutman inyectó a dos colonias, una de ratones desnudos y otras de tipo salvaje (normal, con sistema inmunitario normal), con jeringas cargadas con una enorme dosis de un material altamente cancerígeno llamado 3-metilcolantreno. Si las células T realizaran una «vigilancia» útil y controlaran las células en busca de mutaciones (como lo reconocen sus antígenos únicos), los ratones sin sistemas inmunitarios deberían tener más cáncer, más rápido y peor que sus primos de tipo salvaje. En cambio, Stutman descubrió que ambas poblaciones de ratones desarrollaron rápidamente tumores,[19] que cre-

17. A estos ratones también se los denomina «atímicos» o «faltos de timo».

18. En enero de 2018, investigadores afiliados al Instituto Parker de Inmunoterapia contra el Cáncer anunciaron el descubrimiento de una molécula llamada BMP4 que, en ratones, ayuda a promover la reparación del timo e incluso la regeneración del órgano. Los resultados, publicados en *Science Immunology*, se desarrollaron en el laboratorio del doctor Marcel van den Brink en el Centro de Cáncer Memorial Sloan Kettering, en colaboración con Jarrod Dudakov en el Centro de Investigación de Cáncer Fred Hutchinson. A partir de eso se ha empezado a explorar la BMP4 en los humanos, con la posibilidad de desarrollar fármacos para la revitalización del órgano y la calidad concomitante de la respuesta de las células T en humanos. El timo puede estar dañado por la enfermedad y disminuye a medida que envejecemos y se teoriza que tal vez esté relacionado con la razón por la cual las personas mayores son más susceptibles a ciertos tipos de cáncer. Véase Tobias Wertheimer *et al.*: «Production of BMP4 by Endothelial Cells Is Crucial for Endogenous Thymic Regeneration», *Science Immunology*, 2018, 3:aal2736.

19. El tiempo lo es todo en tales experimentos, y es importante no convertir accidentalmente a un científico que hace buena ciencia y realiza pruebas escépticas

cían al mismo ritmo y cantidad. No hubo diferencia entre las jaulas experimentales y, por lo tanto, el experimento sugirió que no había algo así como la vigilancia inmunológica del cáncer y, por extensión, no tenía sentido tratar de desencadenar el sistema inmunitario como una defensa contra él.

El informe de Stutman había aterrizado como una bomba en la revista científica revisada por pares definitiva, *Nature*.[20] La implicación era que el pequeño pero persistente campo de la inmunoterapia contra el cáncer era un callejón sin salida. Para los verdaderos creyentes como Old y otros, los hallazgos tenían que ser erróneos, resultados experimentales basados en una premisa experimental equivocada: un fenómeno al que los investigadores se refieren como «basura que entra, basura que sale». Pero en ese momento nadie podía identificar esa premisa equivocada. En términos de la opinión y el financiamiento de la investigación para la inmunoterapia contra el cáncer por parte de la comunidad científica en general, el artículo de Stutman fue, como lo expresó el *British Journal of Cancer*, «devastador».

---

duras sobre teorías científicas, como se supone que deben hacer los científicos, en un villano. Stutman utilizó ratones desnudos, ratones atímicos. Tenía razón en que carecían de timo, donde maduran las células T, y en que, incluso en 1974, esas células T eran responsables de las respuestas inmunitarias adaptativas. Pero de lo que Stutman no se dio cuenta (nadie lo hizo en aquel momento) fue que estos ratones todavía tenían otras células del sistema inmunitario no adaptativo, llamadas «células asesinas naturales». En cierto modo, son los gruñidos de la defensa inmunitaria básica de primera línea en el cuerpo, nada como las fuerzas especiales de élite entrenadas del ejército de células T, especialmente las células T asesinas CD8 («asesinas en serie»), pero están presentes y pueden matar modestos y obvios invasores. Es decir, no había obviado la posibilidad de que la inmunovigilancia aún estuviera intacta en sus ratones experimentales. Quizá más importante, la cepa genética específica del ratón desnudo que Stutman había usado era explosivamente susceptible de desarrollar tumores a partir del carcinógeno que había usado. Sus ratones podrían haber sido abrumados por el desarrollo del tumor, al que ningún nivel de vigilancia inmunológica podría haber seguido el ritmo.

20. Osias Stutman: «Delayed Tumour Appearance and Absence of Regression in Nude Mice Infected with Murine Sarcoma Virus», Nature, 1975, 253:142-144, doi:10.1038/253142a0.

Schreiber no estaba apuntando al malentendido del experimento de los ratones desnudos, o los otros defectos ocultos dentro del experimento de Stutman.[21] Ni siquiera estaba al tanto de ellos. Simplemente estaba probando la pregunta bastante interesante que Old había formulado con tanto encanto.[22]

Esa prueba comenzó con dos poblaciones de ratones normales de tipo salvaje. En la mitad, inyectaron los anticuerpos de Schreiber, que bloquearon la señalización de citocinas de «buscar y destruir» a su respuesta inmune adaptativa. Los otros ratones se quedaron con sus sistemas inmunitarios intactos. Luego, a ambas poblaciones de ratones se les inyectó un fármaco que estimulaba a sus células a mutar y desarrollar tumores.[23]

«Los animales inmunosuprimidos desarrollaron más tumores con mayor rapidez que los animales normales –dice Schreiber–. Eso fue realmente interesante». Había sido un buen experimento. Ahora era el

21. Más tarde se descubriría que los ratones desnudos no están tan desnudos como se cree; tienen pequeñas cantidades de células T y células «asesinas naturales», cuyo papel en la vigilancia inmunitaria aún no está del todo claro. Además, más tarde se descubriría que la cepa de ratones desnudos que Stutman había utilizado era especialmente susceptible al 3-metilcolantreno, sobre todo en las grandes dosis que Stutman había usado, que causaría una mutación cancerosa incluso en el sistema inmunitario de los ratones más fuertes.
22. Fue posible fabricar un ratón en el que hubieran eliminado el receptor del interferón gamma. O podrían hacer un ratón que careciera de una proteína de señalización necesaria para que funcione el interferón gamma. Ya habían hecho ese segundo ratón en el laboratorio de Bob. U, otra forma de llegar allí, un ratón desnudo. Podrían usar un ratón que no tuviera linfocitos, ni células B ni células T y, por lo tanto, sin inmunidad adaptativa. También tenían disponibles algunos de esos ratones, los llamados «ratones desnudos RAG», en los que el gen para la producción de linfocitos había sido eliminado genéticamente.
23. La clave de la calidad de este experimento, la falta de «basura dentro», fue asegurarse de que el carcinógeno utilizado no fuera uno para el que todas las razas particulares de ratones que se utilizaran en el experimento tuvieran afinidad carcinogénica, como había hecho Stutman, y asegurarse de que la cantidad de carcinógeno administrado fuera una dosis mínimamente eficaz para el desarrollo de tumores. Stutman, sin darse cuenta, había abrumado a sus ratones con un cáncer que ningún sistema inmunitario, intacto o no, podía contrarrestar.

momento de compartir los hallazgos. En ese momento, realmente creía que sería así de simple.

Cada semana, los jefes de laboratorio de la universidad se reunían en una sala de reuniones para compartir actualizaciones sobre sus experimentos e investigaciones. Schreiber estaba emocionado. Tenía algo nuevo e interesante que compartir y esperaba que hubiera muchas preguntas. Lo que no esperaba eran refutaciones. «No hay señales de peligro en los tumores», dijo uno de los jefes. «Las células cancerosas están demasiado cerca de las células normales para ser reconocidas como no propias –dijo otro–, por lo que no están sujetas a la notificación inmunitaria».

Schreiber no podía creerlo, tenía los datos. Los datos eran datos, la base de la ciencia. Pero sus colegas estaban ignorando los datos, incluso cuando sorprendentemente se indignaron de manera personal por sus implicaciones. En resumen, Schreiber sintió que reaccionaban como si hablara de religión, en lugar de ciencia empírica. Y lo más extraordinario era que conocía a esas personas. Eran excelentes científicos, sus compañeros y colegas. Muchos eran sus amigos. Si su círculo académico cercano reaccionaba de esa manera, se preguntó Schreiber, ¿cómo reaccionaría el mundo exterior? «Ése fue mi primer indicio –dice Schreiber–. Vi que nos estábamos metiendo en, eh..., algo diferente, en lo que respecta al cáncer».

Los científicos son personas: tienen creencias y están personalmente comprometidos con ellas. Y eso a veces puede conducir a un sesgo no intencionado y, a menudo, inconsciente, y a una especie de ceguera intelectual. Puede hacer, en otras palabras, que incluso los científicos no sean científicos. Schreiber envió un artículo a las principales revistas académicas de investigación detallando sus hallazgos. Tenía buenos datos que sugerían que el bloqueo de esa citocina en ratones los había hecho más susceptibles al cáncer. «Y me sorprendieron mucho las respuestas –dice Schreiber–. Dijeron cosas como, "Oh, tratas de decir que hay vigilancia inmunitaria del cáncer. ¿No sabes que la vigilancia inmunitaria del cáncer no existe?"».

De hecho, Bob no trataba de «decir» nada, estaba presentando datos, haciendo ciencia. «Sucedía una y otra vez –dijo Bob–. Seguía diciendo, "Pero mira los datos. ¡Los datos están limpios!"».[24]

Bob Schreiber es un tipo excepcionalmente bien educado, incluso amable. Pero aquello, admite en voz baja, «se volvió muy frustrante».

«Habíamos desarrollado hermosos datos, y la gente negaba la ciencia al decir: "No creo que el sistema inmunitario pueda ver el tumor"». La opinión de Schreiber era que la comunidad de biología del cáncer estaba tan segura de que la inmunología era un desperdicio de tiempo que ninguno de ellos había mirado la biología de los tumores tan de cerca. Schreiber y Old habían mirado y visto algo nuevo, pero ahora nadie estaba dispuesto a aceptar sus hallazgos, porque entraban en conflicto con sus prejuicios.

Finalmente se dieron cuenta de que el único camino a seguir era abrumar la ignorancia con un tsunami: más experimentos, más ratones y muchos más datos, datos tan grandes, hermosos y limpios que «hasta el revisor más crítico tendría que aceptar aquella documentación».

Se tardaron tres años más. Los datos fueron grandes y hermosos. Y tampoco entonces funcionó. Las grandes revistas científicas (Schreiber es demasiado educado para dar nombres) todavía no querían tocar sus hallazgos.

Esta vez no se sorprendió por los fuegos artificiales racionales, aunque todavía se estremece un poco al recordar algunos de los intercambios acalorados en las conferencias científicas. «Llegó al punto en que la gente empezó a esperar con ansias el conflicto», se ríe. Su buen trabajo se había convertido en un espectáculo secundario, pero al menos no estaba siendo ignorado. «Y, de hecho, creo que eso atrajo más atención a los hallazgos».

---

24. «Otro problema fue que nos enfrentamos al argumento: "Oye, soy biólogo de tumores y hago tumores controlados por oncogenes, y nunca veo un papel para el sistema inmunitario en mis tumores controlados por oncogenes" –dice Schreiber–. Recientemente descubrimos que esos tumores impulsados por oncogenes, que son el modelo experimental de tumores, no desarrollan ninguna mutación, o al menos pocas. Entonces, si no son particularmente inmunogénicos, es sólo porque no tienen neoantígenos».

Pero en lugar de continuar repitiendo los experimentos que podrían «ganar» el debate actual, Schreiber y Old siguieron adelante. En el curso de su tsunami de experimentos de tres años, surgieron otras observaciones interesantes sobre el cáncer y el sistema inmunitario.

Los ratones inmunobloqueados produjeron muchos tumores rápidamente, pero las células tumorales eran débiles y simples. Cuando esos tumores se trasplantaron a ratones inmunonormales, su sistema inmunitario los reconoció rápidamente y los eliminó. Lo contrario sucedió cuando los tumores «normales» que crecieron en ratones normales se trasplantaron a ratones sin sistemas inmunitarios. Esta vez, los tumores crecieron como malas hierbas y rápidamente mataron al ratón.

«Y entonces –dice Schreiber–, fue cuando se encendió la bombilla».

La vigilancia inmunológica por parte de las células T detectó y eliminó la mayoría de las células mutadas mucho antes de que presentaran algún riesgo de convertirse en lo que reconoceríamos como cáncer. Como resultado de esta rigurosa vigilancia, todo lo que quedó fueron células cancerosas con mutaciones ventajosas que las ayudaron a sobrevivir y crecer. Al comparar los tumores de sus dos poblaciones de ratones, Schreiber descubrió que los tumores en ratones sin sistema inmunitario eran simples, obvios e indefensos: los ñus débiles que, en un mundo sin depredadores, habían sido libres para reproducirse y convertirse en una manada. Pero en ratones con sistemas inmunitarios intactos, lo que Schreiber y Old vieron fue esencialmente una manada más fuerte: un cáncer más fuerte y en forma. Parecía que la presión evolutiva actuaba como una especie de editor, dibujando una línea roja sólo a través de las células cancerosas más obvias o indefensas, asegurando que sólo sobrevivieran secuencias asesinas elegantes, poderosas y tramposas.

Anteriormente, el debate sobre la vigilancia inmunológica era una pregunta de sí/no: ¿sucedió o no? Pero estos experimentos sugirieron una relación más complicada entre el sistema inmunitario y esta enfermedad, un baile en el que cada miembro de la pareja reaccionaba al otro y cambiaba. Los científicos escribieron los datos y llamaron al fenómeno «inmunoedición»[25] y lo enviaron nuevamente a las revistas.

---

25. Schreiber: «Sabes, puedes suprimir tus tumores, eliminarlos. Puedes obtener una modificación de tu tumor, por lo que podría considerarse como una especie

Por fin, el tsunami de datos no pudo ser ignorado. Este artículo encontró una audiencia más receptiva, incluidos los editores de la prestigiosa revista científica *Nature*.

Ahora tenían un nuevo modelo potencial de cómo funcionaba el cáncer. «Habíamos definido la primera y la última parte del proceso», dice Schreiber. La primera parte era que el sistema inmunitario mataba el cáncer a medida que se desarrollaba, lo que llamaban «eliminación».

La segunda parte involucraba a las células mutadas que el sistema inmunitario no había eliminado: todavía estaban allí y seguían mutando. Estas células que escapaban del sistema inmunitario podrían convertirse en el cáncer tal como lo conocemos, el producto difícil, engañoso y mortal de esas células lo suficientemente aptas como para «escapar».[26]

Mientras tanto, años de recopilar su tsunami de datos habían dejado a Schreiber con muchos ratones. «Simplemente estaban allí, comiéndose los fondos de mi subvención», dice. Pensó que debería hacer algo con ellos. Aquéllos eran los ratones inmunes normales; ninguno de ellos tenía tumores, a pesar de que habían estado expuestos a carcinógenos graves. Bob se preguntó si tal vez el sistema inmunitario mantenía a los tumores bajo algún tipo de control o en un estado latente. Todo lo que se requería para encontrar la respuesta era bloquear sus sistemas inmunitarios, como había hecho con los otros ratones, y ver qué pasaba.

«Y por supuesto, muchos de los ratones que pensábamos que no tenían cáncer desarrollaron tumores extremadamente rápido».[27] Y cuando analizaron esos tumores, descubrieron que eran tumores «obvios», no tenían trucos para esconderse del sistema inmunitario. La mayoría tenía mutaciones fuertes que expresaban una proteína (antígeno) que un sistema inmunitario normal reconocería fácilmente como

---

de idea, como una… inactividad que llamamos equilibrio. Y podría alterarse de tal manera, tal como se altera un manuscrito, que resultara un tumor mejor».

26. Eso también se convirtió en un artículo en *Nature*.
27. «Comenzamos a observar los tumores que habíamos pasado *in vivo* y trazamos sus características de crecimiento de progresión versus regresión y utilizando un enfoque genómico».

extraña y que eliminaría.[28] Estos tumores habían estado allí todo el tiempo, latentes e invisibles, controlados por el sistema inmunitario pero no eliminados por completo. Y, sin embargo, de alguna manera habían sobrevivido en estos ratones al mantener el sistema inmunitario «bajo control» también. ¿Cómo lo habían hecho? ¿Cómo habían sobrevivido las células tumorales?

Schreiber sabía que el laboratorio de Jim Allison ya había encontrado una respuesta: un punto de control. Si bien el sistema inmunitario se activó contra el tumor, eliminó a las más débiles del rebaño: las células con los antígenos extraños más evidentes, los que reconocían las células T. Pero mientras el sistema inmunitario estaba ocupado matando las mutaciones más débiles, algunas células mutantes supervivientes pudieron cambiar sus genes y expresar algo en la superficie de sus células que detuvo el ataque de las células T. Esas señales de «detención» de los tumores ahora expresaban puntos de control activados como el CTLA-4 en las células T; el cáncer había evolucionado y aprendido a tirar del freno de mano de las máquinas de matar y sobrevivir. Los experimentos de Old y Schreiber ayudaban a explicar la historia detrás del bloqueo de anticuerpos de Allison en el punto de control, y cómo el punto de control daba sentido a sus observaciones de una enfermedad que es a la vez esquiva y prevalente, y confusamente dada a la recaída.

Las implicaciones fueron que algunos cánceres podrían permanecer en una especie de «equilibrio» con el sistema inmunitario durante años, tal vez incluso toda la vida. Algunas mutaciones cancerosas serían reconocidas y atacadas por el sistema inmunitario, pero eso sólo eliminaría

---

28. «Un tumor tenía una mutación muy fuerte en una proteína altamente expresada. La proteína estaba presente antes de que la pusiéramos en el pase *in vivo* [es decir, antes de que se trasplantara al animal vivo], pero luego desapareció en las células tumorales que crecieron [es decir, las células hijas de ese tumor trasplantado]. Y resulta que ése fue el neoantígeno que vio el sistema inmunitario. Eso permitió que el tumor fuera rechazado de manera espontánea. Y finalmente esto se convirtió en la noción de, "Oh, vaya, es una idea muy buena, porque resulta que las células T que se activan con los anticuerpos del punto de control como el anti-PD-1 y el anti-CTLA-4 trabajan en realidad contra estos neoantígenos específicos de tumores"».

a los miembros más débiles de la manada y proporcionaría a otras células cancerosas la oportunidad de detener el ataque, mutar aún más y reagruparse. finalmente, dado el tiempo o la oportunidad, esas células supervivientes podrían encontrar una manera de escapar del equilibrio. El cáncer y las células T respondían entre sí, reaccionaban y cambiaban en una elaborada danza inmunitaria.

Esto reflejó algo de lo que los oncólogos veían en sus clínicas, como pacientes con cáncer que exhibían recaídas repentinas después de no haber tenido evidencia de la enfermedad durante dieciséis años, o los cánceres que surgían en pacientes con sistemas inmunitarios debilitados o comprometidos debido a la edad o a la inflamación crónica o a alguna enfermedad que compromete el sistema inmunitario. También ayudaba potencialmente a explicar por qué un cáncer que regresaba a menudo ya no respondía a la anterior terapia exitosa.

Siete años más tarde, una versión más matizada de las tres E (eliminación, equilibrio y escape) ayuda a redefinir nuestra comprensión de la relación entre algunos tipos de cáncer y el sistema inmunitario.[29] La inmunoedición describe cómo el sistema inmunitario protege y defiende al huésped del cáncer, incluso mientras «esculpe» la genética de algunos tumores. Esos tumores escapaban porque habían desarrollado con éxito trucos para evadir o apagar el sistema inmunitario, y algunos de esos trucos incluían aprovechar los puntos de control de seguridad integrados en la célula T. Allison había encontrado uno; pronto se descubrirían otros puntos de control fundamentales. Bloquear esos puntos de control, sugería el trabajo, podría frustrar un importante mecanismo de supervivencia que había desarrollado el cáncer y dejar que el sistema inmunitario hiciera su trabajo.[30] Ésta era la base de lo que Allison estaba probando en ensayos clínicos. Cuando Schreiber y Old publicaron su artículo de las tres E en 2004,[31] estaba claro que la teoría

29. Gavin P. Dunn, Lloyd J. Old y Robert D. Schreiber: «The Three Es of Cancer Immunoediting», *Annual Review of Immunology*, 2004, 22:329-360.

30. Jim Allison había ayudado a encontrar esos puntos de control, desarrolló inhibidores contra ellos y estaba en el proceso de tratar de llevar esos medicamentos a la clínica, para ver si funcionaban en humanos como inmunoterapia contra el cáncer.

31. Dunn *et al.*: «The Three Es of Cancer Immunoediting».

encajaba con lo que Allison había encontrado en 1996. Habían llegado esencialmente al mismo lugar desde dos direcciones diferentes; en 2017, Allison y Schreiber compartirían el prestigioso Premio Balzan por su trabajo complementario.

Jim Allison lo dice todo mucho más claro y con su acento del sur de Texas. «Sí, yo lo encontré –dice–, pero fue Bob quien lo demostró».

Schreiber y Old publicaron su artículo justo cuando los investigadores estaban haciendo descubrimientos aún más revolucionarios sobre los trucos que usa el cáncer para apagar el sistema inmunitario. La edición inmunitaria sigue siendo un concepto importante, pero su interpretación ha cambiado para enfatizar la revelación del papel que desempeñan los puntos de control inmunitarios. La comprensión actual, tal vez mejor ilustrada por el «ciclo de inmunidad contra el cáncer» de 2014,[32] es que, si bien la mayoría de las células cancerosas expresan antígenos que las células T pueden reconocer y atacar, el cáncer ha evolucionado para manipular los puntos de control de las células T, así como otros trucos, con el fin de apagar el sistema inmunitario y sobrevivir; si no fuera así, el cáncer no existiría. Esos trucos pueden considerarse como una especie de cuarta E: interruptores de apagado de emergencia en las células T (incluidos los puntos de control, como CTLA-4) que las células cancerosas han evolucionado para explotar. Este modelo ayuda a explicar por qué el sistema inmunitario y las inmunoterapias contra el cáncer no habían logrado eliminar el cáncer anteriormente. Mientras el cáncer pudiera explotar los puntos de control y cerrar las células T, la defensa inmunitaria era inútil. Pero ahora algunas de esas hazañas han sido expuestas. Y podrían estar bloqueadas. Lo que abría la posibilidad de una esperanzadora quinta y definitiva E:[33] el Fin del cáncer.

En 2001, el fármaco de Allison, un anticuerpo anti-CTLA-4 que había patentado como 10D1, estaba siendo producido por Medarex[34]

---

32. Daniel S. Chen, Ira Mellman: «Oncology Meets Immunology: The Cancerimmunity Cycle». *Immunity*, volumen 39, número 1: 25 de julio de 2013, 1-10.
33. «*End*» en inglés. *(N. del T.)*
34. El MDX-101 fue desarrollado en ratones transgénicos en Medarex por un equipo dirigido por Alan Korman.

como fármaco experimental MDX-010.[35] Finalmente podía comenzar el largo ascenso hacia la posible aprobación de la FDA. El primer paso fue asegurarse de que el medicamento fuera lo suficientemente seguro como para probarlo. Era tolerado en pequeñas dosis por monos macacos sin efectos tóxicos significativos,[36] luego se administró a pacientes humanos en la misma dosis, una inyección única de 3 mg de anticuerpo anti-CTLA-4 MDX-010, administrado en una clínica oncológica privada cerca de la UCLA. Sólo nueve pacientes participaron, un grupo valiente y desesperado de voluntarios con melanoma metastásico en fase 4 sin otra opción de tratamiento, cada uno dispuesto a contribuir a la ciencia y con la esperanza de sobrevivir. Incluso con estas dosis bajas, siete de los pacientes desarrollaron erupciones y otros efectos adversos compatibles con una respuesta inmunitaria desencadenada; ninguno fue lo suficientemente malo como para evitar que MDX-010 se trasladara a los NIH para su primer ensayo clínico verdadero.[37]

A principios de 2003, Jim Allison metió una chaqueta de invierno en la maleta y viajó a Bethesda, Maryland, para unirse al equipo del doctor Steven Rosenberg en los laboratorios de los Institutos Nacionales de Salud para un ensayo clínico de fase 1 para probar la seguridad de su medicamento experimental en humanos. Una vez más, un pequeño pero desesperado grupo de pacientes con melanoma compitió para ocupar los veintiún lugares;[38] casi todos ya habían probado una

---

35. El anti-CTLA-4 (MDX-010) era un anticuerpo de inmunoglobulina humana derivado de ratones transgénicos que tenían genes humanos. Se ha demostrado que este anticuerpo se une al CTLA-4 expresado en la superficie de las células T humanas e inhibe la unión del CTLA-4 a su ligando (moléculas B7, expresadas en células que presentan antígeno).

36. «Antes del uso clínico, el MDX-010 anti-CTLA-4 Ab [anticuerpo] se sometió a una evaluación exhaustiva en monos cynomologus [macacos] y no causó ninguna toxicidad clínica o patológica notable en dosis i.v. repetidas de 3 mg/kg a 30 mg/kg en estudios de toxicología aguda y crónica (datos no publicados de Medarex)». *Proceedings of the National Academy of Sciences of the United States of America,* 2003, 100:8372–8377, doi:10.1073/pnas.1533209100, www.pnas.org/content/100/14/8372.full.

37. Phan *et al.:* «Cancer Regression and Autoimmunity».

38. «Todos estos pacientes se habían sometido a cirugía para extirpar los tumores primarios, casi la mitad había probado quimioterapia y casi el 80 % de estos pa-

forma anterior de inmunoterapia, incluida la IL-2 o el interferón, y casi la mitad ya había probado la quimioterapia. El medicamento se inyectaba durante noventa minutos cada tres semanas. Y nuevamente, el MDX-010 superó el obstáculo de seguridad; tres pacientes respondieron al fármaco, dos de ellos por completo, y una paciente incluso vio cómo sus tumores desaparecían drásticamente durante el estudio en curso.[39]

Los resultados de los otros habían mostrado que algunos tumores se reducían, otros crecían y otros no respondían en absoluto durante el curso de doce semanas.[40] Varios sufrieron reacciones tóxicas, esencialmente eventos autoinmunes lo suficientemente graves como para requerir visitas a la UCI. Los médicos lograron controlar esos eventos citotóxicos,[41] y los resultados fueron suficientes para pasar a un ensayo de fase 2. La esperanza era que más pacientes, dosis más grandes y tiempo adicional demostrarían resultados positivos estadísticamente significativos, con eventos tóxicos suficientemente bajos. Con resultados competentemente buenos en la fase 2, podrían incluso saltarse los ensayos finales de la fase 3 e ir directamente a la aprobación como medicamento contra el cáncer.

Los hitos de éxito de estos siguientes ensayos serían relativamente modestos, a medida que avanzaban los nuevos medicamentos. El anti-

---

cientes ya se había sometido a algún tipo de inmunoterapia, que incluía IFN-α (pacientes 2, 5-8, 10, 12 y 13), IL-2 en dosis baja (pacientes 2, 5 y 13), IL-2 en dosis alta (pacientes 4, 7 y 8), vacunas contra el melanoma de células enteras (pacientes 1, 2 y 6), vacuna peptídica NY-ESO-1 (pacientes 4 y 5) o factor estimulante de colonias de granulocitos y macrófagos (paciente 9)». Ibídem.

39. La más drástica de estas historias de pacientes fue la de una mujer que apenas había superado los requisitos físicos para participar en el estudio. Tenía tumores colapsando uno de sus pulmones y llenando aún más su hígado, y todas las medidas anteriores para detener la enfermedad habían fallado. Después de una pequeña dosis de prueba única del anticuerpo anti-CTLA-4, entró en remisión rápida y, cuando abandonó el estudio por completo, no tenía evidencia de la enfermedad, todos los tumores habían desaparecido. Esta respuesta completa también resultaría duradera: quince años después, esta paciente sigue libre de cáncer. El doctor Antoni Ribas fue el líder de este innovador estudio clínico y un líder reconocido en el éxito del anti-CTLA-4.
40. Phan *et al.*: «Cancer Regression and Autoimmunity».
41. Sólo catorce habían podido completar ambas etapas del ensayo.

cuerpo anti-CLTA-4 se estaba probando como candidato para una terapia de «última línea» para melanomas específicos. La última línea se refiere al fármaco al que recurres cuando todo lo demás ha fallado. Allison tenía sus sospechas de que los tumores altamente mutados y, por lo tanto, altamente antigénicos, eran los que tenían más probabilidades de depender de algo como el CTLA-4 para poder sobrevivir al sistema inmunitario.[42] El melanoma, con su alto perfil mutacional y baja curación en etapa tardía, parecía un buen objetivo potencial para este nuevo fármaco esperanzador.

El melanoma no es la forma más común de cáncer de piel, pero era la más mortal, responsable de las tres cuartas partes de todas las muertes por cáncer de piel. En 2000, el 75 % de los pacientes que recibieron un diagnóstico de «piel» en fase 4 no sobrevivirían un año. El 90 % no sobreviviría cinco. Una de las razones por las que esta enfermedad fue el primer objetivo para probar esta nueva inmunoterapia fue simplemente la falta de mejores opciones.

El melanoma es un cáncer particularmente complicado y agresivo que resulta de células de la piel altamente mutadas. Se mueve rápido[43] y sigue mutando.[44] Como resultado, los pacientes con melanoma metastá-

42. «Hicimos pruebas contra muchos tumores en modelos de ratones y finalmente nos dimos cuenta de que los tumores que tienen muchas mutaciones y, por lo tanto, muchos neoantígenos, responden bien –dice Allison–. Los que no, no lo hacen».
43. Se origina en la parte del cuerpo (piel) más expuesta a los rayos UV de la luz solar y otros carcinógenos externos, lo que da lugar a tumores marcados por un alto número de mutaciones.
44. Esos pequeños cambios mutacionales a menudo eran suficientes para permitir que el melanoma tuviera «suerte» y escapara de cualquier medicamento contra el cáncer que le estuvieran administrando. Un fármaco funcionaría y mataría a la mayoría de las células cancerosas, pero las células restantes continuarían mutando, y si una de esas mutaciones resultaba ser resistente al fármaco, esa célula sobreviviría y continuaría dividiéndose. El nuevo cáncer inmune a los medicamentos volvería rugiendo, y el proceso comenzaría de nuevo con otra terapia menos efectiva. Los pacientes que se inscribían en un estudio clínico

sico a menudo pasaban de un fármaco a otro, tratando de mantenerse al día con las células cancerosas que mutan rápidamente, un ejercicio frustrante y generalmente inútil que los especialistas en melanoma como el doctor Jedd Wolchok habían visto con anterioridad una y otra vez en su clínica para el tratamiento del cáncer en el Memorial Sloan Kettering Cancer Center.[45] «Nada daba buenos resultados contra el melanoma metastásico», dice Wolchok. El cáncer rara vez es un asunto que dé buenas noticias, pero el melanoma era especialmente sombrío. Ahora, como investigador principal que alberga una cohorte de pacientes para probar el fármaco de Allison en ensayos de fase 2, Wolchok esperaba ver algo mejor.

Wolchok tiene un rostro juvenil y un comportamiento amable que hace difícil imaginar que ha estado trabajando en oncología inmunológica durante más tiempo que casi cualquier persona de su generación.[46]

---

para un tratamiento experimental ya habían probado todos los tratamientos disponibles. Su melanoma los había vencido a todos.

45. Había visto el alivio de la fracción afortunada de pacientes con melanoma metastásico que respondían a la quimioterapia, y luego, sólo unos meses más tarde, veía cómo el cáncer volvía rugiendo, mutado y más fuerte que nunca.

46. Una de las razones es que ingresó en el campo, increíblemente, cuando era adolescente, guiado por gigantes del campo de la inmunoterapia. La otra es que trabaja constantemente, hábito con el que se crio. Creció con un padre que era funcionario de Teamsters y enseñaba en los colegios comunitarios de la ciudad de Nueva York por la noche, y una madre que de alguna manera sobrevivió a una vida como maestra de primaria en la ciudad de Nueva York. (Este rasgo de trabajo duro es común a los buenos médicos en todas partes, pero de alguna manera casi universal entre los oncólogos inmunitarios con los que hablé, muchos de los cuales terminan casados con compañeros de laboratorio u otros oncólogos inmunitarios, por lo que nunca tienen que hablar de nada menos importante o interesante. Otros, como Steve Rosenberg en el NCI, parecen vivir de café quemado y tratan el laboratorio como su hogar). Los rasgos se combinaron cuando Wolchok todavía estaba en la escuela secundaria y tomó un trabajo de verano en un laboratorio de inmunología de Cornell, en el que trabajaba directamente con pacientes y vacunas. No hay nada más directo que eso, excepto lo que ocurrió al año siguiente, cuando fue a la universidad y conoció a Lloyd Old. Old reconoció el interés y el potencial en el niño prodigio y en 1984 le presentó a Alan Houghton, el nuevo titular de la cátedra de inmunología en el elogiado Memorial Sloan Kettering Cancer Center. La inmunología del cáncer no era exactamente la opción obvia para un chico de Staten Island que

Como Dan Chen y otros inmunoterapeutas MD-PhD con un laboratorio y una práctica clínica contra el cáncer, había recibido mucha resistencia sobre sus creencias por parte de sus compañeros quimioterapeutas a lo largo de los años. Sin embargo, siguió teniendo fe en que un enfoque inmunológico para vencer al cáncer podría funcionar. Con treinta años en ese momento, Jedd Wolchok era demasiado joven para ser considerado un verdadero creyente en la inmunología, pero tenía una convicción igualmente profunda nacida de sus experiencias como pasante de verano en la escuela secundaria en el Memorial. Había sido testigo de la remisión completa de un paciente después de recibir una vacuna experimental de inmunoterapia contra el cáncer. Esa experiencia, seguida rápidamente por una presentación personal del legendario Lloyd Old, prácticamente selló la trayectoria profesional de Wolchok. El curso de su carrera[47] y el flujo constante de artículos que salían de

pagaba préstamos estudiantiles para convertirse en médico; había formas más fáciles de hacerlo bien. Pero Wolchok es un hombre apasionado, compasivo e intelectualmente motivado. Al igual que su amigo Dan Chen en la Costa Oeste, no podía pensar en nada más interesante o útil que combinar un MD con un PhD y traducir el trabajo de laboratorio a personas reales que lo necesitaban. Con Old y Houghton detrás de él, su camino estaba trazado, si así lo deseaba, y una vez más, Jedd Wolchok, como él mismo dice, «levantó la mano por eso». Ese verano estaba ayudando con un estudio clínico de fase 1 utilizando un anticuerpo dirigido contra el melanoma, en el laboratorio por la noche, con los pacientes durante el día, viviendo en la intersección de la ciencia y la medicina, con pruebas vivas, en la forma de su respondedores «anecdóticos». La oncología inmunológica funcionó y fue real. Todo hizo clic y el curso de su vida se estableció cuando sólo tenía diecinueve años. Y si bien es difícil imaginar una historia del origen de la inmunología del cáncer que supere esas verificaciones de nombres, aquí estaba él más de una década después, asociado con Jim Allison en el estudio clínico que lo cambiaría todo.

47. La oncología inmunitaria no era la carrera profesional más segura, especialmente si tenías la educación y la capacitación necesarias para trabajar en cualquier lugar, incluso en terapias que realmente mostraban progreso. Ésa fue la razón por la que conocía a Dan Chen; básicamente, ¿cómo no podría conocer a otro oncólogo MD-PhD de Gen-X especializado en melanoma e intelectualmente dedicado a vencerlo a través de la inmunología? Personas como esa (Pardoll, Hodi, Butterfield, Hoos) eran escasas en comparación con los oncólogos centrados en la quimioterapia. Ésa era la manera normal: estudiar enfoques para atacar el tumor con medicamentos, en lugar de tratar de descubrir cómo desencadenar

los laboratorios del NCI[48] sólo habían profundizado su convicción de

---

el sistema inmunitario para que haga el trabajo. No era la posición racional que esperarías de un joven prometedor de Staten Island con décadas de educación, capacitación y préstamos estudiantiles en su haber.

48. Para Wolchok, uno de esos destellos se produjo en lo que a la mayoría le pareció un fracaso: la prueba de interleucina-2, o IL-2, una citocina u hormona inmunitaria. La IL-2 fue anunciada como el éxito de la era, el cambio de juego; en ese momento, se vio como el avance potencial. Pero una vez que se clonó en cantidad suficiente para comenzar las pruebas sistemáticas a gran escala en pacientes, no funcionó de manera tan predecible como se esperaba. En lugar de un gran avance, la IL-2 fue declarada un fracaso, al igual que la búsqueda de un medio para usar el sistema inmunitario contra el cáncer con ella. La experiencia hizo que la cara pública de la inmunoterapia retrocediera décadas. Mirando hacia atrás en los datos de esos ensayos de la IL-2, del 3 % al 5 % de los pacientes tuvieron respuestas positivas a las inyecciones de hormonas inmunes. Pero los pacientes que sí respondieron eran pacientes con melanoma y cáncer de riñón. Y ese grupo resultó ser un número pequeño pero reproducible. Esos datos reproducibles mostraron a los investigadores que la IL-2 condujo al crecimiento y la diferenciación de las células T. El mecanismo biológico exacto de cómo lo hizo no se entendió por completo, y nadie sabía aún que el cáncer se aprovechó de la respuesta inmunitaria bloqueada, como los puntos de control CTLA-4 de las células T (que detuvo la reunión inmunitaria inicial de las células T) y la PD-L1 (que los tumores expresan para poner freno a la célula T en el momento en que se ha dirigido al tumor para atacar). Y así, la opinión pública sobre el fracaso de la IL-2 como el gran avance contra el cáncer fue vista de manera bastante diferente por algunos investigadores científicos. Pisoteó los espíritus de muchos fieles a la inmunoterapia contra el cáncer, incluso cuando aumentó su fe en el concepto de inmunoterapia contra el cáncer. Allí, en blanco y negro, había ensayos que mostraban que un fármaco (una citocina, en este caso) podía provocar en algunos pacientes respuestas inmunitarias duraderas y profundas, y una regresión a largo plazo del cáncer. Los números eran bajos, pero eran reproducibles. No fue un éxito desde la perspectiva de los medicamentos, pero para Wolchok y un puñado más de científicos, ése fue el primer atisbo de que la modulación adecuada del sistema inmunitario podría conducir a un control duradero del crecimiento tumoral. Era una prueba de concepto. «La gente decía: "Oh, [la IL-2] es demasiado tóxica. No funciona en muchas personas", y todo eso es cierto –dice Wolchok–. Pero sí nos mostró que bajo ciertas circunstancias, circunstancias que no entendíamos completamente en ese momento, el sistema inmunitario podía reconocer el cáncer. Y el sistema inmunitario podría controlarlo. Entonces, tuvimos esos destellos. Comienzas a juntar las diferentes piezas: tenías los pequeños éxitos reproducibles de IL-2, tenías los modelos en ratones, tenías la oncología veterinaria, destellos y vislumbres. Pero [para la comunidad

que, bajo ciertas condiciones, las células T podían activarse contra los antígenos tumorales humanos y atacar y matar el cáncer.[49]

Wolchok también había estado siguiendo los documentos que salían del laboratorio de Allison, y se preguntó si el tejano no acababa de redefinir esas «ciertas condiciones». El CTLA-4 parecía ser un eslabón

---

científica en general] esto se consideró extremadamente nebuloso. Y había muchos puntos que conectar». Lo que faltaba era algo de ciencia dura: investigación básica sobre el brumoso funcionamiento de las observaciones inmunológicas que habían estado haciendo. Y más que cualquier otra cosa, lo que necesitaban en ese momento era la pieza del rompecabezas que faltaba, o tal vez un complejo de piezas que conectara todos los destellos y vislumbres, y convirtiera las anécdotas en ciencia. Los quimioterapeutas y la mayoría de los oncólogos pensaron que esta esperanza sin pruebas era un poco vaga y estaba bastante equivocada. Pero para los fieles de la oncología inmunológica, esto era exactamente lo que sería una actividad biológica compleja. Sí, la inmunoterapia no funcionaba, pero eso no significa que no lo haría o no podría hacerlo. Era como si estuvieran tratando de arrancar un automóvil; habían visto otros que funcionaban bien, habían observado que el motor chisporroteaba, pero no giraba de manera fiable. Sí, definitivamente, no podían entender por qué no funcionaba. Pero todavía creían que era un coche. Creían que algo real y específico impedía que el motor girara. Creían que las partes del automóvil que conocían (el encendido, el motor) existían y eran cruciales para hacer que el automóvil funcionara. Lo habían observado en funcionamiento ocasionalmente, habían visto otros coches funcionando y ahora finalmente estaban resolviendo toda la mecánica del sistema: la llave que debía encajar, el pedal del acelerador y varios aspectos del motor, requisitos de combustible y temperatura, y gases inflamables. A pesar de todo su entendimiento, todavía no conseguían que el coche se pusiera en marcha. A veces, incluso cuando podían hacer funcionar el motor, no podían hacerlo avanzar. Para los investigadores de la inmunoterapia, eso significaba que tenía que haber otra parte necesaria aún por descubrir, un mecanismo que no habían logrado comprender. Y creían que si seguían intentándolo, tarde o temprano descubrirían esa cosa. Sería el avance que explicaría el problema. Era esperanzador e inspirador, y luego, como la mayoría de las inmunoterapias en ese momento, frustrante. «Podías verlo funcionando en los modelos de ratón. Pero el desafío era tomar lo que habías visto en un ratón de laboratorio de 20 gramos, consanguíneo y eugenéticamente idéntico a cualquier otro ratón que estás estudiando, y luego tratar de traducirlo a un humano exogámico de 70 kg», dice. Y a partir de ahí, podrían hacer que el coche funcionara y comenzar a trabajar en automóviles mejores y diferentes.

49. «Creíamos que, bajo ciertas circunstancias, el sistema inmunitario puede desarrollar protección contra el cáncer», dice Wolchok.

perdido, el freno del que nunca habían sabido, pero que había estado activo todo el tiempo. Eso explicaría mucho sobre lo que Wolchok estaba viendo en el laboratorio y en la clínica, donde trabajaba con vacunas.[50]

Wolchok había levantado la mano temprano para participar en el ensayo del fármaco anti-CTLA-4. Ahora estaba emocionado y nervioso. Había escuchado algunas respuestas prometedoras y también las historias de terror de los investigadores de la fase 1. «Fueron muy enfáticos con los efectos secundarios», recuerda Wolchok. Seguían repitiendo su advertencia como supervivientes conmocionados: de verdad, *los efectos secundarios deben tomarse muy en serio.* Aquél era un territorio nuevo para todos, pero el mensaje ya era que el sistema inmunitario sin frenos podría ser desgarrador y potencialmente mortal.

La primera compañía autorizada para convertir el descubrimiento de Allison en un fármaco que pudiera probarse en pacientes con cáncer fue una empresa llamada NeXstar. NeXstar no tenía la tecnología para hacer el trabajo, pero invirtieron años en el esfuerzo.

Los retrasos frustraron a Allison hasta el punto de ebullición. El doctor Alan Korman, uno de los doctores estrella de NeXstar, también

50. En ese momento, Wolchok trataba de desarrollar vacunas contra el cáncer, y en un esfuerzo por superar algunos obstáculos regulatorios, comenzaron con ensayos clínicos en perros, no tristes animales de laboratorio, sino mascotas de personas, algunas de las cuales conocía personalmente. Al igual que las personas, la mayoría de los perros eran exogámicos genéticamente, es decir, eran perros callejeros. Y al igual que las personas, esas mascotas habían desarrollado melanoma por una desafortunada interacción entre los genes y el medio ambiente. En los perros, sus vacunas funcionaron: «Demostramos que, de hecho, podíamos cambiar la expectativa de vida de un perro con melanoma metastásico al vacunarlo –dice–. Los resultados fueron algunos perros y dueños de perros felices y la primera vacuna contra el cáncer aprobada (aunque sólo para perros)». Pero el punto más importante era que Wolchok había visto funcionar un tratamiento de inmunooncología con sus propios ojos. Las vacunas no serían las mismas, pero la teoría era idéntica: se podría ayudar al sistema inmunitario a reconocer una célula mutada y matar el cáncer.

estaba frustrado. Recurrió a su antiguo compañero de clase de Harvard, Nils Lonberg, en la empresa Medarex, con sede en Nueva Jersey. Habían modificado genéticamente ratones para convertirlos en fábricas vivas de medicamentos que producían anticuerpos que los humanos tolerarían. Lonberg discutió los detalles con Allison frente a una botella de whisky, y en febrero de 1999 tenían un anticuerpo humano que bloqueaba el CTLA-4.

Un año después, se probó la seguridad de ese anticuerpo ingresado en 17 pacientes. Superó este primer obstáculo e incluso generó una respuesta completa. Comprensiblemente, el entusiasmo estaba comenzando a abrumar a la precaución por el nuevo fármaco, lo que provocó una segunda fase de ensayos y la asociación de Bristol-Meyers Squibb. BMS tenía los fondos necesarios para financiar lo que era esencialmente una apuesta arriesgada y, lo que es más importante, tenían los recursos para sobrevivir a un fallo, en caso de que llegara a ocurrir.

El tiempo es dinero en los ensayos clínicos, y las empresas quieren llevar a cabo el proceso lo más rápido posible, tanto si el fármaco potencial finalmente falla como si llega al mercado. Por lo general, los medicamentos pasan por tres fases de ensayo clínico para la aprobación de la FDA. Cada fase dura años y cuesta muchos millones de dólares. Como era de esperar, la asociación farmacéutica que probaba el fármaco anti CTLA-4 tenía la esperanza de acelerarlo a través de este costoso proceso de aprobación, si era posible.

Tradicionalmente, los nuevos medicamentos contra el cáncer se aprueban sobre la base de haber demostrado mejores resultados que el medicamento estándar anterior para los pacientes, según lo definido por un conjunto de reglas acordadas de antemano. Estas reglas incluyen los puntos finales de un estudio, esencialmente, los postes de la meta. Los socios farmacéuticos propusieron un acuerdo que cambiaba estos puntos finales para acortar el juego, ofreciendo un estándar inequívoco de éxito que haría innecesario un ensayo de fase 3. Después de todo, no trataban de suplantar ninguna de las quimioterapias tradicionales; sólo querían ser la última línea para un tipo de cánceres que la mayoría de los pacientes no superaba.

Entonces, los socios le ofrecieron un trato a la FDA. Los objetivos para una «buena tasa de respuesta» se considerarían superados si al menos el 10 % de los pacientes tuvieran tumores que se redujeran en un 30 % o más. Si cumplían con esa marca, el medicamento sería aprobado por la FDA, saltándose la fase 3 y entrando directamente en el mercado. Si fallaban, fallaban más rápido. En ese momento, las empresas estaban tan seguras de que alcanzarían esos puntos finales que no supieron reconocer el rincón en el que se estaban encajonando.[51] No entendían cómo funcionaba un fármaco inmunitario; básicamente, nadie lo entendía, porque no existía ninguno que fuera eficaz. En lugar de permitir esa incertidumbre, hicieron arreglos para que su fármaco revolucionario fuera juzgado como una quimioterapia tradicional. La FDA estuvo de acuerdo, Medarex y BMS dieron un golpe maestro. Pero el estudio fracasó. Axel Hoos sabía que lo haría.

Axel Hoos es un MD-PhD que se formó en su Alemania natal. Hoos es preciso en sus modales e inconfundiblemente teutónico en su acento, un hombre delgado, con gafas, con un corte de pelo rubio muy corto y un impecable surtido de trajes. Como cirujano MD que se convirtió en inmunólogo con doctorado después de terminar su formación especializada en cirugía, patología molecular e inmunología tumoral en el Memorial Sloan Kettering de Nueva York, seguido de la escuela de negocios en Harvard, Hoos es otro de los personajes extrañamente perspicaces en el mundo de la inmunoterapia que se colocaron perfectamente para atrapar una estrella fugaz.[52] Como grupo, los inmunólogos del cáncer se entrenaban duro para tener suerte.

Hoos estaba explorando el horizonte en busca de un candidato a fármaco capaz de cambiarlo todo cuando Jim Allison y su anticuerpo anti-CTLA-4 aparecieron en su radar. Hoos había visto a Medarex desarrollar ese anticuerpo en un fármaco, comenzar las pruebas en huma-

51. Una de las conclusiones más importantes fue que la tasa de respuesta que acordaron y establecieron no es, de hecho, un criterio de valoración biológicamente relevante para probar la eficacia del bloqueo de CTLA-4 en pacientes con cáncer.

52. Y ofrece una impresión muy diferente a la de los verdaderos creyentes de pelo largo que habían dominado el campo durante una generación.

nos y luego ser comprado por Bristol-Myers Squibb. Era exactamente lo que había estado esperando: el (quizá) fármaco adecuado, en manos de una empresa con los recursos adecuados para lograr el éxito. Hoos presentó su solicitud y se convirtió en líder médico global del programa de inmunooncología de BMS: el punto de unión entre los trajes y las batas blancas, el tipo a cargo de todos los estudios de un posible fármaco innovador.[53] Lo había sincronizado todo perfectamente, sólo para descubrir que había una trampa.

Desde que la FDA ha estado en el negocio de la aprobación y la seguridad del consumidor, la terapia contra el cáncer siempre tuvo como objetivo el tumor.[54] Cuando esos medicamentos funcionan, los tumores se reducen. Cuando no funcionan, el cáncer sigue «progresando».[55]

Los criterios de valoración de los estudios médicos, y el lenguaje que los describe, son importantes. Los nuevos medicamentos contra el cáncer se evaluaron en función de si retrasaban la progresión más tiempo que el medicamento anterior. Ese regalo de tiempo se llama supervivencia libre de progresión, o PFS por sus siglas en inglés, y era la medida estándar para evaluar cualquier nueva terapia contra el cáncer.

La supervivencia es importante. Igual que sentirse mejor. Los pacientes con cáncer, todos nosotros, queremos ambas cosas. Pero la «sensación» es subjetiva y más difícil de estandarizar y cuantificar que la progresión, que es una medida física de las sombras en una tomografía computarizada.[56]

53. En su carrera de triple salto mortal se había arqueado con precisión matemática, y ahora se había atascado en el aterrizaje. «Oh, sí, estuvo bien –dice Hoos sucintamente–. Las cosas correctas se juntaron en el momento correcto y después de muchos años de fracaso e incredulidad». Sólo había un problema: ese estudio que había heredado no iba a funcionar.
54. Como norma se denomina «Criterios de Evaluación de Respuesta en Tumores Sólidos» o RECIST, por sus siglas en inglés. RECIST es el conjunto de reglas que rigen los ensayos clínicos y cómo medir los cambios en el tumor de un paciente.
55. El problema con el cáncer no es el cáncer que tienes, es la progresión.
56. El lenguaje único del cáncer carga con nuestra historia colectiva con la enfermedad. Así como la palabra «cáncer» transmite la imagen de un tumor parecido

La inmunoterapia contra el cáncer era nueva, no probada y en gran parte no testada. También era diferente a todas las terapias anteriores contra el cáncer. Funcionaba en el sistema inmunitario, no en el tumor directamente, y nadie sabía cómo sería eso. Describirlo en términos de PFS contenía la suposición de que un mecanismo de acción nuevo y desconocido se parecería de alguna manera al anterior. Al final, ese hábito resultó ser un sesgo invisible. Era una forma de pensar que no le daba a esa primera generación de medicamentos de inmunoterapia contra el cáncer ninguna posibilidad de éxito.[57]

La mayoría de los investigadores nunca antes habían visto una terapia inmunológica contra el cáncer que funcionara. Pero las mujeres y los hombres que realizaban los estudios clínicos ahora descubrían que la terapia inmunológica no se parece a una terapia dirigida de cirugía, radiación o quimioterapia. Y sus números también son diferentes.[58]

Durante el breve transcurso del estudio, los gráficos de SLP de los pacientes eran líneas onduladas o zigzags. Los tumores se hincharían, se encogerían y luego se hincharían de nuevo. O el medicamento no estaba funcionando, o estaba funcionando de manera diferente a la quimioterapia. De cualquier manera, en el papel parecía un fracaso.

---

a un cangrejo, muy probablemente un sarcoma, progresado hasta el punto de reventar en la carne.

57. PFS describe una situación al límite. Asume lo peor y cuenta pequeñas bendiciones. También engendra una manera muy específica de pensar sobre la enfermedad, en términos de los mecanismos de la quimioterapia o de la radiación o de las pequeñas moléculas que matan de hambre al tumor. Éstos eran los métodos con los que la ciencia ya estaba familiarizada. Con el tiempo, se convirtieron en un hábito y un punto ciego intelectual.

58. Los efectos de la radiación o de la quimioterapia sobre un objetivo tumoral funcionan esencialmente de la misma manera. La radiación envía diminutas partículas de un isótopo en descomposición que perfora las células donde se ha implantado como una granada en miniatura. La quimioterapia esencialmente los envenena. La fuerza principal de la radiación o del ataque químico es el propio tumor.

Pero en la clínica Jedd Wolchok vio algo diferente. Si bien las exploraciones de varios de sus pacientes parecían dar resultados peores, informaron sentirse mejor. Algunos tenían tumores cada vez más grandes. Algunos tenían tumores que se derretían en un lugar incluso cuando aparecían nuevos tumores en otro.

Las inmunoterapias contra el cáncer viven en la intersección de dos sistemas vivos: el del tumor y el del sistema inmunitario. Los científicos sabían desde hacía mucho tiempo que las enfermedades autoinmunes como la enfermedad de Crohn no progresan de forma lineal. Los escaneos y las pruebas parecen informes de una batalla que va y viene entre dos fuerzas vivas, uno contra uno mismo. Los resultados anti-CTLA-4 tenían ese flujo y reflujo.

Quizá, razonaron los investigadores, lo que estaban presenciando era una respuesta inmune, en lugar de una respuesta tumoral. El CTLA-4 hacía que el sistema inmunitario reaccionara al cáncer como lo haría con cualquier otra infección, en oleadas de fiebre, hinchazón e inflamación. Era un ataque, puntuado por controles de seguridad de *¿Estás seguro?*

Los resultados del ensayo mostraron que sólo el 5,8 % de los pacientes se habían librado de la progresión. Resultados como ése indicaban una terapia contra el cáncer que apenas valía la pena considerar, incluso si se aprobara. «Entonces la FDA dijo: "Váyanse, no queremos esto"», dice Hoos. Desde la perspectiva de los datos, el nuevo medicamento milagroso de Jim Allison en realidad no había mejorado mucho con respecto a las Toxinas de Coley. En muchos aspectos mesurables era mucho peor.

La mayoría de los fabricantes farmacéuticos distribuyen sus apuestas entre una gran cantidad de medicamentos potenciales, con la esperanza de que al menos uno funcione y pague la deuda contraída por los demás. No necesitaban conseguir mil para tener éxito, sólo para acertar más veces que equivocarse. En ese modelo de empresa, desechar el anti-CTLA-4 sería el precio de hacer negocios.

Al mismo tiempo, el gigante farmacéutico Pfizer también estaba probando su propio anticuerpo anti-CLTA-4. Hoos sintió que las dos versiones eran, en el mecanismo biológico, lo mismo; las únicas diferencias eran las dosis en las que se probarían y quién era el propietario de los datos. Los dos ensayos comenzaron casi al mismo tiempo y las primeras lecturas fueron esencialmente las mismas para ambos.

Pfizer vio los números y descartó su estudio. Hoos estaba decidido a continuar. BMS había invertido mucho. Y la ciencia y la lógica estaban allí. Había datos impecables que proporcionaban evidencia de que la inmunoterapia puede funcionar contra el cáncer.

«Cada vez que sucede algo nuevo, debes romper con los viejos hábitos y el viejo pensamiento –dice Hoos–. Y para muchas personas, eso es difícil».

Axel Hoos descolgó el teléfono y marcó el número de Wolchok. Era uno de los oncólogos especializado en inmunoterapia jóvenes y brillantes que había, y había puesto el corazón y el alma en esos estudios. Todos lo habían hecho. Hoos quería que supieran que estaba hablando con el comité. «No vamos a abandonar el programa por estos ensayos de fase 2 –prometió–. No vamos a dejar pasar esto».

Hoos planeaba pelear y quería asegurarse de que Wolchok y los demás investigadores estuvieran listos para unirse a él.

«Aquella llamada fue muy importante para nosotros –dice Wolchok–. Porque en la clínica estábamos viendo cosas muy inusuales.[59] Había algunas historias milagrosas enterradas en los datos». En el laboratorio de Wolchok, una de esas historias milagrosas pertenecía a Sharon Belvin, otra al señor Homer.[60]

La visita de Sharon Belvin al ensayo MDX-010 de Wolchok no fue su primera parada en el Memorial Sloan Kettering. Ya había estado a la vuelta de la esquina con varias terapias contra el cáncer, incluida la quimioterapia y la IL-2. Algunas habían tenido éxito durante un tiempo,

59. Los principales investigadores a cargo de los estudios Ipi eran el doctor Steve Hodi (ahora en el Instituto del Cáncer Dana-Farber de Boston), Jedd Wolchok, Jeff Weber de la USC, Khan Hanumui de Viena, Steve O'Day de la Clínica Ángeles de Santa Mónica, junto a Omid Hamid en Los Ángeles y el doctor Ribas. Y todos sabían que los números eran malos.

60. «Sr. Homer» no es su verdadero nombre; él es el paciente mencionado como caso n.° 2 en Yvonne M. Saenger y Jedd D. Wolchok: «The Heterogeneity of the Kinetics of Response to Ipilimumab in Metastatic Melanoma: Patient Cases», *Cancer Immunity*, 2008, 8:1, PMCID: PMC2935787; PMID: 18198818 (publicado *online* el 17 de enero de 2008).

todas habían fracasado finalmente y, a los veinticuatro años, según las estimaciones de Wolchok, estaba a sólo unas semanas de morir. Pero para su tercer tratamiento ya no podía utilizar su silla de ruedas lo suficientemente bien como para sacar a pasear a su perro entre citas. Se veía notablemente mejor: la hermosa y joven atleta rubia había comenzado a emerger del destrozado caparazón gris. El medicamento parecía estar funcionando en ella,[61] y no era la única.

Homer tenía cincuenta años y un melanoma en fase 4 que había progresado a su riñón, hígado y ganglios linfáticos. Tenía muy mala pinta en los escaneos, y después de doce semanas del anticuerpo anti-CTLA-4, esos escaneos daban resultados incluso peores. Los análisis de sangre mostraron que su recuento de linfocitos se había disparado, lo que sugería que sus células T se habían desencadenado y estaban detectando el cáncer, y al final de las doce semanas informó que se sentía mejor. Pero lo que importaba era el mayor número de metástasis en su hígado y la carga tumoral visiblemente mayor en su riñón.

Los números eran la vara de medir. Pero eran las historias las que defendían el avance.

«Éste es un campo que construyó sus cimientos sobre anécdotas», dice Wolchok. Tradicionalmente, las anécdotas son descartadas por los investigadores. «El plural de *anécdotas* no es un *dato*», dicen. «Pero a veces, las anécdotas son realmente importantes», explica Wolchok. Y son especialmente importantes cuando el mecanismo biológico que se observa no se comprende por completo.

Algo importante estaba sucediendo con ese nuevo fármaco de inmunoterapia contra el cáncer, que vendría a llamarse *ipilimumab*, o «Ipi» para abreviar. No en todos los pacientes sucedía lo mismo, y ni siquiera sucedía en todos ellos, pero era real. Algunos vieron que sus tumores se encogían, algunos los vieron crecer, muchos vieron ambas cosas. «Tuvimos pacientes que se habían inscrito en el estudio que estaban tan cerca de la muerte que ya habían sido enviados a cuidados paliativos», explica Wolchok. Habían pasado por el estudio, se sentían

61. Sharon Belvin ha estado totalmente libre de cáncer durante más de doce años. «Miramos su tomografía computarizada –recuerda Wolchok–. El cáncer había desaparecido, todo, se había ido, eso te marca».

Dr. William Coley (centro) y colegas. *(Instituto de Investigación del Cáncer)*

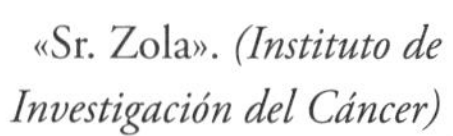

«Sr. Zola». *(Instituto de Investigación del Cáncer)*

John D. Rockefeller Jr. y Bessie Dashiell. *(Centro de Archivos Rockefeller)*

Presentadores y destinatarios (estos últimos indicados con un asterisco *) del Premio William B. Coley 2014 en honor al descubrimiento de la PD-1 (de izquierda a derecha): Iannis Aifantis, Gordon Freeman,* Arlene Sharpe,* Willie Geist, Jacques Nordeman, Paul Shiverick, Jill O'Donnell-Tormey, John Fitzgibbons, Murdo Gordon, Lieping Chen,* Joseph Leveque, Ellen Puré y James P. Allison. (En la foto falta Tasuku Honjo.* Tanto Allison como Honjo recibirían el Premio Nobel de Medicina en 2018 por sus descubrimientos). *(Instituto de Investigación del Cáncer)*

Dr. James Allison, en los años de Berkeley. *(James P. Allison)*

Dr. Steven A. Rosenberg. *(Centro de Investigaciones sobre el Cáncer, Instituto Nacional del Cáncer)*

Investigadores y empleados de Medarex y BMS, presentación de la fase 3 de datos anti-CTLA-4 de la Sociedad Estadounidense de Oncología del Cáncer de 2010 (de pie desde la izquierda): Jedd Wolchok, Jeff Sosman, Jeff Weber, Dan Elkes, Axel Hoos, Geoffrey Nichol, Israel Lowy, Mike Yellin y Alan Korman. (Arrodillados desde la izquierda) Stephen Hodi y Nils Lonberg. *(Axel Hoos)*

(De izquierda a derecha) Dr. Carl June, Kari Whitehead y Tom Whitehead, con su hija, Emily, la primera paciente con cáncer pediátrico en recibir terapia CAR-T. *(Instituto de Investigación del Cáncer)*

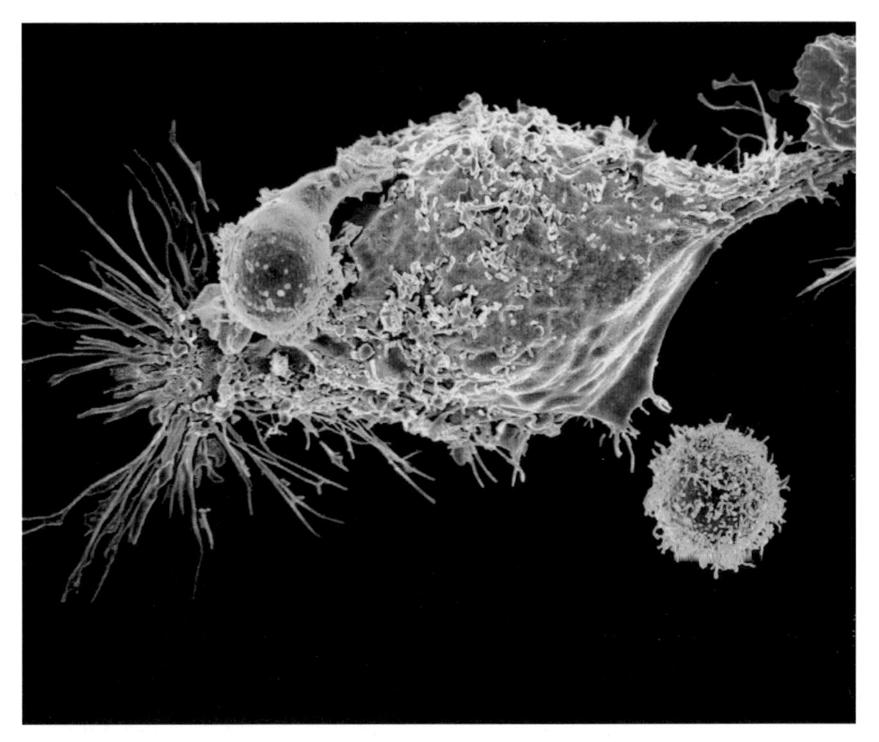

Células T fruto de la ingeniería (CAR-T) atacando a una célula cancerosa. *(Prasad Adusumilli, MSKCC)*

Brad MacMillin celebra su segundo aniversario NED con el Dr. Dan Chen. *(Emily MacMillin)*

Emily MacMillin: «30/8/2009. Erin (nuestra tercera) recién nacida, con Clare y Camille, durante un tiempo en el que pensábamos que habíamos superado las probabilidades (nuevamente)». (*Emily MacMillin)*

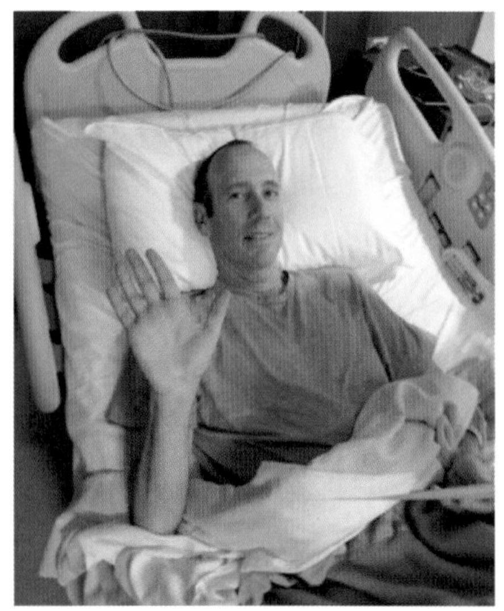

Brad MacMillin, julio de 2013, en el MD Anderson Cancer Center. *(Emily MacMillin)*

Kim White: «Dan (Reynolds, vocalista principal de la banda de pop rock Imagine Dragons) y yo en el concierto benéfico que hizo para mí. 17 de julio de 2014». *(Kim White)*

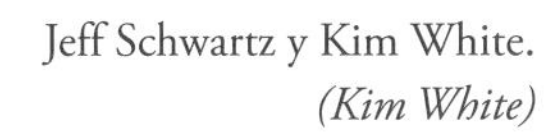

Jeff Schwartz y Kim White. *(Kim White)*

Kim y su esposo, Treagen, con su hija, Hensleigh. *(Kim White)*

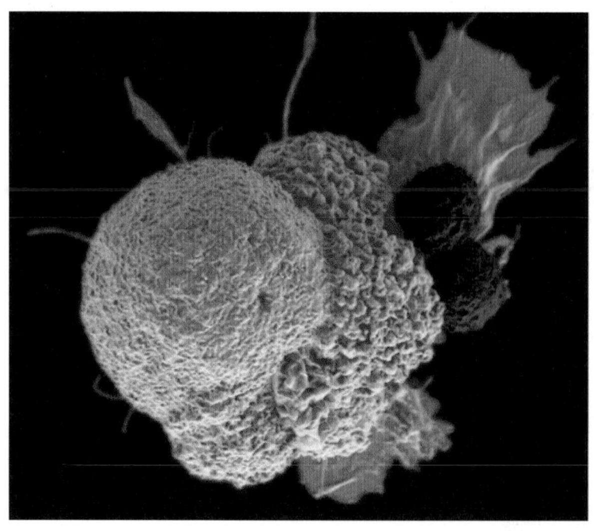

Micrografía electrónica de barrido a color de una célula cancerosa (en blanco) atacada por células T citotóxicas «asesinas» (en rojo). *(Instituto Nacional del Cáncer\Centro Oncológico Integral Duncan, en el Baylor College of Medicine, Rita Elena Serda)*

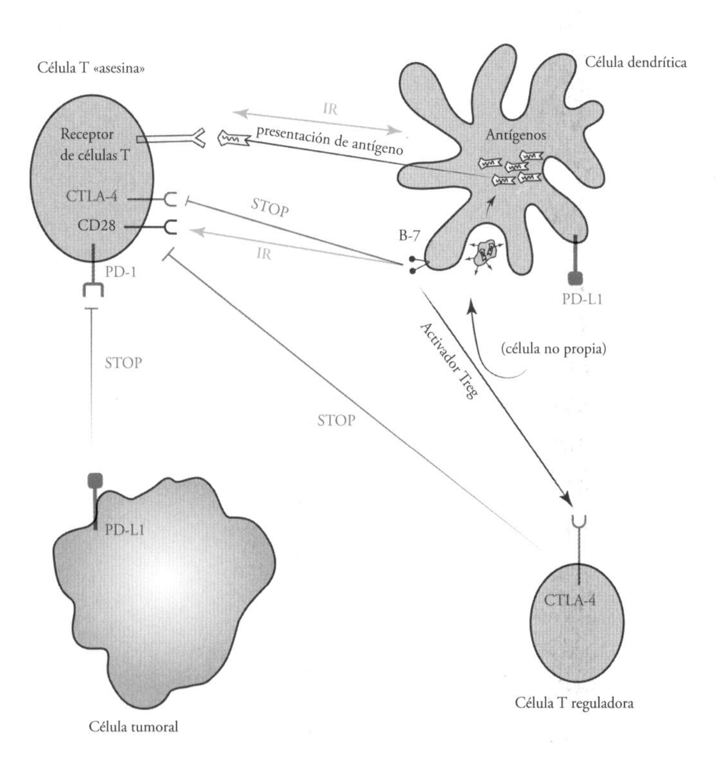

Una célula tumoral tramposa puede utilizar un punto de control (CTLA-4, PD-1) como un «apretón de manos secreto» para suprimir la respuesta inmunitaria.

mejor, pero sus escaneos estaban peor. Al final fueron enviados a casa en lugar de al hospital de cuidados paliativos, y esos eran datos negativos en el gráfico estadístico del estudio.

«Los mismos pacientes volvían a llamar, seis meses después: "¡Oh, oye, estoy viva!" –dice Wolchok–. Y su cáncer había desaparecido. Los escaneos lo probaban».[62] Y no era sólo su equipo el que estaba haciendo tales observaciones.

Hoos estaba en el centro de datos del estudio. Tenía los números procedentes de ensayos en todo el mundo, y tenía médicos que respondían con el mismo tipo de observaciones mixtas que había visto Wolchok.

«Vimos algunas observaciones clínicas que parecían, en la superficie, contrarias a la intuición –recuerda Hoos–, pacientes que dicen que están mucho mejor, cuando en la tomografía computarizada se ven mucho peor. Eso se debe a que el sistema inmunitario envía su ejército de células al tumor, lo que hace que se vea más grande en una tomografía computarizada».

A corto plazo, los sentimientos del paciente demostraron ser más sensibles que la tecnología de imágenes. «El paciente había mejorado sintomáticamente, pero el médico no podía verlo en una tomografía computarizada –dice Hoos–. Eso daba la sensación de que había mucho más allí de lo que parecía». También dejaba en claro que para evaluar con precisión la inmunoterapia, tendrían que depender más del arte de observación del médico y menos de las exploraciones tumorales.

Con el tiempo, podrían rediseñar el aspecto de una prueba inmunológica de cáncer exitosa y reescribir los criterios para la FDA. Pero ese futuro podría no llegar a realizarse si dejaban de tomar ese medicamento.

«No se podía imponer nuevos criterios a la FDA», dice Hoos. En lugar de cambiar el juego, sólo necesitaban mover los postes de la portería.

Al final del día, el punto de la PFS, la parte que realmente importa no es la P, sino la S; no es la progresión del tumor, sino la supervivencia del paciente. «Es el mejor punto final posible –dice Hoos–. Si el medi-

62. Saenger y Wolchok: «Heterogeneity of the Kinetics of Response».

camento tiene un beneficio real, debería hacer que esa persona viva más tiempo».

Eso puede parecer obvio, pero no era parte del protocolo clínico. Según los criterios basados en la quimioterapia, los pacientes que se sentían mejor incluso si sus tumores no se veían más pequeños en la tomografía computarizada eran «respondedores no convencionales». Eran supervivientes, pero no contaban.

Hoos creía que tenía los datos para tener éxito. Si ignoraba la progresión del tumor y se enfocaba sólo en la supervivencia del paciente, las curvas estadísticas revelaban un nuevo medicamento importante y un posible avance en nuestra guerra contra el cáncer.

El paciente de Wolchock, Homer, continuó con el fármaco anti-CTLA-4 después de su período de estudio inicial de doce semanas. Había sido candidato para un hospital de cuidados paliativos, pero en la semana dieciséis ya no tenía dolor abdominal opresivo, e incluso se sentía lo suficientemente bien como para irse de vacaciones cortas con sus amigos. Un año después, los escáneres mostraron que sus lesiones y el tumor habían desaparecido casi por completo. Pero en 2006, Homer no contaba. Durante la ventana de doce semanas del estudio del fármaco anti-CTLA-4, sus tumores no parecían más pequeños en las tomografías computarizadas. No constituía una supervivencia libre de progresión, por lo que sus datos argumentaban en contra de la aprobación del fármaco que finalmente le había salvado la vida.

Pero, ¿podrían demostrarlo? «No tuvimos que convencer a la FDA de eso –dice Hoos–. ¡Si puede mostrar beneficios de supervivencia, a la FDA no le importa a qué se debe ese beneficio de supervivencia! Mientras sea real. ¡Y era real!».

La tarea más difícil fue convencer a los jefes de Hoos en BMS para que continuaran con el estudio, lo ampliaran y utilizaran nuevos criterios de valoración que midieran la supervivencia general.

«Cuando cambias el punto final de supervivencia sin progresión a supervivencia general, la línea de tiempo se alarga –dijo Hoos–. ¡Tres años más!». El costo de un ensayo de quinientos pacientes durante tres años más podría ascender a muchos muchos millones de dólares, por un fármaco experimental que ya había «fallado» según las medidas estándar.

Sin embargo, la empresa accedió.

«Tuvimos suficiente convicción para quedarnos con eso. En varios puntos, podría haber fallado. Haces el diseño de prueba equivocado. No obtienes el respaldo internamente. Te asocias con el grupo equivocado, mides el punto final equivocado. O sacas la conclusión equivocada, incluso si haces lo correcto. Hay un millón de maneras de fallar. Esto es cierto para el mundo de la investigación clínica en todas partes. Sólo aquellos que son lo suficientemente tenaces llevan a cabo el experimento y no son disuadidos antes de tiempo –dice Hoos–. De esas situaciones es de donde provienen los verdaderos avances».

Era un plan exhaustivo y cuidadoso que necesitó millones de dólares y media docena de años para ejecutarse y cambiar la faz de la medicina. Pero Hoos puede resumir cómo hacer una terapia revolucionaria con certeza germánica en una sola frase. «Entonces, una vez que tienes un mecanismo que funciona [el CTLA-4], y tienes cierta persistencia y convicción, lo sigues en la clínica, creas un método que te permite detectar estas cosas correctamente y hacerlas visible para la FDA y otros que necesitan comprarlo, y luego llegas a algún lado –dice con una sonrisa–. Y ésa es, en términos muy muy simples, la historia del Ipi».

«Ahora, la palabra "cura" se puede utilizar en oncología –dice Hoos–. Ya no es una fantasía o una promesa cruel que no puedes cumplir. Todavía no sabemos quiénes serán los pacientes afortunados que se curarán, pero ya hemos visto curas. Cuando empezamos, en 2011, empezamos a ver curas de pacientes individuales».

Cuando revelaron por primera vez su estudio más largo, la tasa de supervivencia del melanoma metastásico ya había mejorado. «Con el ipilimumab teníamos una supervivencia general del 20 % –dice–. Ése es un gran paso en la dirección correcta, y esos números continúan aumentando». Esos aumentos ahora se ven incrementados por el uso de terapias combinadas; los datos continúan surgiendo y los números cambian casi mensualmente. «Así que para algunos es una cura funcional, para otros es una verdadera desaparición de la enfermedad y nunca regresa, por lo que podría ser una verdadera cura», dice Hoos.

El Ipi no es una cura para el cáncer, pero el éxito del Ipi fue el gran avance de la inmunoterapia contra el cáncer. Encendió una llama en la comunidad de investigación del cáncer y cambió la dirección del trabajo en las siguientes décadas. De repente, años de experimentos fallidos en inmunoterapia contra el cáncer necesitaban ser reexaminados a la luz de la noticia de que habían tratado de controlar el sistema inmunitario con el freno de mano puesto. Y por primera vez, era posible que supieran cómo quitárselo. Esta nueva comprensión de los trucos que el cáncer había desarrollado para escapar de la vigilancia inmunitaria inspiró a investigadores de campos de todo el espectro científico a ingresar en el campo de la inmunología. Para aquellos que ya estaban en él, la carrera estaba en marcha para buscar más puntos de control y tal vez otros frenos. Lo más importante es que el avance dejó en claro, sin ambigüedades, que se podía ayudar al sistema inmunitario humano a reconocer y matar el cáncer, abriendo un nuevo frente esperanzador en nuestra antigua guerra contra la enfermedad.

Era el momento de la penicilina del cáncer. Todavía estamos en eso, y es emocionante. Pero si la historia de la inmunoterapia contra el cáncer no nos enseña nada más, la esperanza debería estar fuertemente atenuada por la cautela.

Capítulo seis

Tentar al destino

Buscamos donde hay luz.

—Goethe

La historia de cada paciente con cáncer es un viaje, alguno más largo y más difícil que otros. El de Brad MacMillin duró doce años. Comenzó en 2001 con una mancha en el talón, un círculo oscuro debajo de una callosidad, como una burbuja en el hielo. Brad era corredor y jugador de baloncesto los fines de semana; había tenido ampollas de sangre antes, pero aquélla parecía estar creciendo. Después de su chequeo anual fue derivado a un dermatólogo. El dermatólogo quiso extirparlo de inmediato.

La urgencia sorprendió a Brad; también lo hizo el tamaño de lo que le extirparon del pie. Debían llevarla a un laboratorio, y él debería esperar.

Brad encontró a su esposa, Emily, en la sala de espera, sola en un mar de sillas. Eran más de las cinco del viernes, fin de semana del Día de los Caídos. El personal del laboratorio parecía haberse quedado sólo para ellos, y eso les pareció inusual, y lo inusual en un entorno médico es aterrador. Brad bromeó sobre el medio kilo de carne que le habían quitado, Emily trató de hacer planes para el fin de semana y finalmente regresó el dermatólogo. Todavía necesitarían más pruebas, dijo, pero era melanoma y tendría que volver la semana siguiente. El dermatólogo se quedó en silencio por un momento. Miró de Brad a Emily y viceversa. «Tienen que ser muy buenos el uno con el otro este fin de semana –dijo–, ¿de acuerdo?». Era difícil no leer entre líneas.

Intentaron encontrarle sentido en la autopista a casa. Brad había crecido en los años setenta y ochenta, con protector solar opcional, un chico rubio del sur de California nacido para quemarse. Así funcionaba el cáncer de piel, ¿verdad? El cáncer en general, la consecuencia de que tu historia te alcance. Brad tenía su parte de rayos UV, pero ¿en la planta del pie? Allí no se producen quemaduras por el sol. Lo único con lo que podían relacionarlo era con Bob Marley, que tenía un melanoma en el dedo del pie. A Bob no le fue bien, y luego Bob había ignorado todos los consejos médicos. El médico de Brad les había dicho que fueran buenos el uno con el otro. Decidieron no ignorar ese consejo tampoco.

A los treinta y un años, Brad todavía tenía sensación de invencibilidad. Era optimista por naturaleza y disfrutaba de una vida que parecía confirmar esa perspectiva. Tenía un gran trabajo nuevo en una *startup* tecnológica en auge durante un momento tecnológico en auge y una hija sana de un año. No eran ricos, pero confiaban en que siempre estarían bien. Era el nuevo milenio, cuando la exageración sobre un efecto 2000 imaginario había sido arrollada por oleadas de nuevos productos, servicios y tecnologías surgidos de Silicon Valley. En el área de San Francisco, era prácticamente una doctrina religiosa que el trabajo duro y la tecnología más inteligente podían encontrar una solución para cualquier cosa, incluso para esa cosa en su pie, ese *melanoma.* Brad lo vencería... Demonios, córteme todo el pie, le había dicho al doctor, cueste lo que cueste.

Pero cuando tuvieron las pruebas, mostraron que quitarle el pie no funcionaría. El melanoma ya se había extendido. Había subido por la pierna, hasta los ganglios linfáticos detrás de la rodilla de Brad. Y ésa era una buena noticia, le dijeron, en un sentido relativo: estaba *sólo* en la pierna, y *sólo* debajo de la rodilla. El melanoma no se trataba sólo de la piel, aunque ahí fuera donde comenzó. Había viajado rápido, y cuando alcanzara órganos críticos, especialmente los pulmones o el cerebro, sería mortal: fase 4. Habían llamado 3b a la fase de Brad.

La conmoción fue seguida por la bravuconería. Lo conseguiría. El cirujano sacaría todo lo que pudiera ver; después atacarían la zona con radiación, para matar lo que no hubieran podido quitar. Ése era el estándar de atención. Brad quería algo más. La radiación era predigital, más de 1902 que de 2002. Brad quería un extremo de vanguardia. Había algo así. No era totalmente nuevo, pero había sido aprobado por la FDA ese mismo año, y «extremo» era una palabra que podría describirlo a la perfección. No ayudaba a la mayoría de las personas y los efectos no eran predecibles. La mayoría de las personas no estaban seguras de que fuera realmente un enfoque válido para combatir el cáncer. El fármaco era una «inmunoterapia». Brad pensó que no había nada de malo en intentarlo al menos.

El interferón[1] era uno de los medicamentos maravillosos más sobrevalorados que se recuerdan, pero también era una citocina genuinamente

1. La historia del interferón es fascinante y popularmente incomprendida (se puede encontrar un muy buen tratamiento del tema en *A Commotion in the Blood* de Stephen S. Hall). También es un estudio de caso sobre la diferencia entre la percepción pública de lo que constituye un avance científico y un verdadero avance científico, una diferencia que se puede resumir en la palabra «medicina». Como la mayoría de las historias científicas, la del interferón comienza con una observación misteriosa, un fenómeno que se observó por primera vez, o al menos se describió y publicó en la literatura médica, en 1937, cuando dos científicos británicos se fijaron en que los monos infectados por un virus (en este caso, el virus de la fiebre del valle del Rift) eran de alguna manera resistentes a la infección por el virus de la fiebre amarilla. El concepto de inoculación y vacunas ya era familiar, pero esto era algo nuevo: los dos virus no parecían estar relacionados y, de hecho, el virus del valle del Rift era bastante débil, a diferencia del de la fiebre amarilla, que los habría matado. La observación se desarrolló una y otra vez en varias células y animales; la exposición a un virus, generalmente de un tipo débil, no fatal, de alguna manera bloqueó la infección por un segundo virus, incluso letal. Debido a que la infección por el primer virus interfirió con la capacidad del segundo virus para afianzarse en el huésped, el fenómeno se denominó «interferencia». El nombre dado al fenómeno dice mucho sobre la época y la manera en que se percibía cómo funcionaba el mecanismo, como si el primer virus actuara como un bloqueador de señal para el segundo, de la forma en la

que una gran torre de radio que transmite a cincuenta mil vatios desplaza en el dial cadenas de radio más pequeñas. En efecto, el primer virus parecía crear una especie de campo de fuerza invisible que repelía y protegía contra la infección del segundo virus, quizá en forma de algún escudo químico generado, o tal vez causado cuando el primer virus consumía todos los recursos que los virus necesitan, haciendo imposible una segunda infección, o tal vez..., bueno, la literatura y las mesas del almuerzo de los famosos centros de investigación médica de todo el mundo estaban llenas de preguntas hipotéticas. Su mecanismo no se entendía en absoluto, pero su misterio parecía estar envuelto en los secretos del sistema inmunitario y la biología de las moléculas y las células. Hasta que lo entendías, era un truco ingenioso, aunque sólo fuera un truco, pero con una aplicación práctica potencial obvia y, por lo tanto, se reprodujo, en las décadas de 1940 y 1950, en docenas de laboratorios y provocó que toda una generación de científicos observara la virología como el tema más interesante e importante del momento. En 1956, el centro de esa investigación residía en una serie de edificios sin pretensiones del Instituto Nacional de Investigación Médica, un lugar ubicado en una elevación llamada Mill Hill, al norte de Londres. Los laboratorios de la Organización Mundial de la Salud de las Naciones Unidas también tenían su sede allí, con un Centro Mundial de Gripe de alerta temprana supervisado nada menos que por C. H. Andrewes, el legendario investigador de virus que descubrió el virus que causa la gripe en la década de 1930. En junio de 1956, se unió al laboratorio de Andrewes un biólogo de treinta y un años recién llegado en tren y ferri desde Suiza llamado Jean Lindenmann. El empleo de Lindenmann en el laboratorio de Andrewes estaba relacionado con la polio; había habido éxitos con la primera generación de vacunas contra la poliomielitis, y Andrewes esperaba mejorarla, pero necesitaba grandes suministros del virus para resolverlo. Lindenmann iba a intentar hacer crecer los virus en riñones de conejo. Fracasó, pero terminó colaborando en otro experimento que tuvo mucho más éxito. Si bien la mayor parte del trabajo científico real ocurre dentro del laboratorio, historia tras historia demuestran que el comedor, donde los científicos hablan sobre sus hallazgos y pasiones e intercambian ideas con miembros de otros laboratorios, es el verdadero caldo de cultivo de la invención. Lo mismo sucedió con las famosas mesas abarrotadas del comedor de Mill Hill. Fue aquí, encorvado sobre su almuerzo apresurado, donde Lindenmann se encontró hablando sobre su fascinante fenómeno de interferencia con un virólogo encantador y consumado llamado Alick Isaacs. Lindenmann se sorprendió al descubrir que Isaacs también estaba fascinado con la magia de esa interferencia. Isaacs estaba notablemente entusiasmado con eso, no sólo porque resultara ser un maníaco depresivo en una fase positiva, sino porque era lo que era. Da la casualidad de que el joven científico ya se había adelantado y realizado varios experimentos sobre el asunto. Lindenmann también tenía un experimento en mente que creía que ayudaría a responder una pregunta crítica: ¿un virus necesita realmente ingresar en una célu-

importante y poderosa. Como explicó el oncólogo de Brad, había ayudado a un subgrupo pequeño pero real de pacientes con cáncer, especialmente cuando se utilizaba en combinación con radiación y quimioterapia. Los resultados de los pacientes no eran fiables y el medicamento era tóxico (en los estudios clínicos, la mayoría de los pacientes describieron sentirse como si hubieran tenido una fuerte gripe durante un año completo), pero los beneficios habían sido suficientes como para obtener la aprobación de la FDA y el concepto de una inmunoterapia apelaba a un nivel puramente intestinal. Él vencía los resfriados con zumo de naranja y sol, y albergaba la convicción irracional, aunque precisa, de que su sistema inmunitario era especialmente fuerte, con una capacidad *superior* para vencer las enfermedades.

El protocolo era un año de interferón, la mayor parte autoinyectado en casa. Brad combatió el mareo y los síntomas gripales con varonil buen humor hasta que, poco a poco, empezó a volverse loco.

Emily notó una creciente irritabilidad en Brad. Era realmente impropio de él estar malhumorado de semejante manera, pero, de nuevo, acababa de asumir tanto el cáncer como un nuevo trabajo de alta presión, ¿quién no actuaría un poco raro en su situación? Entonces lo «raro» dobló una esquina. La conversación de Brad se centraba cada vez más en historias sobre sus nuevos compañeros de trabajo que conspiraban contra él.

Estaba convencido de que había cometido el infame asesinato de un pasante del Congreso en Washington D. C. ese verano. Y que también estaba detrás del escándalo del cura pedófilo. Si era malo y salía en las noticias de la noche, Brad era el responsable. Paseaba por las habitaciones de su casa por la noche, siguiendo las voces. Una noche, le indicó con urgencia a su esposa que entrara al baño y luego cerró la puerta detrás de ellos.

---

la para imbuirla con la «interferencia» mágica? Esperaba que la respuesta pudiera ser clara y visible utilizando la nueva y poderosa herramienta que el laboratorio tenía a su disposición: el microscopio electrónico. Como mínimo, el experimento los acercaría un paso más a comprender si el campo de fuerza de interferencia era algo que ocurría alrededor de la célula (un fenómeno en la superficie o en los alrededores inmediatos), o si el interruptor debía encenderse desde el interior de la célula. Así que Isaacs se subió al carro.

«Ten mucho cuidado», le susurró Brad. Brad le dijo a Emily que debería llamar a la policía. Ella, en cambio, llamó a una ambulancia. Brad fue ingresado en un hospital psiquiátrico y se le administraron medicamentos antipsicóticos. También le quitaron el interferón.

Fueron semanas difíciles para Brad, y tal vez incluso más difíciles para Emily, pero gradualmente, a medida que los antipsicóticos hacían efecto y el interferón abandonaba el sistema de Brad, ella comenzó a vislumbrar al hombre que conocía y amaba. La psicosis había sido un efecto secundario raro y aterrador del interferón, y no era permanente. Ésa era la buena noticia. La mala era que su tratamiento contra el cáncer planificado no podía continuar.

Su médico le recomendó una alternativa, un nuevo fármaco experimental de inmunoterapia contra el cáncer para el que estaban a punto de comenzar los ensayos clínicos. Podría ser justo el tipo de adyuvante que Brad estaba buscando: de vanguardia, lo más nuevo de lo nuevo. Uno de los centros de estudio resultó ser la clínica de su colega en el Stanford Cancer Center, el doctor Daniel S. Chen.[2]

Dan Chen era médico y científico, MD-PhD y tenía un pie en la clínica de oncología, y trataba pacientes con melanoma, y el otro en el laboratorio de inmunología. Como hijo de la primera generación de científicos académicos inmigrantes,[3] su camino asumido implicaba

---

2. Chen está bien capacitado como inmunólogo y oncólogo. Nada podría ser más interesante para él que la interfaz entre sus dos campos elegidos. Pero tampoco estaba listo para unirse a las filas de los verdaderos creyentes confirmados de las filas de la inmunooncología. Tal vez fue porque lo criaron para ser práctico, para mantener los pies en el suelo mientras avanzaba hacia una carrera, incluso si de vez en cuando mira hacia las estrellas.
3. Chen y su familia son un grupo fascinante de científicos y, sin embargo, teatral, aunque los inmunólogos del cáncer tienden a desviarse del estereotipo científico estrecho y *nerd.* A Dan Chen le encanta la música, la ciencia, coleccionar Pappy Van Winkle y otros whiskies, y las casas en Halloween, y él y Deb han formado una familia con tres niños inteligentes, amables y con mucho talento; todo es un poco intimidante si los visitas. Además, hay que recordar que su trabajo diario es, literalmente, curar el cáncer. «Me encanta lo que hago –explica Chen–. Vivo para esta [investigación de inmunoterapia contra el cáncer] y no hay brecha entre mi vida personal y mi vida laboral». Es un sentimiento que he escuchado a menudo entre los que se dedican a este campo.

formación científica y un futuro académico. Por suerte, ahí también residía su talento e interés. Fue al MIT para estudiar biología molecular y, en el último momento, pasó a la carrera conjunta de MD-PhD. Se mudó al oeste, conoció a una chica sobre un cadáver de la escuela de medicina y se casó. Deb, su esposa, siguió estudiando obstetricia mientras que Chen completó su formación en oncología médica y su doctorado en microbiología e inmunología en la USC antes de pasar a un puesto de posdoctorado en el prestigioso laboratorio de Mark Davis en Stanford, donde se decodificó por primera vez el receptor de células T.[4]

Chen descubrió rápidamente que trabajar en ambos lados de la medicina, es decir, en un proceso mediante el cual los resultados de la investigación realizada en el laboratorio se utilizarían directamente para desarrollar nuevas formas de tratar a los pacientes, era una doble tarea gratificante, aunque ocupada. En el Stanford Cancer Center, Chen dirigía la clínica de melanoma metastásico y atendía a los pacientes, pero pasaba gran parte de su tiempo en el laboratorio ayudando a comprender mejor cómo interactuaban el cáncer y el sistema inmunitario, y utilizando la tecnología para mejorar esa relación. En el camino había colaborado en un chip patentado para visualizar la interacción de las células T con diferentes antígenos, una especie de videoscopio que mostraba las firmas de la respuesta inmune en auras brillantes y estallidos de citocinas.

Unir los mundos de la clínica y del laboratorio del cáncer, dividir el tiempo entre la enfermedad como un rompecabezas y la enfermedad como vida o muerte, puede parecer una combinación natural, y lo es para algunos científicos. Pero la investigación pura y el arte humanista del médico son tan diferentes como los oficios de destilador y cantinero. En el laboratorio se trata la enfermedad, y el cáncer es a la vez villano y héroe. Insiste en su propia existencia y actúa sobre el mundo con aparente confianza y creatividad. Y, a diferencia de la mayoría de las células normales del cuerpo, es atemporal, una versión mutada de sí mismo que resiste la llamada a conformarse y morir por el bien común.

---

4. Chen fue asociado del Instituto Médico Howard Hughes en Stanford. Completó allí su residencia en medicina interna y su beca en oncología médica en 2003.

Mientras tanto, el bien mayor está sentado en la sala de espera. Ahí dentro, en tu amigo o en tu paciente o en tu madre, el cáncer es otra cosa. Algo que quieres que vuelva al laboratorio y aprender a destruirlo.

En ese momento, la gran esperanza de una inmunoterapia contra el cáncer que funcionara estaba en el desarrollo de una vacuna contra el cáncer. Había funcionado bien en ratones y, a diferencia del interferón, las vacunas eran altamente específicas para el cáncer, lo que significaba pocos efectos secundarios. Dan Chen ayudó a investigar una de las candidatas a vacuna contra el cáncer más prometedoras, un tratamiento específico para el melanoma llamado «péptido E4697» creado por el doctor David Lawson. Brad estaría entre los primeros en intentarlo, si estaba dispuesto a ser un conejillo de Indias. A Brad no le importaba; en lo que a él respectaba, el único riesgo residía en sentarse y simplemente esperar que el cáncer no volviera.

A Brad le gustaba Dan Chen. Se identificaba con él, y el sentimiento era mutuo. Al igual que Brad, Chen era un miembro atlético de la generación X de California, un profesional ambicioso y respetado al que le gustaba el buen whisky y tocaba la guitarra eléctrica y creía que podía ayudar a reinventar el futuro. Y la visión de Chen de ese futuro era extremadamente atractiva para Brad. Chen no sólo creía que el sistema inmunitario podía aprovecharse para ayudar a vencer el cáncer, estaba entusiasmado al respecto, y era extrañamente elocuente y paciente, incluso cuando traducía detalles inmunitarios complejos que la mayoría de los oncólogos no podían descifrar en una historia que los pacientes pudieran comprender. Brad podía hacerle preguntas directas y obtener respuestas directas. Los dos se hicieron buenos amigos enseguida.

Una vez a la semana, Brad cruzaba el puente y se sentaba con Chen. Siempre que era posible, Brad ocupaba el último espacio en el horario de Chen, de modo que, además del tratamiento, pudieran pasar unas horas hablando sobre la ciencia. Y cada semana, Chen se ponía guantes e inyectaba 1 cc de la vacuna experimental directamente debajo de la piel del trasero de Brad. Cuando Brad regresaba a la semana siguiente, Dan palpaba el lugar de la inyección con el pulgar. Cada vez más, el lugar de la inyección era como un cráter, ulcerado y hundido. Era como si el sistema inmunitario hubiera respondido tan agresivamente que hubiera limpiado el tejido en una especie de frenesí. Dan definió las respuestas de Brad a la vacuna como «increíbles, la respuesta inmunitaria más poderosa que jamás había visto».

«Mira», decía Brad, bajándose la cintura de sus pantalones cortos. Estaba orgulloso de que su sistema inmunitario «le pateara el trasero al cáncer», y sus análisis de sangre parecían respaldar las observaciones físicas. El E4697 definitivamente había despertado la respuesta inmunitaria de Brad. Pero ¿lo ayudaría a atacar y matar sus células cancerosas?

«Podías ver que las células T en el área estaban haciendo lo que querías que hicieran», dice Chen. En el lugar de la inyección, Brad parecía estar desarrollando rápidamente lo que los inmunólogos denominan inmunidad «específica del tumor»: un ejército de células T, diseñado específicamente para un antígeno de melanoma conocido como GP 100, algo que expresaban concretamente las células de melanoma de Brad. Las imágenes respaldaron el análisis de sangre. Era demasiado pronto para decirlo, y él nunca le diría eso a un paciente, pero si lo que Chen estaba viendo con Brad continuaba confirmándose, las implicaciones para el campo de la inmunoterapia podrían ser tremendas. Para Brad, serían la diferencia entre la vida y la muerte.

«Pero a veces ves lo que quieres ver –dice Dan Chen–. En el caso de Brad, vimos una fuerte respuesta inmunitaria en reacción a la vacuna». Chen podía verlo en su máquina de visualización de antígenos, respuestas específicas del antígeno del cáncer como fuegos artificiales característicos. Pero Brad era un caso atípico, y su abrumadora respuesta local a la vacuna estaba lejos de ser universal.

Chen describe cómo los sistemas inmunitarios de la población general reaccionan a los antígenos extraños en términos de una campana de Gauss. La mayoría de las personas viven en el medio de la curva, la respuesta estadísticamente «normal» del sistema inmunitario. Hay una población menor pero aún considerable con respuestas inmunitarias más extremas a la derecha y respuestas inmunitarias muy apagadas a la izquierda. Brad estaba en el extremo derecho de la distribución. Respondía extremadamente a casi todo, al menos al principio. «Eso parecía bueno para Brad –dice Chen–. Pero de una manera que le dio falsas esperanzas al campo, porque no era un paciente típico». A la mayoría de los miembros del grupo de prueba de Brad la vacuna les hizo poco o nada. Fue frustrante y desgarrador. Lo que se anunció como una prueba pareció más bien una lotería.

«En este momento la gente ve la inmunoterapia contra el cáncer como un gran éxito –dice Chen–. Realmente ha habido un gran avance. Pero la verdad es que este éxito se ha basado en una historia mucho más larga de fracasos. Y esos fracasos los cargan los pacientes».

Todos los datos, debidamente recopilados, son valiosos; incluso los estudios fallidos enseñan algo. La vacuna no se convertiría en una inmunoterapia viable; en retrospectiva, Chen se pregunta si tal vez la vacuna hizo más daño que bien. Pero desde el punto de vista de la recopilación de datos, el juicio de Chen fue un éxito. Y en ese momento, parecía que tal vez también había ayudado a Brad.

Casi tres años después del ensayo de la vacuna, Brad seguía sin cáncer. Esperaba que la historia de su enfermedad pronto quedara atrás, sólo material para una anécdota de formación de carácter en un discurso de negocios o en un mensaje político. Había vencido al cáncer, y una multinacional había comprado su *startup* tecnológica. En 2005, cuando las parejas se reunieron para una celebración conmemorativa del aniversario de la no evidencia de enfermedad de Brad (NED: *no evidence of disease),* Chen llevó algunas botellas de buen vino de Sonoma y trató de ignorar la idea de que estaban tentando al destino. Parecía posible que hubieran vencido a esa cosa, o que Brad lo hubiera hecho y que la vacuna hubiera ayudado.

Ese año se estaba celebrando en Barcelona, España, la conferencia de la Sociedad Europea de Oncología Médica. La esposa de Chen, Deb, se había tomado un descanso de su práctica clínica para unirse a él durante una semana, sólo ellos, sin los niños. Estaban en Las Ramblas de camino a una comida catalana cuando sonó el móvil de Dan. El número era el de Brad y supo de inmediato que las noticias no serían buenas. Entonces se dio cuenta de que había estado esperando esa llamada, preparándose para ella. El cáncer de Brad había regresado, como uno nuevo, uno que había mutado, mejorado y escapado.

«Hay pocas cosas más difíciles que obtener un diagnóstico de cáncer –explicó Chen cuidadosamente–. Pero una de esas cosas es pensar que has vencido al cáncer y recibir el diagnóstico nuevamente». Para un especialista en melanoma, ése es un patrón demasiado familiar. Para un paciente con melanoma, es una sorpresa devastadora.

El nuevo cáncer de Brad se había asentado a lo largo de la arteria principal que atraviesa la pelvis y a lo largo de la cresta ilíaca. La cirugía vendría primero, un corte más profundo. Después de la cirugía, Brad no podía sentir parte de su pie, el procedimiento le había cortado el nervio ciático, pero la buena noticia era que el cirujano había encontrado sólo un ganglio linfático canceroso entre los dieciséis examinados. Era una masa dura del tamaño de un huevo, negra y con tejido muerto. El cirujano pensó que eso podría ser evidencia de al menos una respuesta inmune parcialmente exitosa. Tal vez eso se debía a la vacuna; ciertamente es posible, dado que Brad tuvo años de remisión. Chen no podía estar seguro. De todos modos, el éxito obviamente había sido incompleto.

Una vez más, Brad iba a necesitar una terapia de seguimiento para tratar de eliminar cualquier cáncer que la cirugía no hubiera detectado. Le preguntó a Dan sobre la vacuna de su ensayo del fármaco E4697. Había funcionado antes, ¿verdad? Entonces, ¿no podrían intentarlo de nuevo?

Pero Chen sabía que, por desgracia, no era tan sencillo. Al igual que el sistema inmunitario, el cáncer está vivo y se adapta, pero la vacuna experimental de Chen –en realidad, todas las vacunas–, no. No podía dar cuenta de mutaciones imprevistas, o mutaciones de esas mutaciones. Es esta capacidad constante de evolución evasiva –de «escape»– lo que hace que el cáncer sea un objetivo tan difícil de alcanzar.

Las células T activadas por la vacuna podrían haber matado a las células cancerosas rebeldes que expresaban ese antígeno. Pero la vacunación había sido demasiado local, no se había globalizado a través del cuerpo de Brad. Y no se había vuelto a vacunar después, no era posible ni ético. El ensayo había fracasado y concluido. Las células cancerosas supervivientes habían permanecido, invisibles para los escáneres, creciendo y mutando.

En un mundo perfecto, Brad podría obtener una vacuna nueva y mejor para que coincidiera con los nuevos antígenos en su nuevo cáncer mutado, de la misma manera que recibimos nuevas vacunas contra la gripe todos los años para que coincidan con la última cepa del virus. Fabricar una vacuna de este tipo requeriría secuenciar rápidamente los genomas completos tanto del paciente como del cáncer; requeriría potentes algoritmos bioinformáticos, ejecutados por computadoras que no existían entonces, para comparar todas las proteínas de las células del cuerpo de Brad con las de sus células tumorales, y reconocer los mejores antígenos cancerosos únicos para que sus células T se dirijan a ellos; finalmente, requeriría la capacidad técnica para traducir rápidamente todos esos datos en una vacuna personal.[5] Podemos hacerlo ahora; en 2006, ese mundo perfecto era pura ciencia ficción.[6]

Brad todavía se estaba recuperando de la cirugía, por lo que Dan llamó a Emily con una sugerencia: Brad debería intentar participar en uno de los ensayos clínicos de una nueva forma prometedora de inmunoterapia contra el cáncer llamada «inhibidores de puntos de control». Chen llevaba años entusiasmado con las posibilidades del descubrimiento de Allison, y ahora estaban a punto de comenzar los ensayos experimentales, dirigidos por las dos compañías farmacéuticas que fabricaban versiones competidoras del anticuerpo anti-CTLA-4. Uno se llamaba «tremelimumab», fabricado por Pfizer; el otro fármaco era la versión de Jim Allison, «ipilimumab», fabricada por Bristol-Myers Squibb. El colega de Dan en la Universidad del Sur de California, el

5. Chen se había puesto en contacto con el doctor Weber otra vez para ver si podía incluirlo en un ensayo de vacuna diferente y más nuevo, pero su lucha contra la vacuna anterior lo hizo inelegible para dicho estudio. Si Brad iba a tener una oportunidad, necesitaría algo más, algo disponible ahora.

6. Doctor Chen: «Requeriría la capacidad de secuenciar rápida y económicamente el genoma completo tanto del paciente como del cáncer de ese paciente, hacía falta un ordenador lo suficientemente potente como para ejecutar la bioinformática de todos esos datos y determinar el mejor objetivo de antígeno que obtendría una fuerte respuesta al tumor sin crear una respuesta contra el paciente, y la capacidad de convertir eso en una vacuna personalizada. Ahora podemos hacer todo eso».

doctor Jeffrey S. Weber,[7] estaba a cargo de uno de los tres únicos ensayos de este tipo, probando la seguridad.

Chen había sido testigo de primera mano de la ferocidad de la respuesta inmunológica de Brad, un buen indicador de que podría responder bien a la nueva inmunoterapia. Brad quería entrar. ¿Podría Dan ayudarle?

Chen podría recomendarlo, pero en última instancia, no era su decisión. Conocía al doctor Weber, ya que habían trabajado juntos estudiando vacunas y citocinas. También sabía que el equipo de Weber estaba inundado de llamadas de médicos de pacientes desesperados de todo el mundo. El rumor en torno a los ensayos anti-CTLA-4 había corrido como la pólvora. *Todos* querían entrar.

El doctor Weber tenía la reputación de ser un médico cuidadoso y minucioso. Sus requisitos para que los pacientes fueran considerados para este ensayo farmacológico eran apropiadamente rigurosos.

Dan escribió a Weber, le dio el historial médico y los números de Brad y le dijo de manera más anecdótica que Brad MacMillin era el mejor respondedor inmunitario que Chen había presenciado personalmente. Chen no podía presionarlo, pero hizo su parte. Weber respondió: ¿quería derivar al paciente?

Brad comenzó el ensayo anti-CTLA-4 ese otoño.

En algunos pacientes, el bloqueo de los frenos CTLA-4 podía significar la diferencia entre tener una respuesta de células T al cáncer o no. Para pacientes como Brad, que tenían un sistema inmunitario muy rápido que ya se tambaleaba al borde de la autoinmunidad, quitar los frenos resultaría en un viaje muy peligroso.

«Brad tuvo una respuesta loca», recuerda Chen. Lo que el medicamento anti-CTLA-4 desató en el sistema inmunitario de Brad fue algo más parecido a un motín que a una operación militar precisa. Brad recibió su primera inyección del anticuerpo experimental MDX-010 el 5 de octubre. Al cabo de una semana, tenía un sarpullido extenso en el cuello, los brazos y la cara, y una gran roncha en el muslo cerca de los lugares de inyección. Y cada día empeoraba.

---

7. El doctor Jeffrey S. Weber, MD, oncólogo de melanoma e inmunoterapia, se encuentra actualmente en el NYU Langone.

«Brad estaba muy muy enfermo –dice Dan–. No pudo comer durante más de un mes y finalmente tuvo que ser tratado con algunos de los medicamentos más fuertes que tenemos para apagar la respuesta inmunitaria». Brad se registró en el hospital bajo el cuidado del doctor Weber el día después de Navidad. Ya había perdido veinte kilos y soportado semanas de sufrimiento. Brad dijo más tarde que la experiencia de tener su propio sistema inmunitario atacando sus entrañas fue lo más brutal por lo que jamás había pasado. Un examen mostraría que la respuesta inmunitaria extrema había diezmado su tracto gastrointestinal. ¿Había sido suficiente para eliminar por completo el cáncer de Brad también? Sólo el tiempo lo diría.

Lentamente, Brad se recuperó de los ensayos anti-CTLA-4. Estuvo libre de cáncer en 2007, volvió a ganar peso y volvió a sentirse como antes. La carta navideña de la familia era esperanzadora, aunque cautelosa, y en agosto siguiente le escribió a su amigo para decirle que las tomografías PET/CT y la resonancia magnética del cerebro aún estaban limpias. «Esto marca nuevamente mi segundo aniversario de NED», señaló Brad, pero pensó que no deberían hacer una celebración. «¡No quiero tentar al destino esta vez!».

Y de todos modos, sabía que Dan estaba especialmente ocupado ahora, con tres hijos, una práctica de oncología muy atareada y un nuevo trabajo en biotecnología.

En 2006, Dan Chen aceptó un puesto en Genentech, cuyos laboratorios de acero y vidrio se encontraban frente a la bahía de San Francisco. Sus plantas abiertas y edificios dedicados eran de vanguardia. Era un lugar lleno de académicos, pero no era una academia. Era una fuente inagotable de recursos para el desarrollo de nuevos fármacos.

El cuidado de los pacientes seguía siendo muy importante para Chen,[8] y había mantenido su puesto clínico en el centro oncológico de

8. Trabajar tan de cerca con un paciente como Brad fue una de las razones por las que Dan Chen estaba perfectamente feliz en Stanford. Tenía su laboratorio y su práctica de oncología. No tenía un interés específico en dejar eso por lo que

Stanford. Y Brad seguía siendo uno de sus pacientes, o en realidad un antiguo paciente convertido en amigo, un tipo que podía mantenerse libre de cáncer. Brad se había hecho escaneos regulares desde su último tratamiento y habían salido limpios, y finalmente, a finales de 2008, él y Emily tuvieron la confianza suficiente como para dejar de escanear el horizonte en busca de humo y comenzar a hacer planes para un futuro más completo. Al siguiente otoño, Chen recibió un correo electrónico de Brad y Emily que anunciaban vertiginosamente el nacimiento de una hija. Cinco meses después, Brad volvió a escribir. Había recibido los resultados de los últimos escaneos. El melanoma estaba de vuelta. En el mismo lugar, en el interior de la cadera.

Dan acribilló a su amigo con preguntas y opciones: ¿ya se había puesto en contacto con su cirujano? ¿Habían examinado el tumor en busca de mutaciones específicas? ¿Consideraba Brad una de las citocinas que habían sido aprobadas, como la interleuquina-2? Chen dijo que no era perfecto, que era un tratamiento inmunitario general y siempre había un riesgo con un respondedor inmunitario de gatillo fácil como Brad, pero algunos pacientes habían respondido favorablemente. Y lo más importante, dijo Chen, Brad aún no lo había probado.[9]

---

lo llaman «industria»: trabajar para una empresa, en lugar de para un centro de investigación universitario. Su interacción con los pacientes lo nutría, y el entorno académico era a lo que aspiraba. Lo que más quería era lo que querían sus pacientes: respuestas. Esperar. Nuevas soluciones. Y durante el tiempo que pensaba en ello llegó una oferta para él en 2006 para unirse al equipo de la biotecnología local. Su primer impulso fue ignorar la solicitud. Había virtud en el marco de la investigación universitaria, y le preocupaba que pudiera haber algo de mercenario en dejarlo para meterse en una empresa con fines de lucro. Además, había trabajado duro y construido una buena carrera en la academia. Tenía un equipo joven y listo reunido en el laboratorio, estaba satisfecho con su investigación y estaba publicando bien y con frecuencia. Estaba subiendo la escalera. El entorno universitario ofrecía una estabilidad integrada, la misma en la que sus padres académicos trabajaron arduamente y la que siempre habían imaginado también para Dan. Así que no estaba dispuesto a dejar aquello y no estaba nada dispuesto a dejar a sus pacientes, a algunos de los cuales veía desde hacía años. Pero cuando llegó la llamada, no vio el daño en al menos escuchar lo que tenían que decirle, y tal vez tener una reunión.

9. De: Daniel Chen; Asunto: Melanoma; Fecha: jueves, 18 de febrero de 2010, 5:30 p. m.

Brad se estaba quedando sin opciones. Simplemente no quedaban muchas páginas en el libro de jugadas del oncólogo en febrero de 2010, no contra el melanoma. En silencio, Brad y Emily dejaron de pensar en términos de vencer a esa cosa. El objetivo ahora era mantenerla bajo control, para evitar que se propagase nuevamente después de la siguiente cirugía. Eso ya sería suficiente victoria. Brad y Chen estuvieron yendo y viniendo durante unos meses mientras Brad comparaba sus opciones e intentaba descifrar los ensayos clínicos que encontraba en Internet. Finalmente se decidió por una terapia dirigida llamada Gleevec. No era una inmunoterapia; no tenía nada que ver con el sistema inmunitario. Gleevec era un medicamento de molécula pequeña, tomado por vía oral, que interfería con el metabolismo de algunos tipos de cáncer. En 2008, el medicamento había sido comparado con una «bala mágica» y «un fármaco milagroso» por algunas revistas médicas esperanzadoras. Otras lo llamaron «un gran avance en el tratamiento del cáncer».[10] Sonaba bien. El fármaco había mostrado excelentes resultados en pacientes con una mutación genética específica[11] que causaba una forma de leucemia. Brad no tenía ni la mutación ni la leucemia, pero había esperanza de que la varita mágica también pudiera ayudar a otros tipos de cáncer. Valía la pena intentarlo. Podía hacer que su oncólogo primario en la Universidad de California, San Francisco, se lo recetara «fuera del estudio» y, sorprendentemente, su seguro lo pagaría. «Te recomendaría

---

Hola, Brad, Recibí tu mensaje, y ciertamente estoy decepcionado, como estoy seguro de que tú también lo estás. Sin embargo, me alegra saber que la recurrencia parece estar ocurriendo en el mismo lugar donde se vio por última vez. ¿Alguna vez recibiste tratamiento de radiación en ese sitio? ¿Han analizado tu tumor para detectar la mutación V600E bRAF? ¿Has contactado con Don Morton con respecto a la resección quirúrgica? ¿Considerarías el tratamiento con IL-2 en este momento frente a los estudios clínicos?

10. Leslie A. Pray: «Gleevec: The Breakthrough in Cancer Treatment», *Nature Education*, 2008, 1:37.

11. El llamado cromosoma Filadelfia, o BCR-ABL, una fusión de dos genes intercambiados que se encuentra presente en el 95 % de los pacientes con un tipo específico de cáncer de glóbulos blancos, la leucemia mielógena crónica (LMC). En dicho trabajo, iniciado en la década de 1960, fue la primera vez que se realizó una conexión entre una condición genética y una predilección por el cáncer. El fármaco sigue siendo transformador para ese subconjunto de pacientes.

que lo pruebes con una inmunoterapia –dijo Chen– tal vez con IL-2». Si iban a vencer este nuevo cáncer, Chen dijo que debería ser ahora mismo, inmediatamente después de la cirugía. Pero Brad ya había sufrido suficientes efectos secundarios, y la IL-2 era famosa por su dureza. Le había dicho a Chen que «se la guardaría en el bolsillo, por si acaso» y seguiría con el Gleevec. Esa estrategia funcionó hasta que no funcionó, y en la primavera de 2012, Brad recibió la noticia. Estaba en fase 4. El melanoma había hecho metástasis en su hígado, y quizá en algún otro lugar cercano. Sabía que era un mal diagnóstico, pero todavía esperaba atacarlo, por quinta vez, de la manera más agresiva posible, y tenía una idea bastante clara de cómo hacerlo. La ciencia del cáncer había logrado avances importantes durante los once años que Brad fue un paciente con cáncer, ya sea en remisión o en terapia de tratamiento. El fármaco experimental inhibidor de puntos de control que Brad había probado en 2004 ahora era una terapia aprobada por la FDA llamada «ipilimumab». Bloquear el freno CTLA-4 en las células T era transformador para algunos pacientes con cáncer, pero había resultado demasiado para el sistema inmunitario de Brad, por lo que se descartó ese fármaco como una opción viable. Pero desde que él y Dan Chen era amigos, Chen estaba entusiasmado con otro descubrimiento, un segundo puesto de control. Y en los últimos meses, esa emoción se había disparado. Ahora Brad esperaba que Chen pudiera aprovechar algunos de los nuevos progresos en su vida para ayudar a Brad a salvar la suya.

Cuando Chen llegó en 2006, Genentech no contaba con una cartera de medicamentos de inmunoterapia, y fue entonces cuando Chen se dio cuenta de que su jefe a cargo de la sección de pacientes en el desarrollo temprano de medicamentos, el vicepresidente de la compañía, Stuart Lutzker, MD-PhD, era un biólogo del cáncer. De hecho, la mayoría de los especialistas en cáncer de Genentech eran biólogos especialistas en cáncer. «Y los biólogos del cáncer odiaban la inmunoterapia –se ríe–. Quiero decir, ¡la odiaban de verdad!». Gran parte de la historia del campo les había dado motivos para ello. Pero por alguna razón, la compañía había contratado a varios inmunoterapeutas contra el cáncer.[12]

Uno de ellos fue Ira Mellman. Mellman tuvo una distinguida carrera de más de veinte años que incluía un trabajo de posdoctorado en el laboratorio de Ralph Steinman, el eminente médico e investigador médico canadiense radicado en Nueva York que descubrió la célula dendrítica (y en 2011, recibió el único Premio Nobel de la historia otorgado póstumamente).[13] El propio Mellman había sido jefe de departamento en la Escuela de Medicina de Yale y director científico en el Centro de Cáncer de Yale, y su nombre salía en las notas de cada libro de biología celular que se publicara. Había dejado todo eso para irse a fabricar moléculas en Genentech.

Obviamente, había una ventaja, pero para Mellman la decisión tuvo menos que ver con la carrera o con el dinero que con la familia y los amigos: sus dos hijos padecían una enfermedad inflamatoria crónica y cada año veía a más amigos sucumbir a los estragos del cáncer. «Ver eso, y luego tener la oportunidad de mudarme al mejor lugar del mundo

---

12. «Yo no diría que Ira pusiera trabas al respecto, pero tampoco fue exactamente abierto», dice Chen. Los inmunoterapeutas del cáncer eran una pequeña minoría especial. El cuerpo más grande de biólogos del cáncer consideraba que aquel pequeño grupo especial era... diferente. Muy diferente. «Apasionado –es como lo expresa Dan–, pero tal vez demasiado apasionado». Así es como todos los demás dicen «loco». La sensación parecía ser que eran un grupo cuyas creencias habían empañado su objetividad científica; creían, y por eso no veían. Declarar su fe en la promesa de la inmunoterapia contra el cáncer en una reunión de una compañía farmacéutica era una forma segura de descartar sus ideas. «Pensaban que todo era falso –dice Dan–. Creo que muchos biólogos del cáncer reconocieron la promesa del campo. Pero creo que muchos de ellos sintieron que la biología simplemente no estaba allí, simplemente no creían en ello. No era el futuro. Sobre todo porque habían descubierto el oncogén del melanoma: ésa era la terapia dirigida del futuro». La sala estaba polarizada entre los biólogos del cáncer y los inmunólogos del cáncer. En el medio estaba Scheller. Los biólogos del cáncer estaban entusiasmados con la identificación del oncogén que impulsa las mutaciones que convierten una célula en melanoma. En aquella sala, si hubiera sido una votación, había entre un 50 y un 80 % de certeza de que querrían desarrollar un fármaco para atacar la transcripción del oncogén en el melanoma.
13. Steinman murió de cáncer en septiembre de 2011, sólo un día antes de que el comité notificara discretamente a los ganadores.

para trabajar en el descubrimiento de fármacos... no sé si es una obligación moral actuar en consecuencia –explicó Mellman–. Pero ciertamente fue una fuerza motivadora para mí».

Los jefes de Genentech se reunían dos veces por semana en lo que servía esencialmente de timón de un enorme barco corporativo. El jefe de Mellman en el ámbito de la fabricación de nuevas moléculas era el doctor Richard Scheller, un bioquímico ganador del Premio Lasker y vicepresidente a cargo de la Organización de Investigación y Desarrollo Temprano de Genentech. En última instancia, trazar el siguiente curso fue su decisión, y en la sala a su alrededor cada semana se discutía mucho sobre cuál debería ser exactamente ese curso, caracterizado por los inmunoterapeutas «secretos» de Mellman por un lado y los biólogos del cáncer por el otro. Si bien nadie quiere decir que estaban acalorados, definitivamente estaban «vivos»[14] y se volvieron más vivos con los

14. Ira Mellman recuerda que discutían al respecto, pero nunca convencían a nadie. «El desafío de la inmunoterapia es que había sido una promesa durante cien años, ¿de acuerdo? Con avances siempre dentro de veinte años –dice Mellman–. Entonces, la idea ha existido probablemente durante la mayor parte del siglo, si no más, la de que se puede activar el sistema inmunitario de un individuo para combatir el cáncer. Pero cuando eso se entendió por primera vez, sucedió casi al mismo tiempo que la cirugía, y cuando lo hizo la radioterapia, por lo que quedó en un rincón, en parte porque se sabía muy poco sobre el sistema inmunitario en ese momento, y en parte porque el trabajo apestaba, desde una perspectiva científica. ¡Y ese motivo se mantuvo durante décadas!». «Los biólogos del cáncer tenían el oncogén al que apuntar. Los inmunólogos del cáncer tenían algunos artículos nuevos y emocionantes provenientes de la investigación de la inmunoterapia del cáncer, y algunos datos nuevos sorprendentes. Los datos eran empíricos, pero su significado aún estaba abierto a interpretación y sesgo –dice Mellman–. No se discuten los hechos, pero se discute la interpretación». Pero por cada estudio que sugería una verdad sobre hacer que el sistema inmunitario reconociera el cáncer, siempre había otro, aparentemente igual de creíble, que sugería lo contrario. Los biólogos celulares señalaban uno, mientras que los inmunólogos señalaron el otro. No faltaban datos, números, estudios o los habituales modelos de ratón; todos los habían visto. Y había problemas con los modelos de ratón. «Rara vez son predictivos de los humanos para empezar –explica Mellman–. Los modelos de ratón siempre habían sido horribles». Tal vez uno de cada cinco funcionaba. Pero el que funcionaba, funcionaba muy bien. Al final del día, los cínicos de la inmunoterapia contra el cáncer tenían la carta del triunfo, que Mellman parafrasea como «Ni siquiera sabes cómo funciona nada de eso». Y lo peor

desarrollos en torno a una molécula llamada PD-1. Si el CTLA-4 había abierto las posibilidades de la inmunoterapia contra el cáncer, la PD-1 amenazaba con abrirlas de par en par. Al menos, así lo veían los inmunólogos.

Como la mayoría de los grandes descubrimientos, la PD-1 fue encontrada por investigadores que buscaban algo más. En este caso, ese algo más era el mecanismo de control de calidad natural del cuerpo que eliminaba las células T peligrosas antes de que entraran en el torrente sanguíneo.

Como sabían los investigadores inmunológicos, las células T surgían del timo. Cada una tenía un receptor de antígeno diferente que había sido asignado al azar, un enfoque de lotería para la preparación contra antígenos desconocidos.

Las células T activadas sólo por antígenos no propios extraños eran una buena defensa. Pero las células T que eran asignadas al azar con receptores activados por el propio cuerpo (células T que tenían billetes de lotería para autoantígenos) eran peligrosas. Si salieran por la puerta, atacarían el cuerpo y provocarían enfermedades autoinmunes como el lupus y la esclerosis múltiple. Por lo tanto, haciendo un poco de limpieza inmunitaria, estas células T recibían instrucciones de autodestruirse.

Los científicos llamaron a la señal de autodestrucción de las células T «muerte programada» o PD, por sus siglas en inglés *(programmed death)*. La PD está integrada en cada célula T, por si acaso. Ese receptor era activado por un ligando, una clave que coincidía con él, se unía a él y lo activaba. Pero hasta ahora nadie había localizado realmente el receptor de muerte programada o el ligando.

---

era que tenían razón. Y agrega: «Los mecanismos subyacentes, la biología, si no los comprendes, ¿cómo puedes decir que realmente comprendes estos nuevos hallazgos?». Y la verdad era que no podían. Nadie entendía la compleja biología. Y era casi imposible montar un argumento científico sólido sin la ciencia que lo respaldara.

A principios de la década de 1990, un inmunólogo llamado Tasuku Honjo y sus colegas de la Universidad de Kioto, en Japón, buscaban los genes responsables de la enfermedad de Parkinson, como una forma de identificar el receptor de la enfermedad de Parkinson. Honjo ideó un proceso de eliminación,[15] y supuso que lo que quedaba eran los genes que estaba buscando. Honjo los llamó «muerte programada-1», PD-1 para abreviar.[16]

Estaba equivocado acerca de lo que había identificado: no era la señal de autodestrucción (pero mantendría el nombre). De hecho, no sabían a qué receptor correspondía el gen o qué hacía, pero los ratones que carecían del gen gradualmente mostraban signos de una enfermedad similar al lupus. Honjo creía que habían encontrado un aspecto importante para controlar las enfermedades autoinmunes y continuó con su trabajo.

Aquí es donde la historia se vuelve complicada, o al menos litigiosa. No todos los descubrimientos se entienden de inmediato en su contexto o significado completo; de hecho, muchas veces no se consigue. Y, a veces, los investigadores encuentran piezas de rompecabezas que sólo se sabe que faltan porque otro investigador había encontrado la pieza correspondiente y no lo sabía; eso también sucede con frecuencia. Además, no todos los descubrimientos inmunológicos se consideraron específicamente en el contexto de la complicada relación del sistema inmunitario con el cáncer. Como resultado, asignar crédito absoluto por un momento de iluminación colectivo no es particularmente útil. Lo importante es que varios investigadores de todo el mundo estaban usando nueva tecnología de imágenes y secuenciación de genes y haciéndose preguntas sobre los genes y los receptores celulares, el sistema inmunitario y el cáncer. Y varios de ellos, de manera independiente o en conjunto, encontraron piezas del rompecabezas PD-1. Honjo definitivamente encontró lo que encontró. Y finalmente sería un correceptor del Premio Nobel de Medicina 2018 por encontrarlo. Mientras

---

15. Averiguar qué genes de células T no tenían nada que ver con la señal de autodestrucción; los genes conducían al receptor.
16. Y. Ishida *et al.*: «Induced Expression of PD-1, a Novel Member of the Immunoglobulin Gene Superfamily, upon Programmed Cell Death», *EMBO Journal*, 1992, 11:3887-3895, PMCID: PMC556898.

tanto, Honjo no era el único que buscaba el otro lado del receptor PD-1 en las células T. Ésos otros incluían a los doctores Gordon Freeman, PhD, y Arlene Sharpe, MD-PhD, un equipo de marido y mujer con gafas en Harvard, y el doctor Lieping Chen, un oncólogo capacitado de Beijing con un doctorado en inmunología de la Universidad de Drexel y un laboratorio en la Clínica Mayo.[17] Cada uno reconoció piezas de este particular rompecabezas inmunológico y contribuyó a la comprensión final de qué era la PD-1 y qué podía hacer.

Lieping Chen había observado los intentos de fabricar vacunas contra el cáncer. Había visto los destellos de éxito que el equipo del doctor Steve Rosenberg en el Instituto Nacional del Cáncer y otros habían logrado para impulsar la respuesta inmunitaria al cáncer al estimular las células T, y también había visto las limitaciones de ese enfoque. Sin duda, esos enfoques producían células T poderosas, mejoradas en cantidad y calidad. Las vacunas contra el cáncer generaban esas células T adicionales dentro del cuerpo, mientras que los enfoques celulares como los de los laboratorios de Phil Greenberg y Steve Rosenberg habían identificado las células T de la sangre de un paciente con cáncer que reconocían el antígeno correcto del cáncer, las fertilizaban en un ejército de 90 000 millones de unidades, y luego inyectaban ese ejército de nuevo en el torrente sanguíneo. Entonces, si estos enfoques funcionaban para mejorar las células T, ¿por qué no funcionaban de manera fiable para atacar y matar tumores? Era una paradoja que molestaba a casi todos los inmunoterapeutas contra el cáncer.

«Ya me había comprometido con el cáncer [como carrera], así que tenía que mantener una actitud positiva –explica Lieping Chen–. Otros pensarían, "Oh, no tiene sentido hacer inmunología del cáncer. Células T, ¡eso no está bien! ¡Simplemente deja el campo!". Pero los que se quedaron creyeron que ahí había algo. Funciona en la sangre, pero no en el cuerpo. ¿Por qué? Tenía que ser algo en el microambiente tumoral, algo en el tumor, trabajando en contra [el ataque de las células T]».

17. Ahora es codirector del programa de inmunología del cáncer en el Yale Cancer Center en New Haven, Connecticut.

Lieping Chen había comenzado a trabajar en la investigación de ese entorno en 1997, y en 1999 informó haber encontrado una molécula que se expresaba en algunas células del cuerpo, pero que se expresaba especialmente en ciertos tumores y que estaba potencialmente involucrada en la regulación negativa (desactivación) de las respuestas inmunitarias.[18] Le dio el nombre de B7-H1. En 2000, Freeman (informado por un trabajo de Honjo) publicó un trabajo identificando esa misma molécula, altamente expresada en algunos tumores, como el otro lado del apretón de manos con la PD-1, el ligando de ese receptor PD-1, el yin y su yang. Juntarlos significaba que la molécula en cuestión, la B7-H1 de Lieping Chen, también era el ligando número uno buscado de la muerte programada. Freeman y Sharpe habían trazado ambos lados de la biología. Llamaron a esta molécula PD-L1. (Estas moléculas todavía no tenían nada que ver con la muerte programada, pero ése fue el nombre que se quedó).

El resultado neto fue que se identificaron dos lados de un apretón de manos receptor-ligando; cuando el ligando se conectaba al receptor de la célula T, la célula T detenía un ataque.

Tal vez cualquiera de esos investigadores podría haber descubierto todas las piezas por su cuenta, y tal vez lo hicieron: la mayoría de los premios científicos posteriores los han reconocido a todos por igual como codescubridores, aunque Honjo fue el único al que se le otorgó el Premio Nobel. De todos modos, lo que importa es que el esfuerzo había identificado un emparejamiento de moléculas especialmente intrigante e importante. La interacción PD-1/PD-L1 parecía funcionar como una especie de señal de stop para la célula T, como un apretón de manos secreto dado a la célula T de cerca y personalmente, diciéndole que no atacara.

Ésa es una comunicación útil cuando la célula aparentemente «extraña» que la célula T está atacando resulta ser un feto en desarrollo. Pero se había descubierto que PD-L1 se expresa predominantemente

18. La B7-H1, un tercer miembro de la familia B7, coestimula la proliferación de células T y la secreción de interleucina-10. Véase H. Dong *et al.*, «B7-H1, a third member of the B7 family, co-stimulates T-cell proliferation and interleukin-10 secretion», *Nature Medicine*, 1999.

en las células cancerosas, y por una razón similar cancelaba (o regulaba negativamente) la respuesta inmune.

Aunque aún no se había probado en humanos, la creencia era que la interacción PD-1 y PD-L1 les decía a las células T que se retiraran. Era un acuerdo secreto entre las células del cuerpo, cooptado por las células cancerosas, especialmente las células muy mutadas, para evadir el reconocimiento y el ataque de las células T. La PD-L1 hacía que una célula cancerosa pareciera una célula normal del organismo. Incluso a las células T activadas, ya concentradas en el tumor, preparadas para matar, el acuerdo PD-1/PD-L1 le decía a la célula T que se detuviera. La carrera estaba en marcha para desarrollar anticuerpos para bloquear ese acuerdo secreto y probarlos como una posible inmunoterapia para el cáncer.[19]

Sharpe y Freeman en Harvard habían publicado primero sus patentes de la secuencia metabólica PD-1, pero concedieron que la propiedad intelectual se distribuyera de manera no exclusiva. Eso permitió que cualquier laboratorio del mundo tuviera derecho a fabricar un anticuerpo para bloquear. Estimulado por el éxito del bloqueador de puntos de control CTLA-4 ipilimumab, los medicamentos para bloquear el lado PD-1 (célula T) del acuerdo secreto se aceleraron, con siete compañías farmacéuticas autorizadas para producir el anticuerpo. En 2006, el anticuerpo anti-PD-1 humanizado finalmente se produjo en cantidades suficientes para comenzar un ensayo clínico como medicamento contra el cáncer.[20] La carrera para desarrollar y probar un anticuerpo para bloquear el lado PD-L1 (la célula cancerosa) del acuerdo secreto se inició inmediatamente después.

El 10 de diciembre de 2010, los empleados de Genentech todavía debatían si la empresa debería lanzarse a la carrera de la inmunoterapia y

19. Lieping Chen había clonado el gen PD-L1 humano y, dice, intentó convencer a una empresa para que produjera un anticuerpo comercial contra él en 2001, sin éxito.

20. La prueba se realizó en los NIH, por iniciativa de la doctora Suzanne Topalian.

crear un anticuerpo que bloqueara la PD-L1. El proyecto representaría una apuesta de enormes proporciones;[21] en este momento no se había aprobado ningún inhibidor de puntos de control. Uno de los medicamentos anti-CTLA-4, que había comenzado a probarse nueve años antes, todavía estaba quemando dinero en su reinicio prolongado de ensayos clínicos; el otro había sido abandonado por la empresa durante la fase 2, un naufragio al borde de la carretera que advertía a los posibles viajeros. Para Dan Chen, a cargo de los ensayos clínicos, Mellman a cargo del desarrollo de moléculas y el resto de los aspirantes clandestinos a la inmunología del cáncer en la sala de conferencias de Genentech era como «ahora, o probablemente nunca». «Al menos pudimos argumentar que aquello era algo nuevo y que al menos necesitábamos probarlo –dice Chen–. Aunque nadie estuviera escuchando, sentimos que era importante presentar el argumento de que aquello era muy diferente[22] a los otros enfoques que teníamos para tratar el cáncer y ofrecía una propuesta de valor muy distinta para los pacientes».

---

21. Dan Chen no tuvo que mirar más allá de la mesa del comedor de su propia infancia. Todavía podía ver allí a su padre, un físico apasionado por su trabajo con ecuaciones para hacer realidad el sueño de la fusión. «Y es el mismo trato, ¿verdad? Un grupo apasionado de científicos cree en la fusión como el futuro de la energía, y siempre estaba a veinte años de distancia –dice–. Y ahora aquí estamos, cuarenta años después, y todavía existe este grupo apasionado, y todavía faltan veinte años. Y creo que la preocupación era, ya sabes, que dábamos pequeños pasos. Sabíamos que la biología estaba allí. Pero ¿siempre iba a ser dentro de veinte años cuando tuviéramos algo que fuera realmente útil para los pacientes? Entonces, ninguno de nosotros podía decir realmente cuándo sucedería el avance real que haría que aquello fuera útil para la mayoría de los pacientes».
22. Uno de los argumentos que presentó Dan a favor de la inmunoterapia fue su propuesta de valor, que resumió a través de una historia sobre una noche en la que él y Deb estaban cenando en casa de un amigo. Dan se quedó en su cocina bebiendo vino mientras su anfitriona cortaba la ensalada. Como recuerda Dan, comenzó a contarle a su anfitriona detalles de su trabajo y el progreso que estaban logrando contra el cáncer. Estaba inmerso en él, y emocionado. Los ensayos regresaron y demostraron que el medicamento ayudaría a los pacientes con cáncer a vivir más tiempo. «¡Oh, eso es genial! –dijo ella–. ¿Cuánto tiempo más?». Dan recuerda haberle dicho: «Meses». «¿Eso es todo? –dijo ella, y añadió–: ¡Pensaba que estabas curando el cáncer!». Se escuchó a sí mismo explicando que, bueno, el cáncer era realmente difícil, y aquellos números eran promedios, y...

Mellman habló con la junta sobre los argumentos científicos y los nuevos datos. Creía que incluso «los inútiles modelos de ratón» parecían demostrar un mecanismo de interacción entre el cáncer y el sistema inmunitario. «Eso significaba que, independientemente de los argumentos, en conjunto, los datos (de PD-1/PD-L1) eran lo suficientemente sólidos como para actuar». Chen agregó lo que había visto en su propia clínica y en sus propios pacientes, como Brad. Si había una posible ventaja que pudiera medirse en más que semanas o meses, una que fuera fundamentalmente diferente de lo que ofrecían otras terapias, incluso si no funcionaba para todos, los pacientes con cáncer en su clínica querían al menos tener una oportunidad para ese tipo de respuestas duraderas y transformadoras.

El debate se prolongó durante horas, recuerda Chen, hasta que finalmente, Scheller dijo: «Suficiente, esto es ridículo, estamos avanzando». Cuando Scheller se dio media vuelta, dice Chen, la sala también lo hizo, y la compañía detrás de ellos. Mellman estaba asombrado. El nuevo equipo PD-L1 se encargaría de mostrar el progreso en sólo seis meses. Si no funcionaba, podían desecharlo con unas consecuencias mínimas.

La línea de tiempo era imposiblemente ajustada, pero se recibió la ayuda de un golpe de suerte que languidecía en el laboratorio de Genentech. Años antes, los investigadores de Genentech también se habían encontrado con el ligando PD-L1 y habían patentado un anticuerpo que lo atacaba. En ese momento, el ligando había sido sólo otra

---

pero estaba justificando lo que le frustraba a él mismo. Sí, ahora estaba en el desarrollo de fármacos, eso era emocionante. Sí, estaban progresando, el mismo progreso incremental, las semanas y los meses que suman años. Ésa había sido la historia de la terapia contra el cáncer durante al menos una generación, tal vez dos. Se estaba desmoronando. Pero no se estaba rompiendo. Ninguno de ellos lo estaba haciendo. Cuando se establecieron los primeros laboratorios de investigación del cáncer a principios del siglo pasado, el objetivo era la cura. Creían que era posible. ¿Y por qué no debería serlo? Otras enfermedades se habían curado mediante el estudio dirigido, la buena ciencia y una gran cantidad de dinero. La nueva tecnología se abría camino lentamente a través del bosque de plagas y pestes que había acosado a la humanidad durante eones. Las mejores mentes estaban en el campo. Y cien años después, habían logrado mejoras definitivas para los pacientes con cáncer. Pero no habían encontrado una cura.

proteína en las células tumorales para ser numeradas y catalogadas,[23] un objetivo potencial para el tipo habitual de medicamentos contra el cáncer en los que se especializan las compañías farmacéuticas, los que agregan meses a la vida de los pacientes. Ahora proporcionaría una ventaja para llevar un tipo de medicamento radicalmente nuevo a la clínica.

El fármaco anti-CTLA-4 aún estaba probándose en ensayos clínicos ciegos, por lo que los resultados no estaban disponibles. Pero estaba claro que el CTLA-4 era un punto de control que impedía lo que los inmunólogos llaman la etapa de preparación y activación de las células T. La PD-L1 parecía estar involucrada en un tipo diferente de inhibición de células T. No era la fase de activación. La relación PD-1/PD-L1 parecía detener el ataque de las células T mucho después de que se activaron las células T. Posiblemente, esto explicaba lo que los inmunólogos del cáncer veían bajo el microscopio. Veían células T que habían sido preparadas por el grito de batalla, activadas por antígenos de células tumorales, clonadas en un ejército de células T de miles de millones de unidades y que marchaban hasta concentrarse en la frontera de un tumor que presentaba antígenos. Tenían la señal de «ve y mata». Estaban listas para atacar. Pero entonces, por alguna razón, no pasaba nada. Las células T se detenían. No atacaban al tumor.

¿Era la relación PD-1/PD-L1 el apretón de manos secreto, entregado de manera cercana y personal en la línea de batalla de células T/tumores, que explicaba ese extraño fallo de las células T humanas activadas para matar las células cancerosas? Ese inhibidor de puntos de control ciertamente coincidía con la hipótesis de Chen de lo que estaba sucediendo

---

23. En ese momento se sabía que la molécula que habían encontrado era una proteína expresada en las células tumorales, pero su conexión con un receptor en la célula T, o la noción de que la interacción con ese receptor regularía a la baja la respuesta de la célula T, ni siquiera se había imaginado. En cambio, la proteína se veía como un objetivo potencial en los tumores, una especie de diana molecular a la que podría apuntarse con un anticuerpo correspondiente. En ese momento, un enfoque de desarrollo de fármacos más típico para el cáncer era unir ese anticuerpo a algún tipo de veneno que administrar a la célula cancerosa. Ése era el proceso de desarrollo de medicamentos al que se dirigía el equipo cuando los inmunólogos de la sala los desviaron del camino.

en su clínica; muchos otros inmunólogos del cáncer en todo el mundo también lo pensaban. La PD-1/PD-L1 se ajustaba a las observaciones. Parecía exactamente la pieza que faltaba en el rompecabezas de la inmunidad. Y aún no se había probado.

Aquél fue un momento particularmente emocionante para Chen y Mellman. Eran inmunólogos del cáncer que realmente habían logrado fabricar un medicamento de inmunoterapia contra el cáncer que creían que funcionaría, y sabían lo afortunados que eran. Tenían luz verde y financiación, equipos de investigadores de primer nivel y un posible anticuerpo bloqueador de la PD-L1 que ya estaba disponible en Genentech. Su tarea era convertirlo en un medicamento real para pacientes reales. No era fácil, pero por una vez, parecía posible.

Comenzaron con modelos de ratón. El anticuerpo bloqueador de la PD-L1 funcionó; parecía reabrir el camino de una estancada respuesta inmune al tumor al bloquear el lado del tumor del apretón de manos secreto PD-1/PD-L1. Una vez más, el cáncer se curó en ratones. El siguiente paso era crear anticuerpos humanos contra PD-L1 y ver cómo bloqueaban el apretón de manos del tumor en las personas. Chen estaría a cargo de los ensayos.

Seis semanas después, en febrero de 2012, su equipo obtuvo los primeros escaneos de su ensayo clínico de fase 1. El primer respondedor fue el paciente 101006 JDS: Jeff Schwartz. Fue un momento emocionante, pero era sólo un paciente, con cáncer de riñón. El jefe de Chen a cargo de los ensayos clínicos era el doctor Stuart Lutzker, quien le dijo a Chen que creería en este enfoque inmunológico cuando Chen pudiera mostrarle pruebas de que funcionaba en el cáncer de pulmón, la principal causa de muerte en todo el mundo y la especialidad de Lutzker. Pero Chen también tenía escaneos de un paciente con cáncer de pulmón. Todavía no respondía por completo, pero *algo* estaba cambiando después de que hubiera tomado el medicamento. Chen vio que los tumores del paciente, que anteriormente tenían una masa redondeada, ahora tenían una apariencia espinosa, como si el tumor se estuviera retrayendo y encogiendo a lo largo de estas puntas en lugar de seguir creciendo hacia el pulmón circundante. «Cada tipo de tumor tiene una especie de personalidad –explica–, una firma única, y cuando comienza a retroceder y morir, también muestra una apariencia única en la exploración». Chen recordó haber llevado los escaneos a la oficina de Lutzker. «Simplemente los miró y dijo: "Esto no es lo que normalmente hace un tumor en crecimiento. Esto es real"».

«Simplemente cambió su opinión ciento ochenta grados. Y, recuerda, es un biólogo del cáncer», dice Chen. Su jefe había estado de acuerdo con la dirección de la empresa, pero hasta entonces, Chen sintió que no estaba completamente convencido; conocía la historia de la inmunoterapia. Existía la posibilidad de que ésta también terminara siendo una de esas situaciones que no se traducen de manera fiable en un fármaco para una población humana con cáncer, un simulacro costoso y humillante. «Pero en ese momento pasó de estar muy en contra, a aprobar toda la nueva dirección».

Hasta que se hiciera público, Chen no podía tener acceso a todos los datos de los ensayos de medicamentos anti-PD-1, que estaban más avanzados, pero estaban a cargo de otra compañía farmacéutica. Aunque para el anti-PD-L1, él era el centro de la telaraña de datos, en contacto con todos los investigadores clínicos. «Inmediatamente comenzamos a ver respuestas –dice–. Y estas respuestas no se parecían en nada a las que estábamos acostumbrados. Podrían ser repentinas, podrían ser transformadoras, parecían ser duraderas y estaban ocurriendo en tipos de pacientes que generalmente no asociamos con la respuesta a una terapia inmunológica, como el cáncer de pulmón. ¡Y algunos de estos pacientes informaron que sus tumores se redujeron en días o en una semana!».[24]

Además, el punto de control de la PD estaba resultando ser mucho más específico que el CTLA-4. Liberar los frenos de las células T mediante el bloqueo del CTLA-4 dio como resultado un organismo lleno de células T sin frenos, y una toxicidad grave de un ejército inmunita-

24. «Todos estaban dispuestos a aceptar que la PD-L1 podría funcionar en el melanoma y el cáncer de riñón», explicó Chen. Estos cánceres altamente mutados (especialmente el melanoma) también habían obtenido resultados prometedores con el anti-CLTA-4. «Pero, incluso internamente, los escépticos decían: "Lo creeré cuando funcione en el cáncer de pulmón"».

rio que se desató repentinamente. Más tarde también se descubriría que el bloqueo del CTLA-4 generaba una disminución del número de células reguladoras inmunitarias en todo el cuerpo,[25] lo que generaba una respuesta inmunitaria más generalizada y mayores efectos secundarios tóxicos. Pero el punto de control de la PD se activaba justo en el momento de la destrucción del tumor. Bloquear ese punto de control tenía menos efectos secundarios tóxicos, y para aquellos pacientes que respondían, producía algunos resultados drásticos.

En esto estaba trabajando Chen cuando él y Brad se reunieron para almorzar cerca de las oficinas de Dan en enero de 2012. Era una sesión de recuperación, pero también una consulta médica informal para Brad. «Los pacientes con cáncer como yo necesitan más médicos y científicos como tú, que trabajen para encontrar una cura», le había dicho a Chen. Brad estaba especialmente entusiasmado con la PD-L1 en la que estaba trabajando Dan. Todavía estaba libre de la enfermedad, pero también era realista.

Cuatro meses después, Brad se enteró de que estaba en la fase 4. El cáncer estaba en su hígado y buscaba nuevas opciones en Dan Chen. Tal vez, se preguntó, ¿un intento desesperado a base de IL-2? O tal vez el nuevo medicamento experimental que tanto entusiasmaba a Chen. «Creo que lo llamaste anti-PD-L1».

Chen analizó cuidadosamente a Brad a través de sus opciones. La IL-2 no era la opción «desesperada» ahora. No había demostrado ser tan eficaz para las metástasis hepáticas en general, aunque había una posibilidad: Brad respondía con tanta fuerza que tal vez en él pudiera funcionar. Mientras tanto, sí, si Brad estaba interesado, había varios ensayos abiertos tanto para la PD-1 como para la PD-L1. «Habrá que ver si eres un candidato válido, pero hay muchos más, incluido uno

---

25. Otro tipo de célula T, llamada célula T reguladora o T reg. El papel de estas células aún se está explorando, pero se entiende cada vez más que juegan un papel fundamental en los controles y equilibrios de la respuesta inmunitaria. Son, en cierto sentido, células que siempre buscan pedir una tregua a la batalla inmunitaria. Todavía no se ha determinado definitivamente cuál es la influencia más importante, la estimulación de la respuesta de las células T o la regulación a la baja de las T regs; con toda probabilidad ambas pueden terminar siendo importantes.

con el doctor Jeff Weber, ahora en Tampa», le dijo Chen. Brad quería algo más cercano. Chen dijo que la prueba de la PD-1 de Weber valdría la pena los viajes en avión. «Si cumples los requisitos –dijo Chen–, irías porque puede ser útil». Brad encontró un estudio sobre PD-1 y luego desapareció del radar. Cuando Chen volvió a saber de él, Brad parecía abatido. Nada estaba funcionando. Luego probó con la IL-2 pero no vio mejoría. Habían sido doce largos años.

Radiación, quimioterapia, vacunas, dos citocinas diferentes y los inhibidores de puntos de control más nuevos: en 2013, Brad prácticamente había vivido la historia moderna del tratamiento del cáncer. Y había vencido las probabilidades. Pero no había vencido al cáncer.

Ahora Brad estaba cansado. Lo habían intentado tanto él como Emily. Chen le preguntó a Brad si quería su opinión y le dijo que estaba pensando en él. A Brad no le gustó el tono. Sí, dijo, quería ayuda. ¿No recordaba Dan la última vez que hablaron sobre sus opciones de tratamiento? Durante el almuerzo, Chen habló largo y tendido sobre las virtudes de su nuevo fármaco experimental. Pero ahora Brad no era elegible para los estudios sobre PD-L1 de Chen, no después de todos sus tratamientos de inmunoterapia anteriores. Si Dan pudiera usar su influencia para conseguirle el medicamento, o si tuviera alguna idea nueva para él en este momento, estaría agradecido. De lo contrario, ¿qué sentido tenía hablar?

Chen y Brad habían cruzado mucho antes la línea de la relación médico-paciente. Eso era algo personal. Y ahora Brad se estaba tomando personalmente el fracaso de Chen para curar su cáncer. La relación entre el médico y el paciente es un viaje intenso, que a menudo dura años. A veces esa intensidad puede ser una desventaja.[26]

Unos meses después, Brad volvió a escribir. Había decidido participar en un estudio en el MD Anderson Cancer Center de Houston, algo con linfocitos infiltrantes de tumores. No era lo que Chen había recomendado, pero Brad había decidido que era su mejor oportuni-

26. «Yo era una persona cercana a Brad –dice Chen–. Esa amistad hacía que los subidones fueran más extremos y personales. Y también hacía que los puntos bajos fueran personales».

dad. «Gracias por tu aportación», escribió. Fue lo último que Dan Chen supo de su amigo.

Emily no puede hablar por Brad y Brad no puede hablar por sí mismo. Pero Emily no se arrepiente de las terapias que probaron. Tampoco siente resentimiento por las terapias inmunológicas que finalmente no funcionaron para su esposo. Arrepentimiento y resentimiento son palabras equivocadas. En ese momento, lo experimentaron como una carrera a pie entre la enfermedad de un hombre y el ritmo de la investigación global del cáncer.

«Siempre habíamos dicho que sólo cuando los médicos nos dijeran que no tenían más opciones nos deprimiríamos», dice Emily. Finalmente, se quedaron sin opciones. Pero tanto Brad como Emily sintieron que había sido una buena carrera. Era una historia, y quería compartirla aquí, en parte para preservar la memoria, en parte para agradecerle a Dan su amistad. Pero sobre todo para que otros puedan aprender de él, especialmente los pacientes cuyo futuro aún está por escribirse.

¿Podría haber sido diferente? ¿Lo sería ahora? Tal vez una vacuna diferente, utilizada durante más tiempo o renovada, lo hubiera ayudado; tal vez en combinación con un inhibidor de puntos de control se hubiera curado. Un millón de quizás, y no hay suficiente tiempo.

El año 2014 no parece tan lejano, pero en términos de inmunoterapia, es toda una vida. Ciertamente fue la de Brad. Los oncólogos ahora les dicen a sus pacientes que el objetivo no es necesariamente vencer el cáncer hoy; es mantenerse con vida el tiempo suficiente para aprovechar los próximos avances, los que están a la vuelta de la esquina. Pero al final, la ciencia no alcanzó a Brad. La inmunoterapia contra el cáncer fue un gran avance como prueba de concepto; Brad necesitaba un medicamento. Es una advertencia sobre el bombo y la esperanza. El avance es una puerta, ahora abierta; el comienzo, pero aún no la cura.

Cualquier oncólogo que se detenga demasiado en los pacientes que no lo logran no durará mucho en el campo, y cuando Chen comenzó su práctica clínica, eso era especialmente cierto para el melanoma, en el que las tasas de supervivencia se reducían a un sólo dígito. El avance cambió ese resultado para esos pacientes y muchos otros. Cambió sus opciones.

El paciente 101006 JDS, Jeff Schwartz, fue su primer respondedor completo, el primer paciente cuyos escaneos miró Chen y se dio cuenta de que el cáncer había desaparecido. Chen trabajaba en una ciencia basada en historias. La mayoría eran agridulces, como las de Brad. La Jeff Schwartz era diferente. Fue el primer paciente que Chen había presenciado personalmente que venció al cáncer con su sistema inmunitario. Era lo más cerca que había estado de un momento Coley, lo que Steve Rosenberg había visto en su quirófano del VA en 1968, o lo que Jedd Wolchok había presenciado en el Memorial Sloan Kettering cuando era adolescente.

«Nunca olvidaré a Jeff –dice Chen–. Casi lo había rechazado para el ensayo, estaba demasiado enfermo. Y un mes después, recibo un correo electrónico del médico que lo estaba tratando. Lloré cuando lo leí. Aquel paciente que apenas podía levantarse de la cama antes de comenzar el tratamiento en nuestro ensayo experimental, sólo cuatro semanas después, iba al gimnasio tres veces por semana. Y... ese medicamento le había devuelto la vida.

Ahí, finalmente, estaba la ventaja, emocionalmente, de dividir su tiempo entre la clínica y el laboratorio.

«No vemos este tipo de cosas a menudo en nuestras carreras. O en nuestras vidas –dice Chen–. Y verlo y estar en el centro de todo, no puedo decirte lo emocionante y gratificante que fue. Aquello es lo que siempre pensamos que podría estar allí, pero que nadie creía que realmente estuviera allí. Y la verdad es que funcionó mejor de lo que esperábamos. Siempre habíamos tenido una visión de cómo sería el éxito, y aquello funcionó más rápido de lo que jamás habíamos soñado. Pensamos que, para obtener el tipo de respuestas que estábamos viendo, se necesitaría un cóctel de medicamentos, porque así de complicada es la biología. Así que es un caso propio de la experiencia clínica: cuando ves algo que es inesperado, retrocedes y aprendes de ello.

«Estamos en un punto decisivo en nuestra batalla contra el cáncer –dice Chen–. Éste es el lanzamiento a la luna de nuestra generación. Y es sólo el comienzo. Piensa en lo lejos que llegaron los antibióticos después del descubrimiento de la penicilina. Eso ha ocurrido en sólo décadas. Acabamos de descubrir los inhibidores de puntos de control: la PD-1 no vio su primera aprobación hasta 2014. Así que es el gran avance: acabamos de descubrir nuestra penicilina. Pero es sólo el comienzo».

Capítulo siete

La quimera

Los inmunoterapeutas del cáncer habían pasado décadas tratando de encontrar la célula T correcta entre los cientos de millones en el torrente sanguíneo, una que pudiera reconocer los antígenos específicos en el tumor de un paciente. Luego pasaron más tiempo tratando pacientemente de hacer crecer esas células T y conseguir que atacaran.

Mientras tanto, otro grupo tenía un enfoque diferente: diseñar su propia célula T Frankenstein, unida a partir de varias partes en el laboratorio, diseñada específicamente para buscar y destruir el cáncer de un paciente.

Ese nuevo invento, un conjunto monstruoso de células T, es una especie de quimera de células inmunitarias (en la mitología griega, una quimera era un monstruo hecho de miembros de un león, una cabra y una serpiente), por lo que se llama célula T receptora de antígeno quimérico, aunque «CAR-T» suena mucho mejor.

La CAR-T es sólo una célula T humana rediseñada. A menudo se la llama el «fármaco más complejo jamás creado»,[1] aunque sólo sea porque no es una molécula o un anticuerpo como otros fármacos, sino una célula completa que se extrae de un paciente con cáncer, se modifica en el laboratorio para reconocer el cáncer de ese paciente, y luego se inyecta de nuevo en el paciente. Lo que sonaba a ciencia ficción cuando comenzó la investigación fue aprobado por la FDA en agosto de 2017

1. Doctor Michel Sadelain, comentarios al autor.

y ahora se fabrica en Nueva Jersey con un plazo de entrega de veintidós días.

La ingeniería es compleja, pero el concepto es simple. Las células T2 cazan y matan sólo aquello para lo que están programadas para «ver».[2] Y el fin comercial de ese «ver» es el receptor de células T, o TCR.

La esperanza era que si cambias el TCR, cambias a lo que se dirige esa célula T. Y tal vez podría conseguirse que se dirigiera a la enfermedad.

Y eso fue exactamente lo que le ocurrió a un carismático investigador israelí llamado Zelig Eshhar. A principios de los años ochenta, comenzó a pensar en cómo la parte comercial del TCR, la parte que «ve» su antígeno coincidente, funcionaba de manera muy parecida a un anticuerpo.

Cada TCR está adherido a la superficie de la célula T como una proteína de zanahoria, pero la parte que llega fuera de la célula y reconoce la forma de un antígeno se parece mucho a las pequeñas garras de proteína de los anticuerpos. Eshhar podía imaginarse sacando el extremo del TCR y colocando un nuevo anticuerpo como un accesorio. De hecho, podría tener una cantidad infinita de accesorios adjuntos, cada uno específico para reconocer y unirse a un antígeno diferente.

Convertir la teoría en realidad requirió un poco de bioingeniería, pero en 1985, Eshhar produjo una prueba de concepto simple.

Llamó a su CAR primitiva «T-body». Era una célula T modificada para reconocer un objetivo de antígeno relativamente obvio que había seleccionado. (Pasó a ser una proteína hecha por un hongo llamado *Trichophyton mentagrophytes,* más conocido como pie de atleta). Este humilde experimento desmintió posibilidades alucinantes.

Para 1989, Eshhar había sido persuadido para pasar un año sabático en el laboratorio de Steve Rosenberg en el Instituto Nacional del Cáncer, donde trabajaría con varios médicos jóvenes y brillantes, incluido el doctor Patrick Hwu. El trabajo de transferencia de IL-2 y células T del laboratorio había arrojado algunos hallazgos nuevos, y Hwu trataba de usarlos contra un grupo más grande de cánceres.

Su proyecto implicaba la inserción de un gen para el factor de necrosis tumoral (TNF) en el subconjunto específico de células T que

---

2. Basado en el trabajo de Tak Mac y otros.

habían reconocido los antígenos tumorales y abierto camino hacia los tumores. Estos «linfocitos infiltrantes de tumores», o TIL (por sus siglas en inglés, de *tumor-infiltrating lymphocytes),* estaban en la posición perfecta para continuar su misión y atacar al tumor. En cambio, por razones que en ese momento no se habían descubierto, simplemente se quedaron allí sentados, su ataque cancelado por trucos tumorales como el de la PD-L1 y otros dentro del microambiente tumoral.

El interés de Hwu era convertir esos TIL en pequeños misiles guiados que se sumergirían en un tumor y expresarían su carga útil de citocinas TNF. Esos misiles dirigidos necesitaban un sistema de guía personalizable para apuntar a los diferentes antígenos tumorales. «Zelig había demostrado que un anticuerpo y una célula T podían combinarse para atacar algo –explica Hwu–. Ahora la pregunta era, ¿podríamos hacer que se dirigiera a las células cancerosas?».

Hwu ya tenía mucha experiencia poniendo nuevos genes en células T. «Era muy difícil hacerlo en la década de 1990», recuerda Hwu. Hasta que desarrollaron un método para utilizar vectores retrovirales como vehículos de entrega, o, más recientemente, CRISPR *(Clustered Regularly Interspaced Short Palindromic Repeats*, o repeticiones palindrómicas cortas agrupadas y regularmente espaciadas), ese trabajo consistía en insertar una pequeña aguja en una célula T y microinyectar uno cada vez. «Zelig y yo pasamos mucho tiempo juntos», dice Hwu. Muchas noches en el laboratorio. El trabajo se basaba en la prueba de concepto proporcionada por la T-body de Eshhar, la ingeniería genética de las células T para cambiar sus TCR y apuntar a otra cosa.[3] Se tardaron años en desarrollarlo y no funcionaba del todo bien, pero

3. «Zelig hizo el receptor, yo lo puse en las células T», dice Hwu. Comenzaron a utilizar las células T del paciente contra el melanoma y luego reorientaron esos TIL para los cánceres de ovario, colon y mama. La reorientación del cáncer de ovario funcionó mejor que las otras dos: la célula T rediseñada reconoció los antígenos de la línea celular del cáncer de ovario IGROV. «La primera vez que conseguí que funcionara estaba muy eufórico», recuerda Hwu. Pero la reorientación con éxito fue sólo una parte de la ingeniería de una máquina con éxito para matar el cáncer. Dicha célula también necesitaba poder permanecer viva en el cuerpo, replicarse en un ejército de clones y eliminar con éxito y de forma selectiva el cáncer objetivo. En este sentido, las células rediseñadas en el NCI no funcionaron.

funcionaba, y el informe resultante anunció el nuevo nombre CAR-T y algunas posibilidades tentadoras. Habían reemplazado con éxito el volante de la célula T y, al hacerlo, cambiaron el lugar al que la célula T quería ir. Y lo que es más importante, habían cambiado el destino objetivo de una célula T a un cáncer específico.

Parte de lo que impidió que estas primeras CAR-T fueran una terapia eficaz contra el cáncer es que tenían poco recorrido; las células robo-T no duraban lo suficiente como para replicarse o terminar el trabajo de matar el cáncer. Sería el trabajo del investigador del Memorial Sloan Kettering Cancer Center, el doctor Michel Sadelain, el que proporcionara la solución inteligente para este y varios problemas más de ingeniería, creando un verdadero «medicamento vivo». Sadelain también le dio a su nueva CAR un nuevo objetivo importante: una proteína llamada CD19, que se encuentra en la superficie de ciertas células cancerosas de la sangre. El resultado fue una CAR de segunda generación, elegante, con estilo y autorreplicante con mucho combustible y un destino importante.[4] El grupo de Sadelain compartió la secuencia de su nueva CAR de segunda generación con el grupo del doctor Ro-

4. Esta CAR-T estaba muy lejos del modelo T-body de 1985, una elegante y compleja máquina de matar. «La CAR de primera generación podría, cuando se coloca en una célula T, reconocer la molécula objetivo y matar la célula», explica Sadelain. Pero también deben proliferar, deben crecer y expandirse en forma de clones. También deben seguir siendo células T funcionales y conservar esa función a lo largo del tiempo. Eso requería más modificaciones. La innovación de Sadelain fue introducir una señal coestimuladora y producir lo que él llama una «CAR de segunda generación» que reconoce un objetivo, expande sus clones y retiene su otra funcionalidad de célula T. Dicha célula es un «medicamento vivo», con una duración de vida tan larga como la del paciente en el que vive. Este trabajo se basó en su laboratorio en el Centro de Cáncer Memorial Sloan Kettering, donde Sadelain es el director fundador del Centro de Ingeniería Celular y responsable del Laboratorio de Transferencia Génica y Expresión Génica. En 2013, Sadelain formó una empresa llamada Juno Therapeutics para explotar la nueva tecnología CAR-T, junto con su esposa y coinvestigadora, Isabelle Rivière, y los socios Michael Jensen, Stan Riddell, Renier Brentjens, y el inmunólogo del Centro de Investigación del Cáncer Fred Hutchinson (y amigo de toda la vida de Jim Allison) y el inmunólogo fiel Phil Greenberg. La carrera estaba en marcha para convertir la potencial máquina de matar en un arma más eficaz contra el cáncer.

senberg en el Instituto Nacional del Cáncer, así como con el jefe de un laboratorio a 240 kilómetros al norte de Bethesda dirigido por el investigador y médico de la Universidad de Pensilvania, el doctor Carl June, quien tomaría prestadas y desarrollaría estas ideas y otras,[5] y agregaría algunas propias.

Ahora, tres grupos presionaban para llevar esta terapia experimental contra el cáncer impresionantemente compleja y poderosa a los primeros ensayos en humanos. En cierto sentido, su trabajo es inseparable; de hecho, en ocasiones, habían trabajado juntos. Pero para la mayor parte del mundo, serían las pruebas que el equipo de June estaba a punto de emprender las que proporcionarían una primera introducción a nuestro nuevo y valiente futuro de la CAR-T.

La tecnología de meter genes en las células había avanzado mucho desde que Hwu comenzó a inyectarlos a mano. El capataz de esta línea de montaje de CAR modernizada era el caparazón reutilizado del virus que causa el sida. En lugar de transmitir la enfermedad, el virus reutilizado «infectaría» la célula T de un paciente con nuevas instrucciones genéticas que la reprogramarían para producir un tipo diferente de TCR, uno que se dirigiera sólo a una proteína[6] que se encuentra en la

5. El doctor June había basado su diseño CAR en una muestra que le había solicitado al doctor Dario Campana, entonces del St. Jude Children's Research Hospital, después de escuchar una presentación del doctor Campana en una conferencia de 2003.
6. El objetivo de la proteína CD19 seleccionado por Sadelain fue un aspecto esencial del éxito de la CAR-T y, en esencia, dice, abrió el campo. «La CD19 era conocida, pero no era una estrella cuando la seleccioné», explica. El criterio para que una CAR reconozca un buen objetivo molecular era que fuera exclusivo del cáncer; si el antígeno se encontrara en células cancerosas, pero también se expresaba en células corporales normales, la CAR-T atacaría tanto al cáncer como al huésped. La CD19 fue una buena elección, porque era un antígeno que se encontraba en gran medida en la superficie de ciertos tipos de cáncer, como el linfoma. También lo expresan algunas células B, pero ése fue un daño colateral al que se pudo sobrevivir; los médicos tienen una larga experiencia en mantener vivos a los pacientes sin células B. «Al enfrentarse a un cáncer terminal, perder

superficie de las células B afectadas por la forma más común de leucemia infantil, llamada leucemia linfoblástica aguda (LLA).[7]

El virus del VIH es especialmente adecuado para este trabajo porque, al igual que la leucemia, el sida es una enfermedad del sistema inmunitario. El virus de la inmunodeficiencia humana está especializado en atacar e infectar las células T, específicamente las células T auxiliares del organismo, las que coreografían la respuesta inmune a la enfermedad como *quarterbacks* que arrojan citocinas. El virus los vuelve inútiles en este trabajo, lo genera un cierre de la inmunidad adaptativa en el organismo y la enfermedad que conocemos como síndrome de inmunodeficiencia adquirida o sida.

En la década de 1990, June era un especialista certificado en leucemia que adquiría experiencia de primera mano con el sistema de administración genética asombrosamente eficiente del virus del VIH en los NIH, donde colaboró en un tratamiento experimental similar al de la CAR que redirigía las células T asesinas para cazar células T auxiliares infectadas en pacientes con sida.[8] También desarrolló técnicas para cultivar células T derivadas de donantes humanos que eran lo suficientemente sólidas como para durar décadas. El primer ensayo clínico de la

---

las células B no es tan malo», explica. En un artículo de 2003 en *Nature Medicine*, su grupo demostró que se podían recolectar células T e introducir un vector retroviral que codificaba para un CAR de segunda generación que reconocía y se dirigía a la CD19 en modelos animales (ratones inmunodeficientes a los que se les habían administrado genes humanos y células CAR-T humanas). Esa prueba de concepto en un modelo preclínico tendría que aprobarse para probarse en un entorno clínico, y la decisión de permitir la ingeniería genética de una máquina de matar dirigida a proteínas humanas para probarla en un sujeto humano tendría que ser cuidadosamente considerada por el Comité Asesor de ADN Recombinante (RAC) así como por la FDA.

7. Y su CAR se activó al expresar también una proteína coestimuladora (llamada 4-1BB) que era similar a la CD28. Esperaban que el resultado fuera un CAR con un volante que lo señalara hacia donde querían que fuera, y suficiente combustible para que la célula T funcionara el tiempo suficiente para llegar allí y terminar el trabajo.
8. En 1991, Arthur Weiss, de la Universidad de California, San Francisco, desarrolló un receptor de antígeno quimérico (CAR) llamado CD4-zeta como un medio para estudiar la activación de las células T. Véase Jeff Akst: «Commander of an Immune Flotilla», *Scientist*, abril de 2014.

CAR en humanos sería para el VIH. Los datos de la fase inicial parecían buenos, pero antes de que se completara el trabajo se habían vuelto innecesarios debido al desarrollo en 1997 de los primeros inhibidores de la proteasa, medicamentos que bloqueaban la replicación del virus del VIH. De la noche a la mañana, estos medicamentos cambiaron el pronóstico de millones de personas, así como la dirección de la carrera de June. Ahora trasladó su trabajo y práctica a un laboratorio en UPenn y el Children's Hospital of Philadelphia, e intensificó su enfoque en otra enfermedad, una que recientemente se había vuelto extremadamente personal.

En 1996, a la esposa de June, Cynthia, le habían diagnosticado cáncer de ovario. Cuando Cindy June no respondió a las terapias tradicionales, el doctor June recurrió a enfoques de inmunoterapia que aún estaban en sus inicios, e hizo que su laboratorio hiciera una versión personalizada de la vacuna de inmunoterapia de otro laboratorio que se había mostrado prometedora. Se llamaba GVAX.[9]

---

9. GVAX se basó en un trabajo que combinaba la vanguardia de la terapia génica con la de la inmunoterapia. Se centró en lo que se consideraba la dirección más prometedora para la inmunoterapia contra el cáncer en ese momento: el desarrollo de una vacuna contra el cáncer. El tratamiento tomaba una parte del tumor de un paciente, alteraba los genes de las células tumorales para que expresaran una citoquina (llamada factor estimulante de colonias de granulocitos y macrófagos, o GM-CSF, que recientemente se demostró que participa en la formación de células dendríticas para presentar el antígeno tumoral a las células T, trabajo realizado por Ralph Steinman), y luego reinyectar el tumor modificado como una especie de vacuna de doble función, alterando el sistema inmunitario del tumor mientras produce citocinas que estimulan la respuesta. Ésa era la teoría de todos modos, pero como todos los ensayos de vacunas contra el cáncer, durante la década de 1990 y principios de la década de 2000 fracasó y el trabajo se archivó esencialmente en 2008. La razón de tal fracaso no es segura, por supuesto, pero ahora se sabe mucho más sobre la biología del sistema inmunitario, el cáncer y el microambiente tumoral inmunosupresor, incluida la expresión de la PD-L1. Éste fue un capítulo fascinante en la historia de la inmunoterapia, que involucró a MD-PhDs ahora reconocibles como un verdadero «quién es quién» en inmunología del cáncer, incluidos Glenn Dranoff, Richard Mulligan, Drew Pardoll, Elizabeth Jaffee y otros. Cada uno de estos investigadores y científicos merecería un capítulo en este libro, y casi todos ellos están actualmente realizando un trabajo importante que seguramente se escribirá en el próximo. (Elizabeth Jaffee, por ejemplo, está trabajando con

«No tenía ni idea de lo difícil que era convertir un experimento de laboratorio en un ensayo clínico», dice June. Sintió que GVAX era una terapia adelantada a su tiempo y creía que su esposa tenía una buena respuesta. Pero, como con todas las vacunas contra el cáncer de la época, el efecto no duró. June sospechaba que los tumores de alguna manera estaban desactivando esa respuesta inmunitaria. «Conocía el trabajo de Jim Allison –recuerda–. Sabía que en ratones, su anticuerpo hacía que las inmunoterapias funcionaran mejor, por lo que combinarlos era una obviedad». June lo intentó repetidamente, pero se le negó el acceso al preciado anticuerpo anti-CTLA-4 del fabricante. «Fue muy frustrante», dice. Cindy June falleció en 2001 a la edad de cuarenta y seis años. June canalizó su dolor por la madre de sus tres hijos en su trabajo y movió su enfoque a tiempo completo en una CAR para el cáncer que recibiera atención inmediata.[10]

GVAX en combinación con un inhibidor del punto de control anti-PD-1, nivolumab, en el cáncer de páncreas. Aduro Biotech en asociación con Novartis, donde Dranoff dirige el desarrollo de fármacos oncológicos, está evaluando otro enfoque combinado. Pardoll es codirector de inmunología del cáncer y profesor de oncología del programa de hematopoyesis en John Hopkins en Baltimore). El artículo académico original de 1993 que estableció la base científica y las afirmaciones terapéuticas de GVAX se puede encontrar aquí: Glenn Dranoff *et al.*: «Vaccination with Irradiated Tumor Cells Engineered to Secrete Murine Granulocyte-Macrophage Colony-Stimulating Factor Stimulates Potent, Specific, and Long-Lasting Anti-Tumor Immunity», *Proceedings of the National Academy of Sciences of the United States of America*, 1993, 90:3539-3543. Por cierto, Dan Chen había presentado este informe para su club de revistas cuando aún era estudiante de la facultad de medicina, y había proporcionado una chispa de interés que ayudó a dar forma a su carrera. Años más tarde se maravillaría de que esos investigadores fueran ahora sus compañeros en el pequeño mundo de la inmunoterapia. O, al menos, un mundo que fue pequeño hasta el gran avance. Varios de estos actores fascinantes y críticos en el mundo de la inmunooncología también fueron entrevistados por Neil Canavan, escritor e investigador de la firma de capital de riesgo de biotecnología Trout Group, para su libro *A Cure Within: Scientists Unleashing the Immune System to Kill Cancer* (*véase* «Lecturas adicionales», después de los apéndices).

10. June aún se dedica a la investigación del cáncer de ovario específicamente, así como a los cánceres de la sangre que actualmente son el objetivo de la terapia CAR-T.

Nueve años después, estaba listo. Una de las primeras en intentarlo sería Emily Whitehead, una niña de seis años con ALL y sin opciones. El 85 % de los niños con ALL responden bien a las terapias tradicionales; Emily estaba en el 15 % que no viviría mucho tiempo.

Emily ya había soportado veinte meses de quimioterapia. Los tratamientos le habían proporcionado sólo unas pocas semanas más.[11] El cáncer se duplicaba a diario en su torrente sanguíneo y un trasplante de médula ósea ya no era una opción. Finalmente, a los padres de Emily, Tom y Kari, se les dijo que su hija probablemente no duraría el año. Su oncólogo sugirió ingresar a la niña en cuidado paliativos. El horror de esa noción hizo concebible su próxima decisión.[12] Cuando el equipo de UPenn recibió la aprobación para la prueba en humanos en 2010, no se hacían ilusiones sobre los riesgos involucrados, o lo que estaba en juego para su primer paciente pediátrico experimental.

Los virus existen en el borde de nuestra definición de vida. No están hechos de células, sino que son esencialmente genes con piernas en una cubierta de proteína.[13] No pueden reproducirse por sí mismos, sino que confían en las células más grandes y complejas que infectan para procesar sus mapas genéticos por ellos. En el caso del virus del VIH, son las células T humanas las que encuentran a las que inyectan con su ADN. El VIH es devastadoramente efectivo para infectar las células T.

---

11. Los niños que se someten a quimioterapia y radiación para el tratamiento del cáncer de la sangre a menudo se curan, pero sufren más que los adultos, una de las razones por las que los niños con leucemia ahora están ansiosos por saltarse esas terapias e ir directamente a la CAR-T. Obtén más información en EmilyWhiteheadFoundation.org.
12. Originalmente, los Whitehead habían buscado una segunda opinión en el Children's Hospital of Philadelphia y querían continuar con la terapia CAR-T, pero la FDA aún no había aprobado la terapia para pacientes pediátricos. Las terapias pediátricas obtienen una evaluación más rigurosa y, por lo tanto, más lenta que las terapias para adultos, cosa que los médicos como June encuentran frustrante, especialmente cuando la vida de los pacientes depende de ellos.
13. Debido a que los virus son agentes de infección que no pueden reproducirse por sí mismos, los científicos no están totalmente de acuerdo en cuanto a si los virus merecen una rama en el árbol de la «vida», como lo definimos; son ensamblajes moleculares móviles que, para algunos, se asemejan más a diminutas máquinas orgánicas que a criaturas vivas.

Eso lo convirtió en un portador ideal para los mapas genéticos de una CAR-T.

En el laboratorio de June, el virus del VIH fue vaciado y equipado con nuevas instrucciones genéticas. Luego se introdujo en las células T de Emily, que se habían separado cuidadosamente de su sangre extraída. Ahora, en lugar de insertar genes que le decían a la célula T que hiciera más versiones del virus, las instrucciones genéticas inyectadas convirtieron una célula T asesina en un asesino celular programable.

En el caso de Emily Whitehead, esas células T serían reprogramadas para atacar las proteínas CD19 que marcaban sus propias células B enfermas. En un ser humano sano, las células B son aspectos esenciales del sistema inmunitario normal; en pacientes como Emily, esas células B habían mutado y se habían vuelto cancerosas. (Las células B, cuando se centrifugan en masa, aparecen blancas. La ciencia utilizó raíces griegas para convertir glóbulos blancos *[leuco] [citos]* en «leucocitos»; llamamos «leucemia» a los cánceres de estas células).

Durante las semanas anteriores en el Children's Hospital of Philadelphia, se extrajo y centrifugó la sangre de Emily y se seleccionaron algunas células T. Luego, esas células T se infectaron con el virus que reprogramaría sus TCR para atacar su cáncer. Finalmente, la primera bolsa intravenosa colgada llena de sus células T CAR-19 reprogramadas con virus se infundió lentamente en las venas de Emily.[14] En el tercer tratamiento comenzaron sus efectos secundarios.

Las poderosas citocinas desencadenadas por el ataque inmunitario turboalimentado atravesaron el sistema de Emily. En ese momento, los médicos no estaban familiarizados con la toxicidad extrema de la nueva terapia con células T,[15] pero ahora la conocen por varios nombres; más

14. La escena, según lo informado por varios medios en ese momento, fue notable y, como todas las salas de cáncer infantil, desgarradora. Emily yacía en la cama del hospital con un vestido púrpura brillante, calva y sin cejas debido a la quimioterapia fallida, con un manguito para la tensión alrededor de su delgado brazo. El tubo de alimentación que serpenteaba alrededor de su oreja y dentro de su nariz estaba sujetado con cinta pediátrica, de color púrpura para que combinara con el vestido.

15. James N. Kochenderfer *et al.:* «Chemotherapy-Refractory Diffuse Large B-Cell Lymphoma and Indolent B-Cell Malignancies Can Be Effectively Treated with

científicamente como «síndrome de liberación de citocinas» (o CRS por sus siglas en inglés, de *cytokine release syndrome),* sobre todo como «tormenta de citocinas» e informalmente como «agitar y hornear». Como sugieren los nombres, es un torbellino de síntomas agotadores y peligrosos causados por la avalancha de señales químicas liberadas durante un frenesí de alimentación de células T, una versión monstruosamente amplificada de los efectos secundarios inmunitarios experimentados durante una batalla debilitante contra la gripe. El CRS de Emily fue, en el lenguaje de sus informes médicos, «grave». Los niños tienen sistemas inmunitarios más poderosos que los adultos; como la primera paciente pediátrica con CAR-T, el CRS de Emily fue más extremo de lo que nadie podría haber anticipado. Sudaba y temblaba y tenía problemas para respirar, y su presión arterial bajó peligrosamente. Cuando su temperatura subió a 41 grados, Emily fue llevada de urgencia a la unidad de cuidados intensivos. Se quedó allí, con un tubo en la garganta, otro en la nariz, respirando sólo por medio de un ventilador. Al quinto día le administraron esteroides, que se había demostrado que a veces disminuían la gravedad de la toxicidad experimentada en algunos pacientes de anti-CTLA-4. La fiebre de Emily disminuyó temporalmente, sólo para ganar fuerza como un ciclón en alta mar y regresar con furia. Al séptimo día, la niña, conectada a la bomba de un motor ventilador, estaba tan hinchada como una bolsa de agua caliente, con fallo multiorgánico. Parecía que la cura, en lugar de la enfermedad, la mataría.

Desesperado, su oncólogo, el doctor Stephan Grupp,[16] presionó al laboratorio para que apresurara una amplia batería de análisis de sangre que cubriera cada molécula relacionada con el sistema inmunitario que se les ocurriera. Cuando las muestras de sangre regresaron dos horas

---

Autologous T Cells Expressing an Anti-CD19 Chimeric Antigen Receptor», *Journal of Clinical Oncology*, 2015, 33:540-549.

16. El doctor Grupp es oncólogo del Children's Hospital y el investigador principal del ensayo CART-19 en niños. Véase Jochen Buechner *et al.:* «Global Registration Trial of Efficacy and Safety of CTL019 in Pediatric and Young Adult Patients with Relapsed/Refractory (R/R) Acute Lymphoblastic Leukemia (ALL): Update to the Interim Analysis», Clinical Lymphoma, Myeloma & Leukemia, 2017, 17(Suppl. 2): S263-S264.

después, dos números se destacaban. Tanto sus niveles de interferón gamma (INFγ) como de interleucina-6 eran notablemente altos.

Grupp llevó la lectura a su reunión de laboratorio de las 15:00 h para intercambiar ideas sobre las opciones. Nadie vio ninguna. La IL-6 de Emily se había incrementado mil veces por encima de los niveles normales, pero el consenso fue que era una pista falsa. La IL-6 es una citocina con una serie de desempeños en la función inmunitaria normal, tanto inflamatoria como antiinflamatoria. También es en parte responsable de la inflamación de la artritis reumatoide.[17] Y aquí fue donde Emily Whitehead tuvo mucha suerte.

El doctor June estaba íntimamente familiarizado con los efectos debilitantes de la artritis reumatoide en los niños. «Una de mis hijas la tiene», explica. Su enfermedad, por lo demás incapacitante, estaba bajo control, pero June había hecho su propia investigación y durante varios años había seguido el progreso de un nuevo y prometedor anticuerpo

17. Ahora tenemos pruebas sólidas que sugieren que no son las propias células T diseñadas las que liberan la IL-6, sino que son los macrófagos (elementos similares a manchas del sistema inmunitario innato) los que rodean el ataque contra el cáncer y se ocupan de la liberación de citocinas. En junio de 2018, el equipo del doctor Sadelain en el Instituto Memorial Sloan Kettering publicó una carta en la revista *Nature Medicine* que detalla este hallazgo, descubierto a través de sus modelos de ratón CRS. Una esperanza de este hallazgo es que podrían identificar la cadena específica de eventos moleculares en la cascada de citoquinas y bloquear aquellos que causan los síntomas peligrosos, sin interferir con las citoquinas necesarias para el ataque inmunitario coordinado. Al hacerlo, la terapia CAR-T puede volverse menos tóxica y puede realizarse fuera de un entorno hospitalario. Otra esperanza es eliminar parte de la variabilidad de la terapia CAR-T, que, como medicina personalizada, varía en intensidad de persona a persona. La CAR-T es un medicamento único en el sentido de que se replica en el cuerpo (a diferencia de la mayoría de los medicamentos, que se agotan con el uso), pero no todas las células T son iguales. Las de un paciente sano inmunocompetente se replicarán de manera más prolífica que las de pacientes enfermos o mayores, o aquéllos cuyo sistema inmunitario se ha visto comprometido por la enfermedad o por la quimioterapia. Esto hace que la dosificación sea difícil para el médico. Muy pocas células CAR-T dan como resultado una respuesta inadecuada para matar al cáncer: demasiados resultados en toxicidad y CRS. Véase Theodoros Giavridis *et al.*: «CAR T Cell–Induced Cytokine Release Syndrome Is Mediated by Macrophages and Abated by IL-1 Blockade», *Nature Medicine*, 2018, 24:731-738, doi:10.1038/ s41591-018-0041-7.

que se había descubierto para bloquear los receptores de IL-6 y cerrar la llamada de citocinas para la inflamación y la hinchazón. El anticuerpo había sido aprobado por la FDA para quienes padecían artritis sólo unos meses antes con el nombre de «tocilizumab», y June se había abastecido de él, en caso de que su hija necesitara una terapia de respaldo. «Nadie que trabaje en cáncer habría tenido una razón para saberlo –dijo June–. Pero yo lo supe por pura suerte». Entonces, June se preguntó si ese nuevo medicamento para la artritis ayudaría a una niña con cáncer.

Podría, si la IL-6 fuera la causa de la tormenta de citocinas de Emily Whitehead. No había expertos a los que consultar, ellos eran los expertos, y todo aquello era un territorio desconocido. No había tiempo que perder. La fiebre de Emily había alcanzado los 41,5 grados y se le había dicho a su familia que estuviera lista para considerar una orden de no reanimar. El doctor Grupp escribió una receta de tocilizumab,[18] corrió hasta donde Emily languidecía en la UCI y les dijo a los médicos lo que planeaba hacer. «Lo llamaron "vaquero"», recuerda June. El fármaco nunca se había probado en pacientes con SRC, y ni siquiera se había propuesto antes. Todo era nuevo.[19]

Grupp inyectó el tocilizumab en el puerto intravenoso de Emily. Y gradualmente, los anticuerpos anti-IL-6 bloquearon sus receptores y calmaron la tormenta de citocinas de Emily. Durante los días siguientes, a Emily se le quitó el ventilador y los medicamentos para la presión arterial, pero permaneció en coma. Una semana después, abrió los ojos con la melodía de *Feliz cumpleaños* cantada por el personal del hospital. Tenía exactamente siete años y había llegado al otro lado.

Las CAR-T son linfocitos robocop, lo que el doctor Sadelain llama «un medicamento vivo» y a lo que el doctor June a veces se refiere como «asesino en serie» del cáncer. Una sola célula CAR-T puede eliminar hasta cien mil células cancerosas y producir remisiones increíblemente rápidas que toman por sorpresa incluso al inmunoterapeuta más apa-

18. Además de otro fármaco que reduce las citocinas, el etanercept.

19. Tocilizumab ahora está coindicado para CRS y se usa en pacientes de CAR-T.

sionado. Sólo cuatro semanas después de la infusión, el resultado de la biopsia de Emily mostró NED, un error de laboratorio, obviamente, por lo que el doctor June ordenó una segunda biopsia. Pero no había error. El procedimiento había sido un éxito, como medicamento para Emily y como prueba de concepto. Eso era bueno, pero no el final. Emily no era la única paciente con leucemia infantil que recibió el tratamiento experimental.

June también había tratado a otra paciente con LLA juvenil en el Children's Hospital, una niña de diez años. Su leucemia había respondido a la terapia CAR-T y había entrado en remisión, sólo para recaer dos meses después. Las biopsias mostraron que la leucemia de esta niña había mutado y escapado a las células B que no portaban la proteína objetivo CD19. El cáncer había cambiado de uniforme. Pero no tenían otra CAR-T para darle. Y así, en septiembre de 2012, Emily Whitehead regresó a la escuela y se convirtió en una historia de éxito nacional, un milagro presentado en *Good Morning America* y uno de los símbolos de esperanza que hizo posible la llegada a la luna contra el cáncer. La otra niña murió de cáncer, un triste y aleccionador recordatorio del trabajo que aún queda por hacer.

El doctor Sadelain y el grupo MSKCC fueron los primeros en comenzar los ensayos clínicos de células T CAR-19, el doctor Rosenberg y sus colegas del NCI fueron los primeros en publicarlos. Su exitoso ensayo CAR-T redujo los tumores en un paciente con linfoma.[20] Ese resultado fue sólido, pero no tan espectacular como el éxito total en un paciente con cáncer infantil. Llegó a los titulares y energizó a todo el campo, impulsando la financiación y el desarrollo de CAR-T a toda marcha. Cada uno de los equipos, antes colaboradores, ahora competidores, se asoció rápidamente con un socio farmacéutico para convertir la tecnología en medicina. El Instituto Nacional del Cáncer optó por Kite Pharma[21] (que obtuvo la aprobación para su CAR-T, llamado Yes-

20. James N. Kochenderfer *et al.:* «Eradication of B-Lineage Cells and Regression of Lymphoma in a Patient Treated with Autologous T Cells Genetically Engineered to Recognize CD19», Blood, 2010, 116:4099-4102, doi:10.1182/blood-201004-281931.

21. En el *New York Times,* el escritor Andrew Pollack transmitió una historia reveladora sobre Steve Rosenberg contada por Arie Belldegrun. Antes de dirigir Kite

carta,[22] para el linfoma de células B grandes). El Centro de Cáncer Memorial Sloan Kettering, junto con el Centro de Investigación del Cáncer Fred Hutchinson y el Grupo de Investigación Infantil de Seattle, se asociaron con Juno Therapeutics. El gigante farmacéutico Novartis obtuvo la licencia de la tecnología CAR-T de la Universidad de Pensilvania y recibió la aprobación de la FDA para la terapia utilizada en Emily Whitehead, que vende bajo la marca Kymriah. Esa aprobación no llegó hasta 2017, pero la terapia CD19 CAR-T ya ha ayudado a miles de personas, incluidos más de cien niños con cáncer, lo que la convierte en uno de los mejores ejemplos de la rapidez con que las inmunoterapias están cambiando nuestra relación con la enfermedad.

Kymriah es a la vez un medicamento y un producto. Se dispensa en un hermoso paquete translúcido con una luminosidad de color naranja sangre. Cada uno está personalizado para el paciente, diseñado a partir de las propias células T del paciente. En este momento, cada una de estas infusiones únicas a medida cuesta 475.000 dólares. Cuando se añaden los cargos del hospital, el costo total se acerca a un millón de dólares por paciente. El siguiente mejor tratamiento para el linfoma B agudo es un trasplante de médula ósea que cuesta más de 100 000 dólares más. (Esta «toxicidad económica» es actualmente otro efecto secun-

Pharma, el socio corporativo del Instituto Nacional del Cáncer en la comercialización de CAR-T, Belldegrun, había sido uno de los cientos de exbecarios de investigación a quienes el doctor Rosenberg entrenó y asesoró a lo largo de su carrera. En ese momento, Belldegrun trataba de reclutar a Rosenberg para que se uniera a su empresa, una oferta que ciertamente habría convertido a Rosenberg en un hombre muy rico (en 2018, Belldegrun y su socio vendieron Kite por más de 11 mil millones de dólares). «Se sienta en silencio, en silencio, en silencio –le dijo Belldegrun a Pollack–, y luego pregunta: "Arie, ¿por qué no me preguntas qué quiero hacer?" Dijo: "Cada día que voy a trabajar, estoy tan emocionado como un niño que llega a un lugar nuevo por primera vez. Si me preguntas qué quiero hacer, quiero morir en este escritorio algún día"». (Véase Andrew Pollack: «Setting the Body's "Serial Killiers" Loose on Cancer», *New York Times*, 2 de agosto de 2016).

22. El nombre genérico de este CAR-T es axicabtagene ciloleucel.

dario grave de los tratamientos de vanguardia como la inmunoterapia contra el cáncer. Si estos precios son correctos, justos o sostenibles es una pregunta que vale la pena hacer, más allá del alcance de este libro).

Para un paciente de CAR-T, el proceso de recibir el tratamiento es más o menos así: un paciente elegible, a menudo un niño con linfoma intratable de otro modo, viaja a un centro médico, certificado por Novartis en el procedimiento. (Desde febrero de 2018, hay veintitrés centros de tratamiento en Estados Unidos). Allí, se extrae sangre del paciente y se centrifuga durante al menos quince minutos a 2 200-2 500 rpm para separar las células T del plasma, las plaquetas y el sobrante. Luego, las células T se congelan criogénicamente, se envasan en un recipiente *criovac* especial y se envían a las instalaciones de la nave nodriza de Novartis de 50 km^2 en Morris Plains, Nueva Jersey, donde se descongelan y se rediseñan para reconocer una proteína específica para el cáncer del paciente. Esto procede por pasos. Primero se activan las células T. Luego se transducen con un virus que contiene nuevas instrucciones genéticas. Luego crecen y se multiplican hasta que suman cientos de millones. Luego, el ejército de clones de células T supersoldado se vuelve a criopreservar, se envía de vuelta al centro médico certificado y se vuelve a descongelar para volver a introducirlo en el paciente.

La crioconservación permite que pacientes de todo el mundo utilicen el tratamiento. El tiempo de respuesta, desde el centro de atención hasta el tratamiento personalizado de células T terminado, es de veintidós días. Los datos preliminares sugieren que las terapias que utilizan estas células T personalizadas ofrecen tasas de respuesta duraderas para casos que antes no tenían remedio.

Emily es parte de esa feliz estadística. A partir de agosto de 2018, permanece en remisión.

Existe un gran peligro, por supuesto, en cualquier manipulación diseñada con los factores desencadenantes, circuitos de retroalimentación y controles y equilibrios de un sistema inmunitario desarrollado durante milenios, y una gran inquietud al utilizar terapias experimentales en cualquier paciente, especialmente en un niño. Al mismo tiempo, el peor efecto secundario posible de estos tratamientos es la muerte; la leucemia termina de la misma manera sin el tratamiento. Esos primeros tratamientos experimentales y el nuevo enfoque para tratar la tormenta de citocinas demostraron rápidamente que, para estos pacientes, las recompensas superaban con creces los riesgos. Para tales pacientes, la CAR-T ha cambiado los números aparentemente de la noche a la mañana. En el grupo de ALL que antes tenía una tasa de supervivencia del 0 %, las tasas de supervivencia estimadas ahora son del 83 % o más. El linfoma de células B grandes fue el siguiente objetivo de la CAR-T, y ahora se están trabajando más, con varios ya en ensayos clínicos. Esos nuevos objetivos incluyen la leucemia, la leucemia linfocítica crónica, el mieloma múltiple, el glioblastoma recurrente, el cáncer de ovario avanzado y el mesotelioma. Los tumores sólidos siguen siendo un desafío, pero esta tecnología es tan nueva como poderosa, y está evolucionando extremadamente rápido, con varias compañías derivadas persiguiendo versiones de la CAR-T que utilizan células T donadas para soluciones listas para usar. Otros están programando «interruptores de apagado» en las células CAR-T, por lo que si ese Frankenstein se vuelve loco, simplemente lo desconectamos. La CAR-T es tan poderosa y tan nueva (la primera aprobación fue en 2017) que es imposible imaginar lo que traerá otro año. Pero, sea lo que sea, ahora podemos esperar que pacientes como Emily Whitehead estén presentes para verlo.

Capítulo ocho

Después de la fiebre del oro

Los nuevos medicamentos contra el cáncer con nombres de cuatro sílabas ahora son productos que se venden durante los anuncios de la Super Bowl y, sorprendentemente, el nuevo medicamento de Jimmy Carter ya no es nuevo. Pero la sorpresa, el entusiasmo y la esperanza que rodearon ese primer avance en la inmunoterapia contra el cáncer desencadenaron una avalancha de nuevo interés y financiación en el campo, y un efecto multiplicador para el ritmo del progreso científico. El resultado es lo que el biólogo E. O. Wilson ha denominado «consiliencia», una sinergia intelectual que surge cuando especialistas de disciplinas muy diferentes pueden examinar un tema común y encontrar un lenguaje común para compartir sus ideas. Ya no es una discusión entre biólogos celulares e inmunólogos y virólogos y oncólogos; es una conversación. Por primera vez, todos vislumbramos la totalidad del ciclo cáncer-inmunidad. Los hombres y mujeres ciegos que examinan al elefante han recuperado repentinamente la vista y pueden ponerse a trabajar.

El resultado son miles de millones de dólares y decenas de especialistas de mucho talento que ahora se dedican a la inmunoterapia contra el cáncer. A los abanderados de la financiación del campo, como el Instituto de Investigación del Cáncer, fundado hace más de setenta años por la hija de William Coley, se han sumado nuevas infraestructuras organizativas para apoyar ese trabajo, entre ellas la Iniciativa contra el Cáncer, de Biden, para repensar la medicina en su conjunto, y el cáncer más específicamente; la del Instituto Parker de Inmunoterapia del Cáncer para financiar y coordinar investigadores y ensayos clínicos como nunca antes; las campañas de llamamiento público como Stand Up to Cancer (SU2C), que destina cientos de millones de dólares donados directamente a la investigación y los ensayos clínicos; y una fiebre del oro para las empresas farmacéuticas comerciales y las nuevas empresas y las docenas de capitalistas de riesgo de biotecnología que las financian. Varios investigadores bromearon diciendo que ahora hay dos tipos de compañías farmacéuticas: las que están profundamente involucradas en la inmunoterapia contra el cáncer y las que quieren estarlo.

Para todos –las organizaciones, las personas y, sobre todo, los pacientes–, el objetivo es cambiar lo que significa tener cáncer y convertir la enfermedad en una afección crónica, grave pero manejable, como la diabetes o la presión arterial alta. O, tal vez, para curarlo.

«Cura» no es una palabra usada a la ligera por los oncólogos, pero ahora los mejores científicos en el campo del cáncer están dispuestos a correr la voz en voz alta, públicamente y con frecuencia. De hecho, nos recuerdan, ya hemos curado el cáncer en un subgrupo de pacientes. El trabajo ahora es ampliar esa cohorte. Las clases de inmunoterapias contra el cáncer que se describen a continuación se encuentran entre las que podrían ayudar a lograr ese objetivo.

Los inhibidores de puntos de control pueden ser la articulación más pura de la inmunoterapia contra el cáncer, porque simplemente desencadenan el sistema inmunitario. El primero fue el anticuerpo anti-CTLA-4 ipilimumab, que obtuvo la aprobación de la FDA para el melanoma metastásico en 2011.[1]

1. Otra terapia temprana de esta era de prueba de concepto, aprobada un año antes que el Ipi, fue una terapia de células dendríticas desarrollada por una compañía llamada Dendreon. El fármaco, sipuleucel-T, no logró ser comercialmente viable.

Ese medicamento fue un cambio de juego inmediato, redujo las muertes por melanoma en etapa tardía entre un 28 y un 38 %. Los primeros ensayos clínicos de fase 1 comenzaron en 2001, tiempo suficiente para clasificar a entre el 20 y el 25 % de esos pacientes como beneficiarios de la «supervivencia a largo plazo». Aún es menos de la mitad de los pacientes, pero es una cifra mucho mejor que los bajos porcentajes de supervivientes, de un sólo dígito, incluso el año anterior.

Los medicamentos anti-CTLA-4 tienen algunos efectos secundarios tóxicos graves, pero preparan el escenario para otras inmunoterapias, incluidos los inhibidores de puntos de control más selectivos, como los medicamentos anti-PD-1/PD-L1.

Ahora hay al menos media docena de medicamentos anti-PD-1/PD-L1 aprobados.[2] Cada uno bloquea uno u otro lado del apretón de manos. Sólo las pruebas posteriores dicen qué lado del apretón de manos importa bloquear. Los fármacos anti-PD-1/PD-L1 parecen funcionar mejor si el tumor de un paciente expresa PD-L1. Para ese subgrupo de pacientes, el fármaco ha funcionado bien, brindando respuestas duraderas y, a veces, completas.[3]

Ambos tipos de inhibidores de puntos de control evitan que el cáncer rechace o desactive la respuesta inmunitaria, pero existen diferen-

---

2. Una lista parcial de esos agentes bloqueadores de la PD-1 comienza con el pembrolizumab (de nombre comercial Keytruda, desarrollado por Merck Pharmaceuticals y aprobado en 2014) y el nivolumab (de nombre comercial Opdivo, desarrollado por BristolMyers Squibb y aprobado en 2015). Los medicamentos dirigidos al lado tumoral del apretón de manos secreto (anti-PD-L1) se lanzaron poco después. Uno fue el atezolizumab (de nombre comercial Tecentriq), desarrollado por Genentech y Roche Pharmaceuticals, que recibió sus primeras aprobaciones de la FDA en 2017, y el durvalumab (de nombre comercial Imfinzi), fabricado por AstraZeneca y MedImmune y aprobado en 2018.
3. Una carta de mayo de 2018 al *New England Journal of Medicine* informó sobre un subconjunto de pacientes cuyos tumores habían demostrado crecer, en lugar de reducirse, durante un ensayo clínico de fase 2 del inhibidor del punto de control de PD-1, nivolumab (Opdivo). Estos pacientes tenían una forma agresiva y relativamente rara de cáncer que afecta a las células T, llamada linfoma-leucemia de células T adultas (ATLL, por sus siglas en inglés, *adult T cell lymphoma-leukemia.* Véase Ratner *et al.*: «Rapid Progression of Adult T-Cell Leukemia-Lymphoma After PD-1 Inhibitor Therapy», carta al editor, *New England Journal of Medicine*, 2018, 378:1947-1948.

cias importantes entre estos medicamentos, que tienen que ver con cuándo el cáncer utiliza los puntos de control que inhibe. El CTLA-4 es un punto de control más general; se da antes, evitando la activación de las células T, y cuando lo bloquea, la respuesta también puede ser más general.[4] El cáncer utiliza el punto de control PD-1/PD-L1 más tarde, después de que se active la célula T. El bloqueo de estos puntos de control tiene una respuesta más específica, como quitar las cadenas sólo a los soldados especializados que ya están en el campo de batalla y cara a cara con el enemigo. Como era de esperar, los inhibidores del punto de control anti-PD se toleran mejor y tienen muchos menos efectos secundarios tóxicos que el anti-CTLA-4, que ahora se sabe que regula al alza la actividad de las células T y regula a la baja las células T reguladoras especializadas, o T regs, que evitan que el sistema inmunitario reaccione de manera exagerada.

Ambos medicamentos, pero especialmente los anti-PD, están demostrando ser aún más efectivos en combinación con otras terapias. A medida que se acumulan los datos, parece que la mayoría de las terapias contra el cáncer funcionan mejor cuando se combinan con un inhibidor del punto de control PD-1/PD-L1. Eso incluye la quimioterapia, que inicia la batalla inmunitaria con algunos tumores muertos para que las células T liberadas los reconozcan y se activen.

Por ejemplo, en el transcurso de una semana en julio de 2018, los datos de los ensayos de fase 3 mostraron que una combinación de un fármaco anti-PD-L1 y un agente de quimioterapia evidenciaba mejoras significativas contra el cáncer de pulmón de células pequeñas y el cáncer de mama triple negativo. Eran los primeros avances contra cualquiera de las dos enfermedades en décadas.

Las inmunoterapias contra el cáncer que anteriormente fallaron ahora se están reevaluando para ver si funcionan mejor sin los frenos (es decir, en *combinación* con un inhibidor de puntos de control). La mayoría de esas combinaciones son con fármacos anti-PD-1/PD-L1. Y

4. En la metáfora de la batalla, bloquear ese puesto de control le dice al ejército que crezca, se arme y se prepare para atacar. PD-1/PD-L1 es un puesto de control que sucede más tarde, de cerca y personalmente, después de que el ejército de células T ya está movilizado y listo.

las futuras terapias contra el cáncer ahora se están planificando teniendo en cuenta la inhibición de los puntos de control. El resultado neto es que la mayoría de las compañías farmacéuticas con terapias contra el cáncer en su cartera quieren un medicamento para la EP con el que combinarlo. Según los informes, ahora hay *164 medicamentos PD-1/PD-L1* en trámite entre las pruebas preclínicas y la comercialización al consumidor, y los expertos de la industria sospechan que se pueden desarrollar muchos más en China. Esta redundancia no es el mejor uso de los recursos intelectuales o físicos; es de esperar que dé como resultado más competencia y precios más bajos.

(Una pregunta que no se aborda en este libro es cómo alguien va a permitirse este brillante futuro. El precio del Yervoy, el nombre comercial del medicamento anti-CLTA-4 ipilimumab, es el habitual, cuesta más de 120 000 dólares por un tratamiento de cuatro ciclos. El fármaco anti-PD-1 de Merck, Keytruda, para el melanoma avanzado, cuesta 150 000 dólares por un año de tratamiento. Detrás de las buenas noticias hay una necesidad apremiante de mejores respuestas sobre cómo pagamos la inevitabilidad de la enfermedad y el declive. El cáncer es una enfermedad que ofrece igualdad de oportunidades; si el progreso en su contra no es para todos, incluso un gran avance se convierte en un paso atrás para nuestra humanidad).

Cuando les pregunto a los investigadores de inmunología qué va a ser lo próximo, la respuesta siempre es «más»: más herramientas, más objetivos, más agentes terapéuticos.

Más medicamentos, más aprobaciones de la FDA y vías rápidas, más biomarcadores para describir mejor el cáncer con especificidad molecular (en lugar de clasificarlo por el órgano en el que comenzó la mutación, ya sea hígado, pulmón o mama), combinado con más «perfiles inmunológicos» de los detalles del sistema inmunitario de un paciente (para determinar quién recibirá el mayor beneficio exactamente de qué tipo de inmunoterapia).

Se supone que esta *inmunoterapia personalizada* contra el cáncer, que combina el perfil inmunitario único de un individuo y el genotipo tumoral único con la combinación de inmunoterapia adecuada, es el futuro del tratamiento del cáncer.[5]

---

5. Los inmunólogos ahora clasifican la interacción entre el sistema inmunitario de un individuo y su tumor específico en tres clases amplias: «caliente, frío o tibio». Las categorías son útiles para describir cómo los diferentes tipos de tumores y los distintos sistemas inmunitarios presentan diversas dinámicas que deben abordarse con diferentes fármacos o combinaciones de fármacos. Los tumores «calientes» son los más reconocidos por las células T. Bajo el microscopio puedes verlos agrupados en el tumor e infiltrándose dentro del tumor («leucocitos infiltrantes de tumor»). Están allí y, sin embargo, las células T no logran completar el trabajo y atacar y matar el tumor. Además, estos tumores calientes pueden tener varias formas de «agotar» a las células T para que no puedan «reactivarse». (Recuerda que el sistema inmunitario tiene una serie de elementos de seguridad y disyuntores o temporizadores para evitar que cada respuesta inmunitaria se convierta en una pesadilla autoinmune total; incluso las vacunas eficaces requieren una «inyección de refuerzo» para reactivar la respuesta de las células T). Como resultado, están presentes, pero demasiado agotados para atacar. Muchos de estos tumores tienden a surgir en partes del cuerpo que están más expuestas a cosas que causan cáncer, como la luz solar, el humo u otros carcinógenos. Incluyen cánceres de piel (melanoma), cánceres de pulmón (carcinoma de células pequeñas y de células no pequeñas) y cánceres que surgen en órganos que se ocupan de niveles concentrados de las cosas que entran en nuestro organismo, como vejiga, riñón y colorrectal. Para el ADN en proceso de replicarse, estos carcinógenos son como un bombardeo constante. Sería como tratar de escribir una receta mientras te arrojan pelotas de golf: las probabilidades de que cometas muchos errores son bastante altas. En las células, estos errores son mutaciones y, como era de esperar, los cánceres que surgen en estos órganos expuestos a carcinógenos se caracterizan por la mayor cantidad de «errores» en su ADN y tienen algunos de los niveles más altos de mutaciones. Las mutaciones (por estas u otras razones genéticas) los hacen muy visibles para el sistema inmunitario, lo que los convierte en «calientes». El hecho de que el sistema inmunitario los vea pero no los mate significa que también está sucediendo algo más, un truco que les permite sobrevivir a pesar de ser pavos reales mutacionales. En algunos casos, la expresión tumoral de PD-L1 es uno de esos trucos y, como tal, es más probable que estos tumores expresen PD-L1, el apretón de manos secreto que le dice al sistema inmunitario que no preste atención, a pesar de todos los antígenos. Como tales, también son los tipos de tumores que mejor responden a los inhibidores de puntos de control (anti-PD-1 o anti-PD-L1). En este momento, éstos son los tipos de tumores «afortunados», con mayor probabilidad de responder a los medicamentos inmunoterapéuticos disponibles, y cuando responden, las respuestas pueden ser profundas. Son estos tipos de tumores los que tienen a

los oncólogos dispuestos a utilizar la palabra «cura». Existe un problema completamente diferente si el tumor está «frío». El sistema inmunitario falla casi por completo en responder a estos tumores. Bajo el microscopio, se puede creer que no tenemos ningún sistema inmunitario, razón por la cual los tumores fríos a veces se describen como «desiertos inmunitarios». Estos tumores son, por varias razones, menos o nada visibles para las células T. A diferencia de sus primos calientes, muchos, pero no todos, los tumores fríos no están altamente mutados y no son altamente antigénicos, lo que significa que no se presentan como obvios para el sistema inmunitario al presentar antígenos que son claramente extraños. En este caso, podrían emplearse terapias inmunitarias que «calienten» el tumor y lo hagan más visible (más antigénico) (como atacar el tumor con un virus para marcarlo con antígenos extraños más evidentes). Los tumores fríos también pueden emplear otros trucos que evitan que las células T los reconozcan de manera efectiva. Ésos pueden ser aspectos del microambiente tumoral, el pequeño mundo creado por el propio tumor, donde las moléculas (de varias maneras) desactivan o suprimen la respuesta inmunitaria completa (que también se conoce como «TME supresor»). La mayor parte de una masa tumoral no es cáncer, sino componentes del microambiente tumoral. Y es un vecindario en el que le es difícil de infiltrarse a una célula T. La naturaleza es conservadora en el sentido de que no tiende a desarrollar complejidad cuando la simplicidad tiene éxito. Para generalizar, ésa es la razón por la que la mayoría de los tumores fríos no responden a los inhibidores de puntos de control: son el tipo de tumores con menos probabilidades de necesitar un apretón de manos secreto como la PD-L1 para sobrevivir y tener éxito. Su bajo perfil de mutación ya los hace menos visibles para el sistema inmunitario. Sin ningún punto de control aprovechado por el tumor, inhibirlo no cambiará la situación. Y así, como era de esperar, los tumores fríos responden mal a los inhibidores de puntos de control existentes solos, y varios tipos no responden en absoluto. Para imaginar por qué, es útil pensar en estos tumores en términos de evolución. Si una célula mutada es obvia para el sistema inmunitario, el sistema inmunitario la ve y la mata. Cuanto más mutada, más obvia es, y menos probable es que sobreviva y crezca y se convierta en lo que llamaríamos cáncer, a menos que también haya desarrollado un truco para compensar su visibilidad. La PD-L1 es uno de esos trucos. Los tumores fríos simplemente no necesitan ese truco. Un tercer tipo de tumor generalmente se denomina «tibio», aunque no sea de utilizad. Estos tumores son vistos por el sistema inmunitario, las masas del ejército de células T. Pero luego, por alguna razón, el ataque nunca ocurre. Las células T no se infiltran, no destruyen el tumor. Los inmunólogos a veces comparan esto con un ejército que ha escuchado la llamada de batalla, se ha concentrado en el castillo, pero que no puede cruzar el foso. Esta categoría cubre una amplia variedad de cánceres y tipos de mutaciones, y sería incorrecto tipificar estos cánceres por un sólo factor. A diferencia de su descripción, no se trata simplemente de que estos tumores evadan con

No es prudente adivinar qué funcionará a continuación, pero en el momento de escribir este libro, la mayor promesa demostrada, lo más cercano a lo seguro en términos de lo que se ha demostrado en la clínica, parece provenir de las terapias CAR-T en expansión y los biespecíficos de CD3. Observa ese espacio. Se está moviendo rápido.

A partir de junio de 2018, se informó que se estaban probando unos 940 nuevos medicamentos inmunooncológicos para la designación de avance y la aprobación de la FDA. Otros 1064 nuevos medicamentos de inmunoterapia se encuentran en los laboratorios en fase preclínica.

Eso son 2004 nuevos medicamentos contra el cáncer en sólo unos pocos años. Esta velocidad de cambio es muy inusual en la medicina y totalmente sin precedentes en el campo del cáncer. Y para cuando leas esto, esos números y la ciencia detrás de ellos habrán avanzado de nuevo.

éxito el ataque inmunitario debido a algún promedio o combinación de atributos fríos y calientes, aunque algunos aspectos de ambos pueden ser ciertos. Es más exacto pensar que estos tumores tienen un perfil único de defensa inmunitaria que les permite sobrevivir y prosperar sin ser totalmente invisibles para el sistema inmunitario. Estos tumores incluyen algunos, pero no todos, los tumores glandulares. Lo que importa es dónde surgen estos cánceres más que lo que los tipifica. En algunos casos, lo que los hace «tibios» es que a pesar de ser obvios, existen en lugares donde las células inmunitarias lo tienen difícil para infiltrarse. Pueden estar tipificados por tumores con una capa exterior dura que repele a los infiltrados. Es posible que hayan desarrollado una línea exterior de defensa casi fantástica. Pero, en general, se caracterizan por una expresión moderada de PD-L1, una carga mutacional moderada, una presentación de antígeno moderada y, a menudo, un microambiente inmunosupresor que rechaza la respuesta inmunitaria en las células T en las puertas. Y hay algunas terapias individuales que se están probando para abordar de manera única estos tipos de tumores, pero es justo decir que varios elementos de los enfoques de tumores fríos y calientes, incluyendo inhibidores de puntos de control, terapias para calentar el tumor haciéndolo más inmunogénico y enfoques para contrarrestar los elementos supresores en el microambiente tumoral, pueden ser considerados para cambiar la situación a una en la que sean reconocidos, dirigidos, infiltrados y destruidos por el sistema inmunitario. Aquí también, varias etapas del ciclo de inmunidad contra el cáncer se están enfocando para que esas células T atraviesen el foso (para convertirse en leucocitos infiltrantes de tumores), se activen y se recarguen.

Vale la pena señalar que el estudio *Proceedings of the National Academy of Sciences of the United States of America* encontró que todas y cada una de las aprobaciones de medicamentos desde 2010 (210 de ellas) se remontan al presupuesto del NIH de 100 000 millones de dólares para desarrollo de medicamentos. El avance se basa en el dinero de los impuestos, y es tuyo.

Capítulo nueve

Es la hora

Jeff Schwartz se sentía mejor a principios del verano de 2014, lo cual era bueno por varias razones, entre ellas, que uno de sus eventos más importantes estaba de gira. Imagine Dragons es una banda de *indie rock* de cuatro integrantes liderada por un joven llamado Dan Reynolds; todos eran jóvenes, dice Jeff, jóvenes y amigables e increíblemente agradables y profundamente religiosos. Todos se habían conocido en su natal Salt Lake City, en Utah. Tenían talento y, de repente, se hicieron explosivamente populares (el evento musical más importante de 2017, según la revista *Billboard)* y, sin embargo, no habían dejado que la experiencia de las estrellas de rock se les subiera a la cabeza. Eso era inusual, pero también era hermoso.

Para los miembros de la Iglesia de Jesucristo de los Santos de los Últimos Días, el servicio es una obligación moral, no un lujo, y la caridad era uno de los principios fundamentales de la banda. Una de las primeras organizaciones benéficas que establecieron estaba dedicada a un joven fan llamado Tyler Robinson. Tyler había sido diagnosticado con una forma rara de cáncer de tejidos blandos llamada rabdomiosarcoma, en fase 4. El hermano mayor de Tyler había escrito una carta a la banda, diciéndoles que Tyler estaba enfermo y que estaría entre la audiencia de su *show* en Provo, Utah. Tyler había encontrado inspiración en la música de la banda, dijo, especialmente en su canción *It's Time.* La letra, «el camino al cielo atraviesa millas de infierno nublado», resonaba en su cabeza y lo mantenía animado. ¿Podrían mandarle un grito de ánimo, decir algo desde el escenario para animarle? El hermano de Tyler dijo que sería difícil pasarlo por alto. Sería el único calvo de dieciséis años, lo suficientemente frágil como para ser cargado a hombros por su hermano mayor.

Hay un vídeo de esa noche, y si no eres una de los más de 600 millones de personas que lo han visto sólo en YouTube, deberías hacerlo. Es inspirador, hermoso y duro a la vez.[1] El vídeo está grabado con un teléfono móvil. La sala es pequeña y está abarrotada de público. Son chicos locales emocionados y jóvenes hombro con hombro cantando junto con los héroes de su estado natal. La banda está cerca, bañada en focos rojos y dando vueltas entre canciones mientras el cantante principal, Dan Reynolds, toma el soporte del micrófono.

«Tengo algo serio que decir, será lo único serio de la noche, lo prometo –dice–, así que, si pudierais prestar atención y guardar un poco de silencio, por favor, esto es algo realmente importante para mí». No es una solicitud fácil después de la hora anterior, que ha pasado azotando a los chicos en un frenesí inspirado, pero aquél es su héroe hablando, frotándose la cabeza y caminando, y escuchan mientras grita el nombre de alguien entre la multitud: «Tyler Robinson». Dan ha leído la historia de Tyler esa misma noche. «Quiero decir que me ha inspirado mucho. Significa mucho…». La multitud se calla un poco cuando dice la palabra: cáncer.

«Y, ummm, nos pidió que tocáramos una canción para él esta noche, y esta canción es para Tyler, desde el fondo de nuestros corazones, Tyler». Dan se toca el corazón debajo de la camiseta blanca sudada y levanta un puño en el aire en señal de solidaridad. Es una señal para la multitud. Dan alaridos y gritos de afirmación mientras la banda toca los acordes familiares de su éxito megaplatino. Hay una melé urgente y repentina alrededor del chico blanco pálido y calvo con una camiseta azul, abrazos y muestras de cariño, y un empujón borroso para llevarlo al frente del escenario, donde Dan está cantando las letras, letras que

1. El metraje ahora también está incorporado en el vídeo musical oficial de esa canción de Imagine Dragons. Véase Jesse Robinson: Imagine Dragons—for Tyler Robinson, YouTube, 27 de octubre de 2011, www.youtube.com/watch?v=mqwx2fAVUMO.

todos conocen. Ahora Tyler está cerca y emocionado y cantando de nuevo, señalando para puntuar cada línea de fracaso y afirmación:

Y ahora es el momento de construir desde el fondo del pozo.
Justo hasta la cima,
no te detengas.

Dan se inclina. Agarra la mano de Tyler mientras su hermano se mete debajo y lo levanta a hombros, todavía cantando, alto e iluminado por los focos, y la multitud grita como señal de que lo ha entendido, ¡ese es el chico!, justo cuando la canción llega al estribillo. Tyler grita las palabras, creyéndolas. *It's Time* es una canción inspiradora que crece y se rompe y se convierte en un himno. Tyler estaba a punto de terminar la quimioterapia, a punto de volver a ser sólo un niño en lugar del niño con cáncer, y aunque todavía no ha llegado allí, está aquí, siendo dueño de la letra porque habían hablado con él personalmente, como un amigo, de la misma manera que lo hace la música, especialmente cuando tienes dieciséis años, especialmente en tiempos desgarradores. Estas palabras se refieren a su propia vida, y cuando canta «el camino al cielo atraviesa kilómetros de infierno nublado» está siendo literal y específico. La multitud parece entenderlo, mientras Tyler y Dan se unen en el centro de atención, predicando «Es hora de comenzar» cabeza con cabeza en un dulce beso del alma bendecido por mil feligreses. Y puedes decir, incluso en el vídeo tembloroso de la cámara de un teléfono, que la banda está más sorprendida que nadie, que la canción ya no es de ellos, que la letra ya no es de Dan, y que es este sonriente, confiado, hermoso, chico calvo y moribundo que han conocido sólo un minuto antes quien ahora es el dueño.

Ése fue uno de esos momentos de los que habla Jeff Schwartz, lo que sólo consigue la música en vivo, el momento del copo de nieve derritiéndose, la electricidad que está ahí y luego ya no. La canción termina, pero la multitud no deja pasar el momento. Chispean, luego explotan una vez más, cantando ¡Ty-ler! ¡Ty-ler!, el eco de un momento demasiado precioso para morir.

Tyler y la banda se mantuvieron en contacto después del espectáculo, y cuando Tyler fue declarado libre de cáncer a fines de 2011, pareció el final de lo que habían comenzado en ese auditorio, el cumplimiento de algo profético y empoderador. Porque, finalmente, llegó el momento y Tyler pudo volver a ser un adolescente.

Pero no todas las historias hermosas tienen un final feliz. En marzo de 2013, Tyler entró en coma con el cerebro invadido por el cáncer; murió en primavera. Fue un *shock,* un giro especialmente malo después de lo que parecía una victoria, y tal vez aún más difícil para los millones de jóvenes fans de Imagine Dragons que habían visto cómo la música y la voluntad juvenil parecían haber derrotado aquella enfermedad de viejos, pero aún no habían experimentado su reversión cruel y demasiado común. Siempre es impactante cuando mueren jóvenes, y es especialmente impactante para otros jóvenes. Aquello fue un kilómetro extra de infierno demasiado nublado.

La banda crea ganchos pegadizos y conmovedores himnos milenarios. No pudieron curar el cáncer, pero podrían usar su éxito para ayudar a quienes lo padecen y crear una fundación a nombre de Tyler para ayudar a suavizar el golpe financiero para las familias,[2] una fundación en la que su contable superviviente del cáncer, Jeff, podría ayudar. Toda la banda lo apoyaba, tocando juntos o por separado, dependiendo de su agenda. En julio de 2014, la banda estaba en medio de una gira europea, por lo que sólo Dan Reynolds pudo volar de regreso a Utah para una reunión benéfica acústica íntima de una noche para recaudar dinero para otro joven paciente con cáncer. Esta vez, era alguien a quien había conocido cuando era adolescente, ocho años antes, en una reunión de jóvenes junto a la chimenea de los Santos de los Últimos Días mientras servía en su misión en Omaha, Nebraska.[3]

Kim White[4] era un miembro bastante joven de la familia extendida de Imagine Dragons, una madre con un niño pequeño y otro en cami-

---

2. La Fundación Tyler Robinson. Obtén más información en www.TRF.org.
3. Kim White no estaba en la banda, pero había sido miembro de su equipo extendido de Salt Lake City, y era una compañera mormona que había conocido al cantante principal cuando ambos eran adolescentes. Jeff Schwartz la conocía como la joven rubia alta, bonita, «muy bonita, muy rubia», que a veces venía al espectáculo con su marido. Jeff la vio de nuevo en el acto benéfico.
4. Kim ha escrito sobre su viaje contra el cáncer, que apareció originalmente en *Small Seed* y está disponible en el sitio web de *Deseret News* en www.deseret-

no. Había tenido problemas inexplicables de presión arterial en el segundo embarazo y cuando la medicación no ayudó, su obstetra ordenó una ecografía y descubrió un tumor de once centímetros envuelto como un guante de boxeo alrededor de la glándula suprarrenal sobre su riñón derecho. Una batería de pruebas convenció a sus médicos de que el tumor era benigno y que tanto él como su embarazo podían manejarse de manera segura.

Pero cuatro semanas después, Kim desarrolló el síndrome HELLP, una enfermedad poco conocida asociada con el embarazo que incluye síntomas como la preeclampsia. Kim fue preparada rápidamente para una cirugía de emergencia para extirpar el tumor y dar a luz al bebé de inmediato. No había ninguna posibilidad de que su hijo de dieciocho semanas sobreviviera fuera del útero. Si no hacían la cirugía, ambos morirían.

Al igual que la banda, Kim y su esposo, Treagen, eran miembros activos de la Iglesia de Jesucristo de los Santos de los Últimos Días. Ahora se apoyaban mucho en esa fe. Cuando el padre y el esposo de Kim pusieron sus manos sobre su cabeza para darle una bendición de consuelo, sanidad y consejo, Kim sintió la presencia de Jesucristo. «Nos estaba abrazando a los dos –dijo–. Promete que todo saldrá bien».

Pero después de la cirugía, el diagnóstico de Kim fue todo menos correcto. El tumor era cáncer, una forma inusual y agresiva llamada carcinoma de la corteza suprarrenal. El cáncer de Kim estaba en fase 4. Su médico le dijo que tendría suerte si sobrevivía cinco años.

El oncólogo de Kim inició la quimioterapia. Ella se cortó el cabello largo, rubio como la seda, que alguna vez fue un aspecto clave de su destacada belleza, y trató de cuidar a su hija de dieciocho meses sin pensar que probablemente pronto se quedaría sin madre. Sintió tristeza y miedo, pero, sobre todo, lo que se apoderó de ella fue una ira candente. «Pasé muchas noches en la bañera gritando a todo pulmón lo enojada que estaba, lo injusta que era la vida, cómo pudiste dejar que me pasara esto –escribió–. Créeme si te digo que si tú lo has pensado, yo lo he dicho».

---

news.com/article/865667682/ Utah-mother-I-am-nowand-will-forever-be-grateful-I-was-diagnosed-with-cancer.html

Un consejero de su congregación le recordó que, sin importar lo que ella estuviera pasando, Jesucristo ya lo había pensado antes. Nadie más podría entender cuán injusto era, pero Él lo hacía. Y así, Kim duplicó su relación con su salvador y su fe tanto en un poder superior como en su oncólogo. Y tomó la decisión consciente de comenzar a contar sus bendiciones y buscar algo positivo en cada día que le quedaba. «Toda esa ira no me estaba ayudando en nada –dice Kim–. La gente no se da cuenta de lo mental que es una batalla física».

A medida que las facturas comenzaron a acumularse, un amigo abrió una cuenta de GoFundMe para recaudar 10 000 dólares[5] para cubrir otra cirugía, la primera de quince. La familia más grande de Imagine Dragons también comenzó a contribuir. Cuando Dan se enteró, decidió hacer el concierto benéfico del 14 de julio.[6] Jeff Schwartz ayudaría a resolver la parte del dinero. El concierto benéfico le dio a Kim esperanza e inspiración, de la misma manera que el concierto le había dado esperanza a Tyler Robinson. Y recaudó unos 40 000 dólares para sus gastos médicos.

Pero cuando Kim se sometió a su siguiente examen, su oncólogo regresó con noticias devastadoras. Los tumores se estaban extendiendo, haciendo metástasis por todo su cuerpo. Ahora prevalecían especialmente en sus pulmones. El oncólogo contó casi cincuenta tumores. «Mi oncólogo dijo, "Mira, [la quimioterapia] no está funcionando y estás enfermando mucho. He llamado a otros médicos y no sé qué más hacer"» dice Kim.

---

5. La página ha estado activa desde julio de 2014 y ha recaudado 16 075 dólares, en previsión de llegar a los 50 000 dólares.

6. Kim White: «Mi esposo se acercó a Mac [Mac Reynolds, el hermano del cantante Dan Reynolds y mánager de Imagine Dragons] y él dijo que por supuesto. Originalmente iba a estar toda la banda, pero las agendas de todos eran una locura, estaban fuera del país en medio de una gira, así que fue sólo Dan [Reynolds] quien voló a Utah e hizo el concierto benéfico, que recaudó unos 40 000 dólares, y a la mañana siguiente voló de regreso». El plan original también implicaba hacer pulseras de goma que la gente pudiera comprar y usar como apoyo, y necesitaban un nombre para marcarlas. Se decidieron por «KimCanKickIt», en referencia al cáncer, por supuesto, así como a su amor por el fútbol. Si quieres seguir la historia de Kim White, te invita a seguirla en KimCanKickIt en Instagram.

Kim se lo contó a su esposo, a su padre y a un pequeño grupo de amigos. También se lo dijo a Dan. Y luego a Jeff Schwartz.

Jeff quería que Kim tuviera la misma oportunidad que había tenido él, pasar por la misma puerta que él. Una puerta en Los Ángeles que casualmente se abría a uno de los pocos centros médicos del país que en ese momento realizaba ensayos en humanos con los nuevos medicamentos de inmunoterapia contra el cáncer. Ella podría ir allí. A él le había funcionado. Por lo menos, valía la pena intentarlo.

«Al principio, su propio médico de Salt Lake City menospreció el asunto un poco», dice Jeff. No había visto la rara forma de cáncer que tenía Kim, pero había visto a muchos pacientes saltar ante la promesa de nuevas curas milagrosas a lo largo de los años.

Una paciente joven que hablaba de una medicina milagrosa experimental que había escuchado de un tipo, el contable de un amigo…, aquello era una locura cruel para la que esa pobre chica no tenía tiempo. El hecho de que aquel tipo propusiera la inmunoterapia lo empeoraba aún más. No funcionaba, había estado en las conferencias sobre el cáncer, lo sabía.

Sin embargo, Kim rezó, pensó y decidió, una vez más, que realmente no tenía elección. La quimioterapia no estaba funcionando. Pronto estaría demasiado débil para siquiera tomar esta decisión. Así que siguió el consejo de Jeff. Fue a Los Ángeles y cruzó la puerta.[7] Kim se reunió con el médico de Jeff en la Angeles Clinic y pudo inscribirse en un estudio sobre un inhibidor de puntos de control llamado pembroli-

7. Se refirió a su médico, el doctor Boasberg, como un «ángel de médico».

zumab,[8] «el fármaco de Jimmy Carter».[9] No era el mismo fármaco que Jeff había obtenido, pero estaba estrechamente relacionado, un inhibidor de punto de control PD-1/PD-L1, justo el otro lado (PD-1) del apretón de manos secreto. El fármaco de Jeff bloqueaba el receptor del tumor. El fármaco de Kim hacía lo mismo, pero con las células T.

La Angeles Clinic había sido uno de los quince sitios originales donde el fármaco anti-PD-1 se había sometido a ensayos clínicos[10] y fue

8. Fabricado por Merck como Keytruda, más comúnmente utilizado para tratar el melanoma. Tras el anuncio en 2013 de los resultados del estudio en la Angeles Clinic y en otros lugares, Merck solicitó la designación de avance para el fármaco para que pudiera estar disponible de inmediato y acelerar su aprobación, y recibió esa designación en septiembre de 2014. En el verano de 2016 se detuvo un ensayo clínico que probaba el inhibidor de puntos de control para su uso contra el cáncer de pulmón de células pequeñas; el fármaco estaba demostrando ser tan eficaz que la empresa y la FDA querían proporcionárselo a todos los participantes del estudio, en lugar de privar al grupo de control (pacientes que recibían un placebo u otro tratamiento) de la oportunidad. Obtuvo la aprobación formal de la FDA para este cáncer en marzo de 2017. También en 2017, el medicamento fue aprobado por la FDA para su uso contra tumores que mostraban una mutación específica o un marcador genético (inestabilidad de microsatélites), lo que lo convirtió en el primer medicamento aprobado para tal indicación y el primer medicamento contra el cáncer aprobado para un marcador genético en un tumor en lugar del órgano del cuerpo en el que se originó la célula mutada. Se espera que esta aprobación sea la primera de muchas, ya que los biomarcadores tumorales se clasifican mejor y las células cancerosas se tipifican genéticamente. Si se sabe que un tumor con un determinado biomarcador responde al medicamento, ése es un medio mucho más eficiente de determinar quién se beneficiaría de él. Esta eficiencia se traduce en pacientes que intentan tomar decisiones cruciales sobre qué terapia elegir, así como en las compañías farmacéuticas responsables de realizar ensayos clínicos largos y costosos para cada tipo de cáncer.
9. Los ensayos clínicos de medicamentos son específicos del medicamento que se utiliza como terapia contra cánceres específicos. Si bien dichos medicamentos, una vez aprobados, se pueden utilizar «fuera de lo autorizado» para indicaciones no probadas, se requieren nuevos ensayos clínicos para acceder a la seguridad y eficacia de esa terapia en comparación con otras, una distinción importante cuando los pacientes a menudo no tienen tiempo o salud suficiente para volver a intentarlo.
10. Esos ensayos clínicos originales eran para melanoma; el pembrolizumab en ese momento se llamaba lambrolizumab. Véase Omid Hamid *et al.*: «Safety

uno de los primeros lugares donde el fármaco, que la FDA había considerado una terapia «innovadora», se puso a disposición de los pacientes. No funcionaba para todos los tipos de cáncer ni para todos los pacientes, pero Kim no tenía nada que perder y no le quedaba nada por intentar. «Así que tuvimos que ir a por ello».

Jeff volvió a verla después de haber recibido sus primeras dosis del medicamento. Todavía estaba débil y delgada, pero parecía haber recuperado un poco de peso. «La veo –dice Jeff–. Le brillan los ojos. Parece asustada. Pero también tiene mejor aspecto. Le digo: "Oye, los tumores están desapareciendo, lo sé" –dice–. ¿Que cómo puedo saberlo? No lo sé». A veces mostraba este tipo de confianza con sus clientes, ellos le creían, y esa confianza marcaba la diferencia. Pero el mundo del espectáculo no es ciencia. El pronóstico de Jeff era pura esperanza y entusiasmo.

«Trataba de mantenerle el ánimo –dice Jeff–. De que regresara». Pero, por supuesto, no tenía idea de si realmente estaba funcionando.

Cuando Kim se hizo la tomografía computarizada unas semanas después, lo llamó llorando.

«Escuché el llanto, y me preocupé –dice Jeff–. Entonces me dijo: "Tenía cuarenta y dos tumores en el pulmón, ahora tengo dos"». *Tenía...*

Jeff escuchó mientras ella continuaba con la letanía. «Entonces, soy Superman, le salvé la vida», dice, y mientras ahora se ríe lo hace tanto de sí mismo como también de la verdad de esa verdad. Lo que le salvó la vida fue la esperanza y la información.

«Kim quería dejar de ser una persona enferma, dejar atrás este capítulo del cáncer y volver a su vida. Así que me enojé un poco con ella –dice Jeff–. Le dije, "No, no has terminado. Ahora, lo que tienes que hacer es devolverlo. Has tenido suerte. Ahora tienes que asegurarte de que otras personas también tengan la oportunidad de tener esa suerte"».

Contribuir, compartir información y contar historias: son sentimientos comunes entre los supervivientes de cáncer y entre quienes perdieron a sus seres queridos. Por eso Emily compartió la historia de Brad conmigo. Es una forma de gratitud: por lo que Dan Chen hizo

---

and Tumor Responses with Lambrolizumab (Anti–PD-1) in Melanoma», *New England Journal of Medicine*, 2013, 369:134-144.

por su esposo, por lo que todos sus médicos hicieron o intentaron hacer. Y la esperanza es que otros puedan aprender de su historia y quizá tener mejores resultados. Eso era lo que Jeff estaba grabando en Kim. Le habían dado la oportunidad, no sólo de vivir, sino de compartir su historia, como él había compartido la suya. Y podría compartirlo más ampliamente.

«Te lo dije, ella es mormona –dice Jeff–. Los mormones, pueden publicar un pedo en Facebook, obtienen como cien mil pulgares hacia arriba, tienen una red increíble. Le digo: "Tienes que usar eso y asegurarte de que otras personas sepan lo que te ha pasado. Diles que tuviste ese cáncer raro. Te tomaste ese medicamento, tuviste esa experiencia"».

Y así, en lugar de simplemente reanudar su vida como una de las personas afortunadas, Kim comenzó una fundación, difundiendo la conciencia sobre los detalles específicos de su cáncer y la forma en que responde a la nueva generación de medicamentos de inmunoterapia, y brindando ayuda, consuelo e información a otras madres jóvenes y asustadas con cáncer. Y por eso está dispuesta a compartir su historia aquí. Sus problemas de salud no habían terminado. Ella ha pasado por mucho desde entonces. «No se trata sólo de ese medicamento o de la inmunoterapia –dice Kim–. Hay mucho más. He recibido tanto apoyo de mi familia y amigos, de extraños que están pasando por lo mismo... Y no darme por vencida por mi hija también me mantuvo en movimiento. La actitud que tienes, la parte mental, mantenerte positiva, es quizá la parte más importante». El medicamento no la curó, no completamente. «Pero ese fármaco me salvó la vida –dice Kim–. Si no fuera por eso, no sería capaz ni siquiera de tratar de luchar contra todas estas otras cosas».[11] Éste es su servicio, su acto de fe. Ahora ella también está ayudando a salvar vidas.

11. La experiencia de Kim con su forma rara de cáncer la ha convertido en una inspiración y un ejemplo para otras personas con carcinoma de la corteza suprarrenal. «Hasta donde yo sé, sólo hay otras cuatro personas que toman ese medicamento en este momento –dice Kim–. La mayoría de las personas no responden». Pero ella lo hizo, e inmediatamente lo compartió en un grupo de Facebook para personas con la enfermedad, para que ellas también pudieran probarlo. El fármaco anti-PD-1 permitió que su sistema inmunitario combatiera con éxito casi todas las lesiones de sus pulmones, pero aquél no fue el final

Si miras hacia atrás en cualquier serie de eventos, e intentas desglosarla en todos los pequeños detalles improbables que tuvieron que alinearse para que sucediera un resultado, ves que todo parece un milagro. La célula mutada, el vuelo perdido el 11 de septiembre, el único asiento que queda en el cine junto a un extraño que se convierte en tu esposo. Todo es estadísticamente improbable. También es todo inevitable.

Pero la verdad es que si Kim no hubiera estado en una fiesta juvenil junto a la chimenea de la iglesia cuando era adolescente y conocido a un chico que se convirtió en una estrella de rock; y si la estrella de rock no hubiera dejado la universidad y escrito una canción que inspiró a un niño con cáncer llamado Tyler Robinson, cuya muerte inspiró a la ban-

---

de su viaje contra el cáncer. Finalmente, su oncólogo de Salt Lake City le dijo que podía conseguir Keytruda para ella, por lo que no necesitaba volar a Los Ángeles cada tres semanas, lo cual era inconveniente y costoso. «Así que eso fue genial», dice ella. Incluso el aparcamiento era mejor. «Volábamos a Los Ángeles y alquilábamos un coche y teníamos que estacionarlo durante una hora [para el tratamiento], y la primera vez que me di cuenta, tuvimos que pagar por el estacionamiento y fueron como quince dólares y yo estaba en plan "¿Qué diablos es eso? ¡Está claro que esto no es Utah!"». Los primeros meses después de que comenzó la recuperación fueron los primeros que pudo pasar tiempo con su hija como algo más que una persona con una enfermedad terminal. «Eso fue muy importante –dice–. Ella sólo tenía dieciocho meses cuando esto comenzó, nunca había sido de otra manera. Así que pasamos esos meses de mochileros, acampando, realmente pasando el tiempo». Pero a pesar del tratamiento continuo, «por alguna razón, al Keytruda no le gusta mi hígado –dice–. No quiere matar el cáncer allí». Y meses después, descubrió que la lesión restante había seguido creciendo. Eso requirió otra cirugía («Fue muy extensa y casi me pierden, casi me muero»), y la extirpación del 70 % de su hígado y la cuarta parte de uno de sus pulmones. «Pasé un año recuperándome de aquello», dice. Y Kim todavía no está curada, pero está viva, disfrutando de la vida a pesar de las inyecciones diarias para diluirse la sangre, la quimioterapia regular que todavía recibe y una letanía casi constante de pruebas y mantenimiento contra la enfermedad. «Definitivamente, sé que ha sido una bendición –dice ahora sobre la enfermedad–. Soy una persona diferente». Aprecia cada día y su fe en un poder superior sólo se fortalece a medida que continúa luchando. «Me salvó la vida y estoy agradecida por eso –dice Kim–. No podría haberlo hecho si la inmunoterapia no lo hubiera hecho posible».

da; y si Jeff Schwartz hubiera conseguido entradas para los Yankees en lugar de para los Mets, si no las hubiera regalado, obtenido el trabajo y representado a Joan Jett; y si Dan Chen no hubiera decidido poner a Jeff en el estudio, y si no hubiera sido Navidad, o si la llamada telefónica no se hubiera realizado y hubieran puesto a Jeff en el otro estudio; y si un joven cirujano llamado William Coley no se hubiera sentido tan mal por otro hermoso paciente joven con cáncer que no pudo salvar, si no hubiera buscado en los registros del hospital historias de milagros y curaciones espontáneas... Realmente, los «y si» no se acaban. Al final, Kim tuvo suerte. Su propio oncólogo no conocía los ensayos de medicamentos en los que Jeff había participado. No necesitamos los milagros aquí. Tenemos un contable de *rock and roll* que asesora a una joven madre mormona sobre un tratamiento revolucionario contra el cáncer. Sea lo que sea, un golpe de suerte, la mano invisible, un poder superior o simplemente una historia, no importa. Ahora es su historia y la tuya. Pásala.

Agradecimientos

La mayoría de las personas responsables de la inmunoterapia contra el cáncer no aparecen en este libro.

Las historias aman a un héroe, pero la ciencia en realidad no funciona de esa manera. Por necesidad, esta historia científica ilumina a un puñado de personas. La mayor parte de los personajes principales se sientan con mayor tranquilidad en las notas a pie de página y en el apéndice; otros faltan por completo. No son un elenco secundario, sino el elenco en sí mismo y, sin embargo, si se presentara a cada uno, este libro sería ilegible. Aún menos anunciados son los innumerables pacientes que ofrecieron su vida. Si buscamos héroes, comenzamos con los autores que figuran en los artículos académicos y los pacientes que no. Otro reconocimiento importante es que todo avance se construye sobre las ruinas de certezas destrozadas. Los de este libro seguramente también cambiarán a medida que continúe la investigación. Están cambiando rápidamente.

Este libro ha sido posible en parte gracias a la visión y generosidad de la Fundación Alfred P. Sloan. Un agradecimiento especial a Doron Weber, director del Programa de Comprensión Pública de la Ciencia, la Tecnología y la Economía, que sabe escribir como sólo un gran autor puede hacerlo y perder como sólo un padre puede hacerlo. Es una verdadera buena persona y un campeón de las artes.

Muchas de las personas que aparecen en este libro están literalmente curando el cáncer, pero de alguna manera encontraron tiempo para dejarme molestarlas repetidamente. Este libro es posible gracias a su generosa paciencia y tutela. El visionario editor Sean Desmond asumió valientemente este proyecto y los años necesarios. Susan Golomb de alguna manera ayudó a encontrar un hogar para un avance del que pocos habían oído hablar; su padre, el doctor Frederick M. Golomb, había experimentado el desconcertante fracaso de las inmunoterapias en las décadas de 1950 y 1960, por lo que fue mi primer escéptico. Gracias por lo anterior y más allá a Matt Tontonoz, Brian Brewer, Mary Riner, Rachel Kambury, Adam Piore, Dragon Yung Mei Tang, Starvos Polentas, Michael «The Wheek» Lafortune, Pete Mulvihill, Cary Goldstein, el doctor Kauffman, J. D, Mac Reynolds, Arun Divakaruni, Matt, Jana y Master Thomas de Farmington, Margaret Van Cleve, io360 y Julia Gunther en AACR, Nick y Caroline, que mantuvieron el ánimo alegre, el paciente y amable Bob Castillo, la inmunoeditora definitiva, la legendaria Ann Patty, y el doctor Charles W. Graeber, quien convierte a los buenos estudiantes en grandes médicos y es el mejor médico, amigo y padre que uno podría esperar. Diann Graeber, ya tienes una dedicatoria, así que sé que esto te hace reír. Un agradecimiento especial para los pacientes y sus familias, nombradas o no, cuyas historias profundamente personales no son poca cosa para confiarle a un extraño. Estoy agradecido con el Virginia Center for the Creative Arts y las inspiradoras visitas de Elizabeth y Sabine Wood durante mis temporadas de reclusión, así como con The Writers Room NYC, Java Studios Greenpoint y Grey Lady en invierno. La a menudo paciente Gabrielle Allen realmente hace que todo sea posible. Gracias y felicidades a su familia por la larga y vida loca del doctor Tom T. Allen, amado pugilista, marinero y osteópata. En recuerdo y gratitud por la extraordinaria vida de Camilla Sewall Wood, y a la familia Baldwin por la inconsolable pérdida de Malcolm. En memoria de John P. Kauffman, 1971-2018, un gran tipo que se fue demasiado pronto.

Destinatarios del Premio William P. Coley del Instituto de Investigación del Cáncer

2018: Miriam Merad, MD, PhD; Padmanee Sharma, MD, PhD. **2017:** doctor Rafi Ahmed; Thomas F. Gajewski, MD, PhD. **2016:** Dra. Ton N. Schumacher; Dan R. Littman, MD, PhD. **2015:** doctor Glenn Dranoff; Alexander Y. Rudensky, PhD. **2014:** Tasuku Honjo,

MD, PhD; Lieping Chen, MD, PhD; Arlene Sharpe, MD, PhD; Gordon Freeman, PhD. **2013:** Michael B. Karin, PhD. **2012:** Richard A. Flavell, PhD, FRS; Laurie H. Glimcher, MD; Kenneth M. Murphy, MD, PhD; Carl H. June, MD; Michel Sadelain, MD, PhD. **2011:** Philip D. Greenberg, MD; Steven A. Rosenberg, MD, PhD. **2010:** Haruo Ohtani, MD; Wolf Hervé Fridman, MD, PhD; Jérôme Galon, PhD. **2009:** Cornelis J. M. Melief, MD, PhD; Frederick W. Alt, PhD; doctor Klaus Rajewsky. **2008:** Michael J. Bevan, PhD, FRS. **2007:** Jeffrey V. Ravetch, MD, PhD. **2006:** Shizuo Akida, MD, PhD; Bruce A. Beutler, MD; doctor Ian H. Frazer; Harald zur Hausen, MD. **2005:** James P. Allison, PhD. **2004:** Shimon Sakaguchi, MD, PhD; doctor Ethan M. Shevach. **2003:** Jules A. Hoffmann, PhD; Bruno Lemaître, PhD; Charles A. Janeway Jr., MD; Ruslán Medzhitov, PhD. **2002:** Lewis L. Lanier, PhD; David H. Raulet, PhD; Mark John Smyth, PhD. **2001:** Robert D. Schreiber, PhD. **2000:** Mark M. Davis, PhD; Michael G. M. Pfreundschuh, MD. **1999:** Richard A. Lerner, MD; Greg Winter, PhD; James E. Darnell Jr., MD; Ian M. Kerr, PhD, FRS; George R. Stark, PhD. **1998:** Klas Karre, MD, PhD; Lorenzo Moretta, MD; doctor Ralph M. Steinman. **1997:** Robert L. Coffman, PhD; Tim R. Mosmann, PhD; Stuart F. Schlossman, MD. 1996: Giorgio Trinchieri, MD. **1995:** Timothy A. Springer, PhD; Malcolm A. S. Moore, PhD; Ferdy J. Lejeune, MD, PhD. **1993:** Pamela Bjorkman, PhD; Jack Strominger, MD; Don Wiley, PhD; John Kappler, PhD; Phillippa Marrack, PhD; Álvaro Morales, MD, FRCSC, FACS. **1989:** Howard Grey, MD; Alain Townsend, PhD; Emil R. Unanue, MD, PhD. **1987:** Thierry Boon, PhD; Rolf M. Zinkernagel, MD, PhD. **1983:** Richard K. Gershon, MD. **1979:** Yuang-yun Chu, MD; Zongtang Sun, MD; Zhao-you Tang, MD. **1978:** Howard B. Andervont, PhD; Jacob Furth, MD; Margaret C. Green, PhD; Earl L. Green, PhD; Walter E. Heston, PhD; Clarence C. Little, PhD; George D. Snell, PhD; Leonell C. Strong, PhD. **1975:** Garry I. Abelev, MD, PhD; Edward A. Boyse, MD; Edgar J. Foley; Robert A. Good, MD, PhD; Peter A. Gorer, FRS; Ludwik Gross, MD; Gertruda Henle, MD; doctor Werner Henle; Robert J. Huebner, MD; doctor Edmund Klein; Eva Klein, MD; Georg Klein, MD, PhD; Donald L. Morton, MD; Lloyd J. Old, MD; Richmond T. Prehn, MD; Hans O. Sjogren, PhD.

Ganadores del premio CRI Lloyd J. Old

2018: Antoni Ribas MD, PhD. **2017:** Olivera J. Finn, PhD. **2016:** Ronald Levy, MD. **2015:** Carl H. June, MD. 2014: Robert D. Schreiber, PhD. **2013:** James P. Allison, PhD.

Apéndice A

Tipos de inmunoterapias actuales y futuras

El menú puede ser confuso y está cambiando.[1] Ha cambiado drásticamente en el transcurso de los años durante los cuales se investigó y escribió este libro, y seguirá cambiando. Pero lo que puede ser útil tener en cuenta es que lo que la mayoría de las inmunoterapias (no todas) tienen en común es la célula T.

La IL-2 las cultiva y las energiza, la terapia de células T adoptivas las cultiva y las cosecha, los inhibidores de puntos de control las liberan, las vacunas las informan y las activan, y las CAR-T son ellas, en versión robocop. La respuesta inmune es compleja. Hay muchos jugadores involucrados, muchos seguramente no se han descubierto aún y sólo unos pocos se entienden. Pero en términos de tratamiento del cáncer, el objetivo es simple: hacer que las células que eliminan el cáncer hagan su trabajo de la manera más rápida y selectiva posible.

Cualquier cosa que lo logre es una inmunoterapia.

Eso incluye una clase de inmunoterapias que simplemente funcionan como un adaptador universal a escala molecular, encadenando células T (o células asesinas naturales) a las células cancerosas con cadenas

---

1. Resumir el estado actual de la ciencia inmunológica crea una lista impenetrable de lo que está desactualizado antes de que se seque la tinta, y esa lista es larga y creciente. Crece cada mes a partir de investigaciones realizadas en todo el mundo y nuevos datos clínicos de los miles de ensayos actualmente en curso. Especular sobre las terapias en el horizonte es un cometido muy interesante, pero no es el objetivo de este libro.

de proteínas. Llamadas anticuerpos biespecíficos, o BsAbs, estas maravillas de la bioingeniería son como una casamentera agresiva en un baile de secundaria. Actualmente existe la esperanza de que este enfoque sea más efectivo después de que un inhibidor de puntos de control como el anti-PD-1/PD-L1 encienda las luces, revelando a la célula T que su pareja de baile es el cáncer.[2] Actualmente, los biespecíficos CD3 son particularmente prometedores. Éstos se unen al sitio CD3 estimulante de las células T citotóxicas en las células T y a varios objetivos de antígenos en las células tumorales.[3] Dos de estos fármacos han sido aprobados por la FDA (blinatumomab, Amgen) y para uso en Europa (catumaxomab, Trion Pharma). Se informa que más de sesenta de estos medicamentos se encuentran en fase preclínica y treinta en ensayos clínicos, la mayoría de los cuales tienen como objetivo el cáncer.

Vivimos en la fase de los inhibidores de puntos de control de la inmunología del cáncer, o tal vez en la segunda mitad de esa fase (la del CTLA-4 fue la pionera, la de la PD-1/PD-L1 es el presente), y los investigadores ya especulan que hemos cosechado fruta madura. Ésta es la era de las combinaciones.

Combinaciones

Además de combinar los inhibidores de puntos de control existentes entre sí[4] (Ipi + PD-1/PD-L1), algunas combinaciones incluyen inhibi-

---

2. Entre éstos se encuentran los nuevos activadores de células T biespecíficos, o BITE, desarrollados por Amgen. BITE se dirigió a las neoplasias malignas de células B CD19+ (positivas) y fueron aprobados por la FDA en 2015 con el nombre genérico de belimumab; su nombre comercial es Benlysta.
3. Incluyendo CD19, CD20, CD33, CD123, HER-2, molécula de adhesión de células epiteliales (EpCAM), BCMA, CEA y otras.
4. Los datos del ensayo clínico de fase 3 CheckMate 227, presentados en la reunión anual de la AACR en abril de 2018, mostraron que entre los pacientes con cáncer de pulmón no microcítico avanzado recién diagnosticado con alta carga mutacional tumoral, los que recibieron una combinación de Nivolumab (Opdivo) con ipilimumab (Yervoy) mostraron una supervivencia sin progresión (PFS) significativamente mejorada en comparación con los pacientes que recibieron la quimioterapia estándar de atención anterior. Un comunicado de prensa de la Asociación Estadounidense para la Investigación del Cáncer citó al doctor Matthew Hellman, médico asociado del Memorial Sloan Kettering

dores de puntos de control más: quimioterapia, radioterapia, citocinas agonistas de células T tales como IL-2, nuevas vacunas personalizadas, y, en un giro tecnológico que recuerda a las Toxinas de Coley, bacterias inoculadas como la listeria o moléculas pequeñas. Y es una lista lejos de ser completa.

Se están estudiando más puntos de control potenciales, así como numerosos enfoques terapéuticos nuevos para inducir tumores que no son muy inmunogénicos (visibles para el sistema inmunitario), para expresar antígenos únicos o, de alguna otra manera, hacer que esos cánceres sean objetivos viables del sistema inmunitario. Cualquier cosa que haga que el cáncer sea más visible como un objetivo inmunitario es un socio potencial para los medicamentos que liberan a las células inmunitarias para atacar esos objetivos. La quimioterapia y la radiación crean células cancerosas muertas y sus antígenos para que las células T se activen, como una vacuna. Se informa que la lista de combinaciones que se están probando a partir de julio de 2020 asciende a miles.

Terapias celulares

Una «terapia celular» es cualquier tratamiento contra el cáncer que utiliza una célula viva completa como «fármaco» (en lugar de sólo una proteína plegada u otra molécula como agente terapéutico). Eso incluye la terapia de células T adoptivas, un método que esencialmente cultiva células T, aquellas que son efectivas contra el cáncer, y las transfiere de nuevo al paciente. Los avances notables de este método fueron liderados desde el principio por el trabajo pionero de Phil Greenberg del Centro de Investigación del Cáncer Fred Hutchinson, así como por el trabajo de los colegas del doctor Steven Rosenberg en el Instituto Nacional del Cáncer, que fue uno de los primeros centros en llevar esta

---

Cancer Center, al informar que los pacientes que recibieron la inmunoterapia combinada tenían un 42 % menos de probabilidades de mostrar progresión de su enfermedad en comparación con los pacientes que recibieron quimioterapia, casi triplicando la supervivencia libre de progresión al año (el 43 % frente al 13 %, con un seguimiento mínimo de 11,5 meses). La tasa de respuesta objetiva informada para los pacientes que recibieron la combinación de inhibidores de puntos de control fue del 45,3 %, en comparación con el 26,9 % en los que recibieron la quimioterapia estándar.

técnica a la clínica y que ha seguido impulsando el progreso en este enfoque durante décadas. En junio de 2018, el equipo de Rosenberg publicó los resultados de una exitosa terapia de transferencia adoptiva de células T que salvó la vida de una mujer de Florida de cuarenta y nueve años con cáncer de mama en fase 4 y tumores grandes en todo el cuerpo. A julio de 2020, no tenía evidencia de la enfermedad, después de recibir una infusión de unos 90 000 millones de sus propias células T.[5]

La *CAR-T* es (actualmente) la terapia celular más conocida y una de las más emocionantes de ver. Funciona. Se ha demostrado que es enormemente eficaz contra los tipos de cáncer para los que se puede rediseñar la CAR. En este momento, ése es un subconjunto limitado de cánceres, en su mayoría cánceres transmitidos por la sangre. Varios enfoques nuevos actualmente en curso intentan ampliar la lista de cánceres aplicables, ampliando los entornos en los que los pacientes pueden recibir este tratamiento de manera segura y reduciendo el precio de lo que ahora es un medicamento totalmente personalizado.[6] Los avances en la edición e inserción de genes son liderados por numerosos grupos

5. Nikolaos Zacharakis *et al.*: «Immune Recognition of Somatic Mutations Leading to Complete Durable Regression in Metastatic Breast Cancer», *Nature Medicine,* 2018, 24:724-730.

6. Existen varios enfoques para fabricar una célula T diseñada que sea compatible con los tejidos propios del paciente (y no los ataque como extraños) y que tampoco sea atacada como no propia por el sistema inmunitario del paciente. Algunos utilizan células T extraídas del paciente con cáncer y diseñadas a medida contra su cáncer específico; otros utilizan una variedad de células T donadas para crear un menú de terapias listas para utilizar compatibles con diferentes tipos inmunitarios (MHC). Una tercera ruta prometedora del doctor Sadelain y otros busca comenzar desde cero mediante la creación de una célula T de «donante universal» que luego se puede adaptar para reconocer cualquier antígeno tumoral que se elija. Los avances en la inserción de genes en las células T, muy mejorados por el advenimiento de la tecnología CRISPR, pueden permitir la construcción de células CAR-T de tercera generación, fabricadas en un cultivo a partir de células madre y capaces de reconocer múltiples objetivos, minimizando la toxicidad de la excesiva liberación de citocinas, tal vez incluso células CAR-T diseñadas (o, más precisamente, editadas genéticamente) para que no sean susceptibles a ninguno de los trucos del cáncer o a la regulación negativa o al agotamiento por factores en el microambiente tumoral.

nuevos que persiguen sus propias CAR en todo el mundo (especialmente en China).

Ahora es posible insertar varios genes a la vez en una célula T, lo que puede dar lugar a CAR con múltiples objetivos proteicos. La investigación en curso sugiere que también puede ser posible editar la célula T para que tenga defensas integradas contra el microambiente tumoral. La CAR-T también se está probando en combinación con inhibidores de puntos de control y otras inmunoterapias.

Vacunas

Las vacunas que fabricábamos incluso hace diez años tenían la idea correcta, pero se basaban en una biología que no se entendía bien y en una tecnología insuficiente para ejecutar esos enfoques de manera efectiva. Ahora la tecnología se ha puesto al día con el concepto.[7] Ahora la frase de moda es «vacunas personalizadas contra el cáncer». Dan Chen lo explica de esta manera: «Podemos tomar muestras del paciente. Podemos secuenciar todo el genoma muy rápido, tanto el del paciente como el del tumor. El ordenador puede tomar este conjunto de datos totalmente gigantesco y hacer bum, bum, bum. OK, aquí está, aquí están tus veinte mejores secuencias. Y tenemos una manera de fabricar un fármaco alrededor de esas secuencias principales realmente rápido. ¿Funcionará? No lo sabemos. Pero las señales son muy muy buenas».

Las vacunas más antiguas ahora también se revisan después del descubrimiento de los inhibidores de puntos de control y nuestra nueva comprensión de cómo los tumores manipulan, regulan a la baja y suprimen la respuesta inmune normal. En la actualidad, los investigadores reevalúan vacunas contra el cáncer previamente archivadas (como la GVAX) bajo la nueva luz de la ocupación de puntos de control.

El microambiente tumoral y otros objetivos

Los tumores crean una especie de microatmósfera, llamada «microambiente tumoral», que envenenan con una niebla de enzimas e inhibido-

---

7. El trabajo en este campo está siendo dirigido por el laboratorio de la doctora Lisa Butterfield en el Departamento de Medicina de la Universidad de Pittsburgh y por Bernie Fox en la Universidad de Portland.

res inmunitarios que ahogan o desactivan a las células T. Ese entorno rodea los miles de proteínas que expresa un tumor en la superficie de sus células.

Ya estamos familiarizados con algunos inhibidores de puntos de control, pero ésta es la punta del iceberg. Hay quizá cincuenta objetivos potenciales para atacar en ese entorno. Los investigadores también exploran el campo de los agonistas, que estimulan (en lugar de inhibir) las células inmunitarias. Se realizan investigaciones interesantes y emocionantes sobre objetivos como CD27, CD40, GITR, ICOS y otros sobre los cuales es prematuro especular hasta que haya más datos clínicos disponibles.[8] Las citocinas también son objeto de una gran cantidad de investigación y actividad académica. Además de revisar la importancia de la IL-2, se informa que la IL-15 es una candidata razonable para futuras inmunoterapias contra el cáncer. También existe un interés renovado en el papel que desempeñan otras células inmunitarias en la preparación y activación de las células T, y cómo podrían contribuir al control de los factores inmunosupresores en el microambiente tumoral.

La función de los macrófagos, las células dendríticas, las células asesinas naturales y otras que antes se suponía que sólo eran agentes de la inmunidad innata es un frente de investigación que avanza rápidamente, al igual que los nuevos hallazgos sobre la función que desempeña el microbioma intestinal en la modulación inmunitaria, señalan inhibidores de la inducción (como los inhibidores de BRAF y MEK), así como la alteración de la microbiota, la activación de células presentadoras de antígenos, la orientación de las células madre cancerosas en los estratos tumorales y factores que incluyen la nutrición, el ejercicio e incluso la luz solar.

8. Como ejemplo, el objetivo OX40 era uno de los más comentados cuando comencé a trabajar en este libro; ahora no parece muy prometedor. El OX40 y otros miembros de la superfamilia TNF requieren trimerización del receptor para su activación. Es posible que se requiera la próxima generación de inhibidores de OX40 para obtener cualquier beneficio potencial de dirigirse a esta vía. Otra indolamina 2,3-dioxigenasa (IDO) descompone un combustible (triptófano) que las células T necesitan para proliferar y reaccionar. Los datos preliminares del estudio de combinación han sido confusos.

Una de las conclusiones de esta lista puede ser el simple hecho de que la inmunología es complicada e involucra a muchos jugadores. Se requiere investigación científica básica para comprender mejor a estos jugadores y comprenderlos en lo que respecta al cáncer. La respuesta inmune es una conversación compleja. Sólo hemos comenzado a aprender a escuchar.

Terapia de virus oncolíticos

Un enfoque emocionante y algo separado dentro de la inmunoterapia utiliza virus para enfermar y matar selectivamente las células tumorales sin dañar las células normales del organismo. El resultado es esencialmente una enfermedad para la enfermedad, una enfermedad que sólo enferma al cáncer. En el momento de escribir este libro, la única versión aprobada por la FDA de esta terapia, llamada talimogene laherparepvec (nombre de marca Imlygic), o T-Vec, utiliza una versión modificada genéticamente del virus del herpes para infectar las células cancerosas del melanoma. El melanoma se reprograma para crear proteínas inmunoestimulantes y más del virus que infecta el cáncer; con el tiempo, la célula del melanoma estalla y arroja antígenos tumorales reveladores que alertan al sistema inmunitario para que se una al ataque. Este enfoque (en combinación) muestra un mayor éxito contra algunos tumores que los inhibidores de puntos de control solos y se está investigando como un medio para convertir los tumores fríos (que por alguna razón reprimen o evitan la atención del sistema inmunitario) en tumores calientes.

Biomarcadores

La mayoría de los inmunólogos del cáncer señalan que el problema es que los pacientes no pueden permitirse el tiempo o los recursos en el enfoque equivocado de muchas de opciones terapéuticas nuevas. Se necesitan pruebas capaces de categorizar tanto el sistema inmunitario de un paciente como las características específicas de su cáncer, a fin de ayudar a los médicos del futuro a determinar la terapia más eficaz. Ahora algunos médicos e investigadores piden una evaluación de la «puntuación inmunitaria» de un paciente como un paso inicial importante en el tratamiento del cáncer.

Apéndice B

La inmunoterapia y la carrera para curar el cáncer, en resumen

Dadas las condiciones adecuadas, el sistema inmunitario humano es capaz de reconocer y eliminar el cáncer. Y quizá, finalmente, un enfoque inmunológico sea la mejor manera de llegar a una posible cura. Y, sin embargo, por alguna razón, no había funcionado. Durante años, los inmunólogos del cáncer trataron de descubrir por qué.

El sistema inmunitario, como el cáncer, es un sistema ágil, adaptable y en evolución. El cáncer ya había demostrado su capacidad para recuperarse de los ataques más directos de los medicamentos o de la radiación, una capacidad única y confusa que ahora se conoce como «escape». Incluso con un fármaco dirigido contra el cáncer, ese cáncer mutaba y evadía el ataque. Las células que sobrevivían volvían rugiendo, impermeables a los anteriores medicamentos. Esa capacidad mutacional definía el cáncer. Pero la adaptabilidad y la mutación también eran lo que definía la respuesta inmune.

El sistema inmunitario hacía un gran trabajo con la mayoría de los invasores del torrente sanguíneo: encontraba células enfermas y las atacaba y mataba. El cáncer era una célula enferma, una célula mutante en nuestro propio cuerpo que no podía dejar de crecer. Entonces, ¿por qué lo que sucedía con el resfriado común no parecía suceder con el cáncer? Durante décadas, los investigadores habían creído que les faltaban algunas piezas del rompecabezas, las claves moleculares que podrían permitir que el sistema inmunitario tratara las enfermedades conocidas como cáncer de la misma manera que trataba a otros invasores patógenos extraños, como virus, bacterias o incluso una astilla. Exactamente por qué el cáncer parecía recibir una respuesta inmunitaria diferente a la de otras enfermedades, y exactamente cómo evadía de algún modo la compleja red de trampas y exploradores, rastreadores y asesinos que patrullaban el perímetro de nuestra epidermis y flotaban de manera invisible en nuestro torrente sanguíneo había sido un tema de discusión feroz. La mayoría de los investigadores creían que el sistema inmunitario simplemente no podía reconocer el cáncer como una célula extraña (o «no propia»), porque era demasiado similar a las células «propias» normales y sanas.

Un puñado de obstinados inmunólogos del cáncer no estaban de acuerdo. Creían que algo sobre el cáncer le permitía evadir y engañar a las células cazadoras y rastreadoras del sistema inmunitario. Estaban en lo cierto. El cáncer utiliza estos trucos para evitar su propia destrucción.

Sólo unos pocos años antes, ese punto de vista era considerado ridículo por la mayoría de los especialistas en cáncer, y tal vez sin esperanza, incluso por los pocos inmunólogos del cáncer que todavía se aferraban al sueño. Pero en 2011, algunos nuevos descubrimientos importantes (avances en la investigación del cáncer) finalmente identificaron algunas de las piezas faltantes del rompecabezas que impedían que el sistema inmunitario reconociera y atacara al cáncer. Gran parte de eso fue una buena investigación a la antigua que no tenía nada que ver específicamente con el cáncer.

Por fin se desentrañaron algunos de los misterios del sistema inmunitario; se estableció firmemente la existencia y el papel de la célula T como atacante asesina en serie de células extrañas. El interruptor de encendido específico para esa respuesta inmunitaria, un receptor en las células T que se «encendía» o activaba al reconocer las huellas dactilares de proteínas únicas (o «antígenos») en las células enfermas o infectadas, se identificó, al igual que el mecanismo de la célula dendrítica similar a la ameba, que era una especie de aguador de primera línea del sistema inmunitario, presentando esos antígenos para que las células T los recogieran y aprendieran de ellos. Esa comunicación le daba a una célula T sus órdenes de marcha, como un cartel de búsqueda: le decía a la célula T qué proteínas superficiales de células enfermas específicas y únicas debía buscar, luego enviaba a la célula T a una misión de búsqueda y destrucción. Era como la descripción de un sospechoso que se transmite a todos los policías a través de un comunicado. El descubrimiento del receptor de la célula T (receptor de células T, o TCR) en 1984 y su subsiguiente clonación ayudó finalmente a precisar los medios por los cuales la célula T interactuaba con su objetivo patógeno. El receptor de la célula T asesina era una cosa física que se ajustaba al antígeno al que se suponía que debía apuntar y matar como una llave a una cerradura. Es a través de esta interacción de cerradura y llave, receptor y antígeno, como se activa la célula T y se produce la respuesta inmunitaria contra las células enfermas o ajenas.

Pero, por supuesto, como se trata del sistema inmunitario humano, no podía ser tan simple. Los investigadores rápidamente se dieron cuenta de que se requería más de una llave para iniciar esa respuesta inmune, algo así como cuando se requieren varias llaves para desbloquear un botón nuclear o abrir una caja de seguridad. Y por la misma razón.

El sistema inmunitario es poderoso y, por lo tanto, peligroso. La activación adecuada de la respuesta inmune contra los patógenos es lo que te mantiene saludable. Pero la respuesta inmunitaria inadecuada contra las células propias de tu organismo es una enfermedad autoinmune. Éste es un enfoque de cinturón y tirantes para una decisión de vida o muerte a nivel celular. Si no fuera seguro, lo lamentarías.

El código fue realmente descifrado con el descubrimiento de esa segunda señal requerida para activar la célula T. Pero ese descubrimiento venía con una sorpresa.

Habían buscado una segunda señal, otro botón de «vamos» que actuaría como una especie de acelerador para esa célula T y comenzaría toda la cascada de reacciones que llamamos respuesta inmune, que daba como resultado poder matar a los malos. Pero en lugar de un acelerador, lo que los investigadores descubrieron fue un freno.

El freno, llamado CTLA-4, fue útil para que las células propias evitaran que una célula T sufriera un ataque autoinmune. Allison descubrió que el cáncer había secuestrado esa señal de freno. El freno no era una llave, era un interruptor de seguridad. El CTLA-4 era un puesto de control. El cáncer aprovechaba este freno integrado en la respuesta inmunitaria y sobrevivía y prosperaba. Al desarrollar un fármaco (un anticuerpo) que se unía y bloqueaba el freno, impedían que la célula T se estancara y que la célula tumoral aprovechara la inhibición inmunitaria. Al menos metafóricamente, mantenían el pie del cáncer fuera del freno del sistema inmunitario.

Ese descubrimiento innovador inspiró a los investigadores a repensar y buscar más puntos de control, y tal vez otros frenos. El bloqueo del CTLA-4 funcionaba, de la misma manera que bloquear el freno de un automóvil evita que se pise. Pero, para continuar con la analogía del automóvil, conducir sin frenos tampoco era del todo seguro. Funcionaba, pero el freno era un seguro para controlar la autoinmunidad.

Para los pacientes cuyos sistemas inmunitarios no respondían particularmente y que tenían tumores con mutaciones obvias que los convertían en objetivos claros para un sistema inmunitario despierto, hubo algunos resultados notables: tumores que se desvanecieron, cáncer terminal que desapareció y nunca volvió. Sin embargo, para otros pacientes fue como conducir un coche sin frenos. Especialmente para los pacientes con sistemas inmunitarios de gatillo fácil, bloquear el CTLA-4 podía convertirse en un viaje infernal. Y si esos pacientes tenían cánceres que eran difíciles de detectar para las células T, ese viaje infernal podía resultar demasiado duro para el cuerpo y no lo suficientemente duro para el cáncer. Como una fiebre demasiado alta, afecta más de lo que ayuda.

Pero la prueba de concepto inspiró a los investigadores a considerar otros receptores celulares descubiertos más recientemente en la célula T. Éstos, esperaban, serían más específicos, despertando la respuesta inmune de una manera más íntima, cuando la célula T estaba cerca de una célula tumoral, y sólo en ese entorno cercano.

Tal inhibidor de puntos de control, si existiera, podría tener efectos secundarios menos graves y efectos anticancerígenos mejor dirigidos específicamente. Y se había identificado un posible segundo inhibidor del punto de control, otro antígeno en la superficie de las células T al que llamaron «PD-1». En algunos tipos de cáncer, se descubrió que los tumores tenían una proteína complementaria en su superficie que encajaba en la PD-1 como el otro lado de un apretón de manos secreto. Lo que se ajusta a un receptor se llama «ligando», por lo que en el lado del tumor lo llamaron PD-Ligando 1, o PD-L1 para abreviar. Las pruebas en los modelos de placa y ratón habían llevado a los investigadores a sospechar que la PD-1/PD-L1 era, de hecho, un apretón de manos secreto más preciso y localizado entre las células, lo que permitía que las células cancerosas convencieran a las células T de que no las mataran. Normalmente, eso era un apretón de manos entre las células T asesinas y las células del cuerpo; las células cancerosas habían adoptado con éxito este truco para mantenerse con vida. La esperanza era que si los investigadores pudieran encontrar una manera de bloquear ese apretón de manos o punto de control, podrían bloquear el truco y la célula inmunitaria podría matar el cáncer. Esos medicamentos «inhibidores de puntos de control» serían los anti-PD-1, bloquearían el apretón de manos en el lado de las células T, y los anti-PD-L1 lo bloquearían en el lado del tumor.

El CTLA-4 entreabrió la puerta, la PD-1 la abrió de par en par. De repente, años de experimentos fallidos en inmunoterapia contra el cáncer podrían explicarse por el simple hecho de que habían tratado de impulsar el sistema inmunitario con el freno de mano puesto. Y por primera vez, sospecharon que podrían saber cómo desactivarlo.

No creían que funcionaría para todos los pacientes o en todos los tipos de cáncer. Ni siquiera sabían si sería suficiente para marcar una diferencia. Pero la fuerte sospecha era que, para algunos pacientes, simplemente quitarle el freno de mano al sistema inmunitario y permitirle reconocer el cáncer como el patógeno ajeno que realmente era podría ayudar a que las otras terapias que estaban utilizando fueran más efectivas. Y sospecharon que, para algunos pacientes, simplemente desencadenar el sistema inmunitario para que hiciera su trabajo sería suficiente para destruir el cáncer.

Ése fue el momento de la prueba y un período emocionante para los inmunólogos que habían pasado su carrera buscando las piezas faltantes en el rompecabezas inmunológico. La primera generación de fármacos inhibidores de puntos de control, los fármacos anti-CTLA-4, ya se encontraba en el proceso de ensayos de fase 2. Estos medicamentos se estaban probando en personas, no sólo en las pruebas de fase 1 para ver si eran seguros, sino ahora para ver si eran efectivos. A pesar de algunas esperanzas iniciales, esos ensayos ahora tenían algunos problemas serios. Dos importantes compañías farmacéuticas estaban probando sus versiones de estos inhibidores de puntos de control de forma independiente. Los resultados habían sido tan desalentadores que una de ellas abandonó los ensayos, a costa de millones de dólares y muchos años de trabajo. El destino de la otra aún era incierto, pero los resultados hasta el momento no pasarían la aprobación de la FDA. Aún no se sabía si los inhibidores de puntos de control terminarían siendo otro capítulo sobrevalorado en la historia de la inmunoterapia, otro enfoque que había funcionado en ratones y fracasado en humanos, como las vacunas contra el cáncer.

Independientemente, el nuevo descubrimiento del CTLA-4 había puesto en movimiento otras piezas del rompecabezas inmunológico, incluida la investigación y los ensayos clínicos ampliados sobre los otros inhibidores de puntos de control más nuevos. Las estrellas entre ellos son los medicamentos anti-PD-1 dirigidos al lado de las células T del apretón de manos secreto de la muerte celular programada (PD), y los anti-PDL1, que bloquean el lado del tumor.

Estos medicamentos resultarían ser un cambio de juego para varios tipos de cáncer.

Apéndice C

Una breve historia anecdótica de la enfermedad, la civilización y la búsqueda de la inmunidad

Si bien sólo recientemente hemos desarrollado una terapia fiable basada en el sistema inmunitario contra el cáncer, hemos tenido terapias basadas en el sistema inmunitario contra la enfermedad durante siglos. La forma más familiar de estos medicamentos basados en el sistema inmunitario es la vacuna. Una vacuna es un agente introducido intencionadamente en un cuerpo vivo para estimular una protección específica y directa contra una enfermedad determinada. En su forma más básica, esto podría ser una introducción en bruto, digamos, un rasguño, con el cadáver de uno de los patógenos muertos. Hay mucha información sobre un cadáver bacteriano. Puedes pensar en ellos como pistas e ideas sobre el enemigo al que te enfrentarás algún día. Y el sistema inmunitario aprende rápido.

Le debemos la palabra «vacuna» a las vacas (proviene del latín *vacca),* y la vacuna misma a las observaciones del trabajo de las ordeñadoras.

Edward Jenner observó que las personas que ordeñaban vacas a menudo desarrollaban una enfermedad transmitida por los bovinos llamada viruela bovina, y quienes lo hacían también tenían muchas menos probabilidades de contraer su mortal prima humana, la viruela. En 1796, Jenner recreó esta inoculación incidental. Utilizó pus raspado de las ampollas de una ordeñadora llamada Sarah Nelmes. La viruela vacuna de Nelmes se había contagiado de una novilla llamada Blossom. Jenner luego transfirió el pus al hijo de ocho años de su jardinero. En su experimento inoculó al niño y, a su vez, otorgó reconocimiento y aceptación científica al concepto de inmunidad diseñada intencionadamente.

Jenner inventó la vacuna moderna, la que te pondrás para obtener inmunidad contra la gripe de este año es esencialmente la misma, y su avance salvó millones de vidas. Jenner fue el primero en utilizar el principio científico de tomar prestada la respuesta inmunitaria de una persona (el pus) a un primo más débil de una enfermedad y convertirla en un arma para otra persona, haciéndola inmune a la enfermedad misma. Pero incluso en el siglo XVII, el concepto de inmunidad no era nada nuevo. Había sido familiar durante tanto tiempo que lo tomamos como una especie de sabiduría popular, incluso como sentido común. Las personas que habían sobrevivido a la exposición a una enfermedad por lo general no eran susceptibles a esa enfermedad la siguiente vez que se presentaba. De ese tipo de cosas es casi imposible no darse cuenta.

Las palabras en latín son *immunitas* e *immunis*. Ambas se referían a un concepto legal de excepción. En la antigua Roma, la inmunidad era una licencia legal de las responsabilidades o deberes habituales de un ciudadano, como un período obligatorio de servicio militar o como los impuestos. Con licencia poética, el poeta romano del siglo I d. C. Lucano utiliza la palabra para describir a la tribu psylli del norte de África, cuyos miembros se dice que son «inmunes» a las mordeduras de serpientes. (Véase Arthur M. Silverstein: *A History of Immunology*).

De hecho, la inmunidad contra el terrible número de venenos era un campo de estudio particularmente bien suscrito, siendo popular entre aquellos que tenían tanto la necesidad de sobrevivir a los asesinos como el oro para pagar dicha protección.

En su obra *Milestones in Immunology: A Historical Exploration*, Debra Jan Bibel cita el deseo relativamente más reciente de los reyes, que temían la muerte por envenenamiento y la sucesión, de buscar inmunidad contra el veneno. En el siglo I tenemos un registro, o tal vez una fábula, del rey Mitrídates VI, cuyo reino del Ponto bordeaba el mar Negro. Mitrídates intentó adquirir esa inmunidad tomando una dosis diaria prescrita del veneno que supuso que se usaría para asesinarlo. Y su historia asume el aire de fábula porque, según lo transmitido, tuvo éxito, envejeció y quiso terminar con su vida envenenándose a sí mismo, sólo para descubrir que era realmente inmune y no podía.

Para el siglo XIV, la inmunidad había llegado a tener implicaciones de un dominio especial de exención del costo de la enfermedad, otorgado por Dios. (Esto y lo siguiente provienen de la recensión en *Gesnerus* de Antoinette Stettler de «Historia de los conceptos de infección y defensa», citado por Silverstein en su *Historia de la inmunología).* «Equibus Dei gratia ego immunis evasi», escribió Colle, refiriéndose a su escape de la epidemia de peste.

Las plagas y las pestes eran una característica común del mundo antiguo. La plaga que asoló Atenas en el 430 a. C. mató aproximadamente al 25 % de la población de la ciudad. El historiador Tucídides registró el incidente e hizo la observación de que eran los atenienses que habían estado enfermos y recuperados los que estaban mejor capacitados para cuidar a los moribundos: «Sabían lo que era por experiencia, y ya no temían por sí mismos; porque el mismo hombre nunca era atacado dos veces, nunca al menos fatalmente», escribió. El fenómeno que Tucídides describe sin darse cuenta es la inmunidad adquirida.

Ésta fue una observación temprana, pero se hizo repetidamente durante las pandemias. Por ejemplo, mil años después, el historiador Procopio describió otra plaga, esta nombrada por el emperador de Bizancio como la plaga de Justiniano: «No dejó ni isla ni cueva ni cordillera que tuviera habitantes humanos; y si había pasado por alguna tierra, ya sea sin afectar a los hombres allí o tocándolos de manera indiferente, aún más tarde regresó; luego, a los que habitaban alrededor de esta tierra, a los que anteriormente había afligido más dolorosamente, no los tocó en absoluto» (Procopius, *The Persian War*, vol. 1, trad. H. B. Dewing, Heinemann, Londres, 1914).

Como práctica médica popular, la inoculación tenía una larga historia, pero ninguna explicación científica. Algunas tribus de la región mayoritariamente musulmana de África Occidental que se encuentra entre Senegal y Gambia clavaban un cuchillo en los pulmones de una vaca que había muerto debido a la pleuroneumonía y luego lo utilizaban para hacer incisiones en las pieles de su ganado sano. Era una inoculación de facto, introduciendo una neumonía bovina en el sistema inmunitario de las vacas sanas. No se sabe si el éxito se consideraba dependiente del cuchillo específico o de la persona específica que hacía la incisión, o de las palabras encantadas durante el ritual o el diseño de los cortes; la práctica, reportada en revistas científicas occidentales en 1885 (p. ej., *Compus Rendus de l'Académie des Sciences),* ya se decía que tenía un origen «perdido en la oscuridad de la historia».

Como escribió Silverstein, el observador perspicaz «no podía evitar darse cuenta de que, a menudo, aquellos que por suerte habían sobrevivido a la enfermedad una vez podrían estar "exentos" de una mayor participación a su regreso». ése era el mismo fenómeno que más tarde fue descrito de manera más científica por Jenner, a quien se le atribuye el gran experimento que produjo la vacuna contra la viruela y la inmunidad adquirida «intencionadamente».

En 1714, dos médicos greco-italianos informaron sobre algunos de estos rituales de inoculación aplicados a humanos para la Royal Society de Londres, que era una especie de cámara de compensación de los funcionarios para la medicina occidental. La enfermedad en cuestión era la viruela.

La primera epidemia registrada de esta enfermedad más hacia Occidente ocurrió en Arabia durante el siglo VI:

> En 570, un ejército abisinio [etíope] provisto de elefantes de guerra, bajo el mando del fanático cristiano Abraha Ashram, partió de Yemen [entonces ocupado por los abisinios] y atacó La Meca [ahora en Arabia Saudita] para destruir la Kaaba en ese lugar. La Kaaba era el santuario sagrado de los árabes, que entonces eran paganos y guardaban allí sus ídolos. Según la tradición musulmana, este santuario fue construido por Abraham, el padre de Isaac e Ismael, cuyos descendientes son judíos y árabes, respectivamente. Como dice el Corán, el libro sagrado de los musulmanes, Dios envió bandadas de pájaros cargados de piedras que dejaron caer sobre el ejército atacante y que produjeron llagas y pústulas que se extendieron como la peste entre las tropas. En consecuencia, el ejército abisinio fue diezmado y Abraha murió a causa de la enfermedad; así, la Kaaba se salvó de la destrucción. El año 570 d. C., que también es el año del nacimiento

de Mahoma, el profeta del islam, fue designado por los habitantes de La Meca como el año del elefante. Los historiadores médicos han interpretado la peste anterior como un brote de viruela que introdujo esta enfermedad en Arabia desde África (A. M. Behbehani: «The Smallpox Story: Life and Death of an Old Disease», *Microbiological Reviews*, 1983, 47:455-509).

Las descripciones de la viruela aparecen en los escritos médicos indios, egipcios y chinos más antiguos. El faraón Ramsés V parece haber muerto a causa de la enfermedad en 1157 a. C. Behbehani cita la traducción de libros médicos árabes al latín por Constantinus Africanus (1020 a 1087) como el origen de la palabra «variola» para la enfermedad descrita en 910 por el eminente médico islámico Rhazes. Durante siglos se consideró una enfermedad inocua, pero en algún momento del siglo X se transformó en una cepa más virulenta, que regresó de Tierra Santa con los cruzados durante los siglos siguientes. Para el siglo XVI, había viajado en esclavos a las Indias Occidentales, y de allí a América Central y México, donde diezmó poblaciones y fue al menos parcialmente responsable de la capacidad de Hernán Cortés para conquistar el poderoso imperio azteca con sólo quinientos hombres y veintitrés cañones. A su paso la enfermedad continuó sus estragos, matando a más de 3 millones de personas, mientras el propio Cortés viajaba a Cuba, con la enfermedad a cuestas. Cinco años más tarde viajaría a través del istmo hasta Perú, donde diezmó a los incas y aniquiló a tribus amazónicas enteras en América del Sur.

En ese momento también saltó el canal a Gran Bretaña, y en 1562 había infectado a la reina Isabel I. La monarca sobrevivió a la enfermedad, pero la dejó calva y con el rostro desfigurado. En el siglo XVII, los brotes eran mortales y frecuentes. Se estima que, en ese momento, la enfermedad era responsable de 400 000 muertes en Europa cada año y causaba un tercio de los casos de ceguera. Los centros urbanos se veían especialmente afectados por enfermedades contagiosas, y las calles llenas de gente de Londres que se poblaba rápidamente sufrían de manera desproporcionada.

En una serie de cartas de Emanuele Timoni, un médico afiliado a la Embajada Real en Constantinopla, él y su colega Jacob Pylarini informaron al estimado cuerpo científico de una práctica popular conocida como «comprar la viruela», que consistía en inocular contra la viruela, recolectando las costras duras que se formaban en las pústulas supurantes de alguien que había enfermado, pero no muerto, por la enfermedad, lo que los autores denominaron casos «favorables» de viruela. Estas costras luego se insertarían directamente en cortes en la piel de un inocente con viruela. Aparentemente, la práctica no era familiar para la sociedad londinense, pero como lo atestiguan Timoni y Pylarini, era una práctica común de protección en la capital del lejano oriente, Constantinopla.

Un cirujano británico en Turquía describió la práctica como realizada por ancianas, que «hacen un corte en las muñecas, las piernas y la frente del paciente, colocan una costra fresca de viruela en cada incisión y las mantienen vendadas de 8 a 10 días. El paciente desarrolla un caso leve, se recupera y luego es inmune».

De hecho, la práctica era conocida desde hacía mucho tiempo por las comunidades rurales de Europa Occidental, Oriente Medio, África del Norte y Occidental y Asia, donde los escritores han especulado que la práctica pudo haber comenzado.

En China, es descrito por el autor chino Wan Quan en su volumen médico *Dou zhen xin fa* de 1549. Aquí, las costumbres toscas se habían refinado con algunos toques elegantes; las costras de viruela se molían hasta convertirlas en polvo y se soplaban en la nariz de la persona que se iba a inocular, utilizando una pajita plateada especial (los niños se inoculaban por la fosa nasal izquierda, las niñas por la derecha). La inoculación estaba lejos de ser perfecta y, en ocasiones, resultaba en una infección intencionada. Se informó que el uso de viruela viva mataba hasta al 2 % de los participantes y convertía al resto en portadores temporales de la enfermedad. Aun así, eso se consideraba una compensación favorable para la tasa de mortalidad del 20 % al 30 % de la enfermedad en sí.

La resistencia inicial al uso de tales técnicas extranjeras en Londres se vio mermada al añadir al encanto cortesano y el título en la persona de *lady* Mary Wortley Montagu, una poeta y escritora de viajes conocida por una belleza marcada por la fiereza de sus ojos, y cuyo esposo, lord Edward Wortley Montagu había sido designado embajador en

Constantinopla en 1716. *Lady* Mary viajó con él y observó la costumbre turca de la variolación.

Ella misma ya había sobrevivido a la enfermedad, que le había dejado cicatrices en la cara y le había hecho perder las pestañas, una fuente potencial de su notable intensidad. Su hermano había sido menos afortunado. Quedó impresionada con la costumbre local, lo suficiente como para insistir en que el cirujano de la embajada inoculara a su hijo de cinco años, Edward Jr., mientras su esposo estaba fuera por asuntos oficiales en el campamento del gran visir en Sofía. El capellán de la embajada protestó diciendo que el procedimiento era «anticristiano» y que sólo podía funcionar en «infieles», pero *lady* Mary fue persistente. El doctor Charles Maitland inoculó uno de los brazos del niño con una lanceta, una «anciana griega» inoculó el otro «con una vieja aguja oxidada», y ambos probablemente utilizaron el método que *lady* Mary describió en sus cartas, con el pus de un niño de once años de edad que había sido guardado en una pequeña botella de vidrio y que fue mantenido a una temperatura adecuada en la axila del médico. La aparente inmunidad de ese niño convirtió a *lady* Mary en una entusiasta impulsora del «método turco», al que llamó «injerto». Cuando regresó a Londres en 1721, hizo que el mismo cirujano de la embajada, Charles Maitland, repitiera el procedimiento en su hija de cuatro años. La técnica ya era habitual en el campo desde no se sabe cuánto tiempo, pero ésta era la primera vez que la realizaba un profesional médico, y ciertamente la primera vez que se hacía a la vista de los médicos de la corte real. Se expuso el brazo delgado y pálido de la niña, se hicieron pequeñas incisiones, y mientras la sangre corría y la valiente niña permitía que las costras de un extraño le taparan las heridas, *sir* Hans Sloane observó y valoró.

Sir Sloane era un médico eminente, presidente de la Royal Society y médico personal del rey. *Lady* Mary había sido una firme defensora del método desde su primera carta desde Constantinopla. Era una dama de alto estatus social, elocuente, mundana y querida por la sociedad londinense, pero no era ni médico ni hombre. *Sir* Sloane, por supuesto, tenía estas dos cualificaciones contemporáneas. Su opinión, y la de la comunidad de médicos en general, era que la variolación era un procedimiento peligroso. Pero pronto las noticias de la recuperación e inmunidad exitosas de la niña se triangularon con el testimonio de buena fe de Sloane y el ejemplo de *lady* Mary.

En el verano de 1721, Londres estaba en medio de una epidemia de viruela. Entre los que esperaban escapar de sus estragos se encontraba la familia real. Cinco monarcas europeos reinantes (José I de Alemania, Pedro II de Rusia, Luis XV de Francia, Guillermo II de Orange y el último compromisario de Baviera) sucumbirían a esta enfermedad durante el siglo XVIII. La princesa de Gales, Carolina de Ansbach, tenía muchas esperanzas de salvar a sus propios hijos de este destino. Estaba familiarizada con *lady* Mary a través de los círculos sociales y era conocida como una aristócrata brillante y de mentalidad científica, interesada en los avances de su época. (El adulador de la corte Voltaire se refirió a la princesa como «una filósofa en el trono»). Convencidos aún más por el médico de la corte real, ella y su esposo (el futuro Jorge II) acordaron patrocinar una especie de ensayo clínico, del tipo que aprobarían exactamente cero juntas de ética del siglo XX.

A fines de julio de 1721 se hicieron arreglos con los funcionarios de la notoria prisión Newgate de Londres: seis prisioneros debían ser seleccionados con la ayuda del médico real y el boticario de entre las filas de los condenados a la horca por sus crímenes. Serían conejillos de Indias humanos. A cambio, se les concedería la libertad: inmunidad por inmunidad. Sin embargo, no estaba claro si estarían vivos para disfrutarla.

El 9 de agosto, el doctor Maitland repitió el procedimiento con los prisioneros, tres hombres y tres mujeres, de diecinueve a treinta y seis años de edad. Fueron variolados en brazo y pierna derecha mientras un grupo de veinticinco médicos, cirujanos y boticarios observaban. Cinco de los seis desarrollaron síntomas de viruela el 13 de agosto, el sexto resultó que ya había tenido la enfermedad y ya era inmune. Todos se recuperaron por completo y se les concedió la libertad, como se había prometido.

Pero para probar su inmunidad, el médico real contrató a la prisionera de diecinueve años como enfermera temporal y la llevó a la ciudad de Herford, que sufría los estragos de un brote de viruela particularmente intenso.

La joven trabajaba como enfermera de un enfermo de viruela durante el día, y por la noche se alojaba en la misma cama con otro enfermo de viruela, un niño de diez años. Después de seis semanas de este trabajo, la joven aún no mostraba signos de la enfermedad.

Los periódicos cubrieron la historia de los experimentos patrocinados por la pareja real. En general, fueron favorables. (En ese momento, un médico también varioló a otra prisionera, esta vez mediante el método chino de insuflar costras en polvo en la cavidad nasal. Los periódicos de la época criticaron mucho este experimento, porque aparentemente la mujer estaba dormida cuando se llevó a cabo).

Pronto, los voluntarios comenzaron a pedir el mismo trato. Así, las hijas reales, Amelia, de once años, y Caroline, de nueve, fueron varioladas el 17 de abril de 1722.

El procedimiento recibió el tipo de atención que se presta a todos los asuntos de los niños reales, grandes y pequeños, pero no fue una cura para la enfermedad, sólo una mejor tirada de dados. Maitland, mientras concluía los experimentos en Hertford, había variolado en privado a varios niños de hogares privados; uno enfermó y contagió la viruela a seis sirvientes domésticos, uno de los cuales murió.

Este patrón se repitió en otros hogares, donde los sirvientes estuvieron expuestos a niños vacunados y sucumbieron a la enfermedad. Otros que hicieron fila para recibir los frutos de lo que se conocería como el «Experimento Real», como el hijo del conde de Sunderland, no se recuperaron de la enfermedad y fallecieron días después.

Los sacerdotes criticaron el régimen antinatural desde el púlpito, diciéndoles a sus rebaños que «la peligrosa y pecaminosa práctica de la inoculación» era diabólica, promovía el vicio y «usurpaba una autoridad no fundada ni en las leyes de la naturaleza ni en la religión». El cirujano londinense Legard Sparham publicó un panfleto en contra de la inoculación y articuló sus razones contra la inserción de enfermedades en las heridas curativas, llamándolo «intercambio de salud por enfermedades». (Como hemos visto, este «acuerdo» tuvo ecos en la ciudad de Nueva York de finales del siglo XIX y en las observaciones fundamentales de la inmunoterapia contra el cáncer).

Pero el tratamiento de variolación recibió un respaldo más amplio de la Royal Academy de Londres, más aún después de que su secretario y matemático examinara los resultados estadísticamente. Encontró que la muerte por variolación entre 1723 y 1727 ocurría en 1 de 48 a 1 de

60 casos, mientras que la muerte por viruela natural se daba en 1 de cada 6. La opinión real había sido reivindicada.

La inoculación sería la ley en Gran Bretaña. Sin embargo, esa sensibilidad no se tradujo necesariamente en las colonias, un hecho que casi decidió la Guerra de Independencia y puso fin a la revolución de Estados Unidos.

No sabemos si Onesimus era su nombre de pila, ese registro está perdido. Se cree que procedía de la región de Fezzan, en el suroeste de Libia, una tierra de rocas y altas dunas que rodea la capital del oasis de Murzuq, aunque es imposible estar seguro. (En ese momento, Murzuq era un centro próspero tanto para los peregrinos como para el comercio de esclavos alimentado por los cautivos de Chad y de la República Centroafricana).

Lo cierto es que cuando era joven, Onesimus fue inoculado contra la viruela a la manera otomana, y la variolación le dejó una cicatriz reveladora, y que en algún momento alrededor de 1718, Onesimus fue secuestrado por traficantes de esclavos y enviado encadenado a las colonias americanas para ser vendido en subasta.

Desde el siglo XVII, el centro del comercio de esclavos estadounidense era el puerto de Boston. Aquí Onesimus fue comprado en una subasta por un hombre de Dios y ciencia llamado Cotton Mather. Cotton Mather parece una figura especialmente curiosa: un defensor del aprendizaje ampliamente leído, mejor recordado por su participación en los juicios de brujería de Salem, un hombre de carácter religioso estricto que era dueño de otros seres humanos. Nada de eso lo marcaba como extraordinario en el Boston del siglo XVIII. Lo que hacía que Mather fuera inusual era que sabía leer y escribir, era muy culto y observador y curioso sobre el mundo que lo rodeaba. Ahora sintió curiosidad por las marcas de variolación en el brazo de Onesimus.

Onesimus había llevado de mala gana la tecnología de la inoculación desde el norte musulmán de África a las primeras colonias americanas. Mather era lo suficientemente inteligente como para sentir curiosidad por la práctica y no entendía por qué no se realizaba también en las colonias.

En junio de 1721, la enfermedad que asoló Londres el verano anterior llegó a la colonia americana a través del *H. M. S. Seahorse*, recién llegado de las Indias Occidentales. Pronto la enfermedad mostró todas las características de una epidemia. Sería devastadora para la pequeña capital, una ciudad sólo de nombre, a lo largo de los caminos recorridos por el ganado y las ovejas. En materia de contagio, Cotton Mather era una de las pocas personas en Massachusetts cualificada para dar consejos.

Aquél era un mundo pequeño y áspero, y la religiosidad aprendida de Mather era leudada por un intelecto igualmente gigante que superaba a la mayoría de sus pares coloniales, en su mayoría analfabetos. Los pocos hombres que sí leían se conocían entre sí y se prestaban los libros. (Mather prestó y tomó prestados volúmenes con Benjamin Franklin, entonces un joven y precoz aprendiz en una imprenta cerca de la casa de Mather; también imprimió sus propios folletos en la tienda de Franklin. El negocio de Mather ayudó a Franklin a establecerse en su propia imprenta; el préstamo y la práctica entre la pequeña comunidad de lectores llevó a Franklin a iniciar la primera biblioteca de préstamo de la colonia).

Mather no era médico, pero leía las publicaciones médicas cuando podía y estaba al tanto de los avances más recientes. (Más que la mayoría de los médicos, aunque esto no es sorprendente; en todas las colonias en ese momento sólo había un médico en activo que tenía un título en medicina: su conocido que prestaba libros, el doctor William Douglass, anteriormente en la Universidad de Edimburgo).

Douglass se suscribió a las últimas revistas médicas del extranjero. Mather las tomó prestadas y encontró la carta publicada de Timoni a la Royal Academy de Londres sobre las prácticas de variolación de la viruela en Constantinopla. El método descrito del caso de Onesimus ahora se reflejaba en una revista médica y había sido validado por la Royal Academy de la madre Inglaterra, una santa trinidad de convicción para un hombre como Mather.

La de Mather era una visión radical intelectualmente, no sólo para el Boston de 1724 sino para la comunidad científica en general, y aún más radical cuando Mather intentó actuar en consecuencia. El único médico debidamente titulado de la colonia se opuso violentamente a los intentos de inoculación de Mather. Durante el año 1721, Mather dedicó una pequeña parte de sus energías a tratar de inculcar la técnica de variolación a los médicos de Boston. Convenció sólo a uno, un picapedrero con inclinaciones médicas llamado Zabdeil Boylston. Boylston realizó el procedimiento en su hijo, su esclavo y el hijo de su esclavo. Los tres sobrevivieron y fueron inoculados de manera segura, pero la reacción intelectual fue pronunciada.

Boylston fue atacado en los periódicos y luego físicamente por turbas en la calle. Mather, sin inmutarse por la paliza de Boylston, inoculó a su propio hijo de la misma manera. El procedimiento enfermó al niño y casi lo mata, lo que sólo hizo que sus compañeros colonos se sintieran más temerosos y enojados. Se consideraba que Mather propagaba enfermedades y corría el riesgo de una pandemia. Cada víctima de la viruela era una granada potencial de enfermedad en la pequeña comunidad rural y, como réplica, a las tres de la madrugada de aquella noche, un enojado antivacunas arrojó una granada real a través de la ventana de Mather donde el hijo de Mather y otro ministro, tras su propia variolación de la viruela, se estaban recuperando. La granada no explotó (aparentemente, la mecha encendida se desprendió cuando se estrelló contra la ventana) y encontraron una nota antiinoculación adjunta.

Boylston informaría que en 1722 había vacunado a 242 personas en el área de Boston, de las cuales seis murieron, una tasa de mortalidad del 2,5 %. Eso podría compararse con una tasa de mortalidad del 15 % reportada de casos de viruela natural en el área de Boston, 849 muertes entre 5889 casos de enfermedad natural. La variolación implicaba tratar a personas sanas con una enfermedad mortal; a veces funcionaba, era cierto, pero lo hacía a través de un mecanismo que estaba más allá de las mejores mentes científicas de la época. Cuando el hombre interfería en el orden natural, cualquier magia resultante podía ser de diseño demoníaco.

La verdad era una maravilla más allá de la imaginación de cualquier relojero o boticario contemporáneo.

La variolación finalmente ganaría una mayor apreciación en Estados Unidos, pero aún estaba rezagada en Gran Bretaña. Varios estados americanos aprobaron leyes en su contra, algunas ciudades coloniales se declararon zonas antivariolación y se convirtieron en ciudades santuario para los antivacunas.

Sin embargo, George Washington creía en la eficacia de la técnica e hizo vacunar a sus tropas antes del sitio de Boston. Pero estas inoculaciones implicaban riesgos —durante la etapa infecciosa, el tratamiento podía desencadenar una epidemia— y, a regañadientes, Washington detuvo el programa. Los historiadores ahora creen que, como resultado, la viruela asoló el ejército colonial de una manera que no había afectado a las varioladas fuerzas británicas, beneficiarias como eran del experimento real del monarca.

Algunos historiadores han sugerido que fue la viruela y las ciudades antivariolación del norte las que salvaron Canadá para Gran Bretaña.

Otras lecturas

ABBAS, A. K., ANDREW H. LICHTMAN, y SHIV PILLAI: *Cellular and Molecular Immunology* (octava edición). Elsevier Inc., Filadelfia, 2015.

BIBEL, D. J.: *Milestones in Immunology: A Historical Exploration*. Science Tech Publishers, Madison, Wisconsin, 1988.

BUTTERFIELD, L. (ed.): *Cancer Immunotherapy Principles and Practice*. Demos Medical Publishing, Nueva York, 2017.

CANAVAN, NEIL (The Trout Group LLC): *A Cure Within*. Cold Spring Harbor Laboratory Press, Cold Spring Harbor, Nueva York, 2018.

CLARK, W.: *A War Within: The Double-Edged Sword of Immunity*, Oxford University Press, Nueva York, 1995.

HALL, S. S.: *A Commotion in the Blood*. Henry Holt and Company, Inc., Nueva York, 1997.

MUKHERJEE, S.: *The Emperor of All Maladies*. Scribner, Nueva York, 2010.

ROSENBERG, S. A., y BARRY J. M.: *The Transformed Cell*, G. P. Putnam's Sons, Nueva York, 1992.

SILVERSTEIN, A. M.: *A History of Immunology* (segunda edición). Academic Press, Londres, 2009.

THOMAS, L.: *Lives of a Cell: Notes from a Biology Watcher*, Viking Press, Nueva York, 1974.

WILSON, E. O.: *Consilience: The Unity of Knowledge*. Knopf, Nueva York, 1998.

Índice analítico

B

C

D

E

F

G

H

I

J

K

Q

R

S

T

U

V

W

Y

Z

Índice